U1019608

湖北省公共气象服务手册

主　编　崔讲学

副主编　崔新强　王　丽　熊守权

气象出版社

China Meteorological Press

内容简介

公共气象服务是气象工作的出发点和归宿，做好公共气象服务工作是各级气象工作者义不容辞的责任。本书在总结湖北省公共气象服务产品开发、业务规范、业务流程和提供方式的基础上，编纂形成了湖北省公共气象服务规范性业务指南，其目的在于更好地规范公共气象服务业务。

本书可为各级气象服务人员提供指导和参考，同时可供气象、农业、能源、交通、旅游等行业管理人员和业务人员使用，也可供高等院校和科研院所专业人员阅读和参考。

图书在版编目(CIP)数据

湖北省公共气象服务手册/崔讲学主编. —北京：气象出版社，2014.12

ISBN 978-7-5029-6070-4

Ⅰ.①湖…　Ⅱ.①崔…　Ⅲ.①气象服务-湖北省-手册　Ⅳ.①P451-62

中国版本图书馆 CIP 数据核字(2014)第 290056 号

出版发行：气象出版社

地　　址：北京市海淀区中关村南大街 46 号　　**邮政编码**：100081

总 编 室：010-68407112　　**发 行 部**：010-68409198

网　　址：http://www.qxcbs.com　　**E-mail**：qxcbs@cma.gov.cn

责任编辑：马可　齐翟　　**终　　审**：邵俊年

封面设计：易普锐创意　　**责任技编**：吴庭芳

印　　刷：北京中新伟业印刷有限公司

开　　本：787 mm×1092 mm　1/16　　**印　　张**：16.5

字　　数：422 千字

版　　次：2015 年 1 月第 1 版　　**印　　次**：2015 年 1 月第 1 次印刷

定　　价：65.00 元

《湖北省公共气象服务手册》编委会

前　言

公共气象服务是政府公共服务的重要组成部分，是建设服务型政府的重要内容，属于基础性公共服务范畴。公共气象服务是气象事业的立业之本，是气象工作的出发点和归宿，是连接气象工作与经济社会的重要桥梁。做好公共气象服务是经济社会发展的需要，也是气象部门的职责所在。

公共气象服务包括决策气象服务、公众气象服务、应急气象服务、专业专项气象服务等方面。在经济社会发展和人民群众生活水平提高牵引下，公共气象服务将不断向社会经济各个领域延伸，其内涵也将不断拓展。

近年来，湖北省各级气象部门紧紧围绕防灾减灾、应对气候变化、"一元多层次"发展战略、"五个湖北建设"等气象服务需求，不断加强气象服务管理、开发气象服务产品、改进气象服务方式，初步建立了比较系统的公共气象服务体系。建立科学、规范的公共气象服务业务规范和业务流程，成为进一步做好公共气象服务工作的迫切要求。为此，湖北省气象局组织编写了《湖北省公共气象服务手册》。

本手册共分为七章，其中第一章为自然地理与气候概况，第二章为气象灾害预报预警服务，第三章为农业气象服务，第四章为专业专项气象服务，第五章为应急气象服务，第六章为气象工程技术服务，第七章为气象服务流程与服务规范。本手册旨在为各级气象服务人员提供指导和参考。

本手册可供气象、农业、能源、交通、旅游等行业管理和业务人员使用。由于时间仓促，加上技术水平和编写经验有限，手册中难免有错漏之处，希望读者提出宝贵意见和建议。

《湖北省公共气象服务手册》编写组

目　录

第一章　自然地理与气候概况

湖北地处长江中游，地貌类型复杂多样，省内河流湖泊众多，季风气候明显，是我国气象灾害多发、频发的区域之一，洪涝、干旱等气象灾害时有发生。省内气候资源丰富，为农业生产提供了得天独厚的气候条件，风能、太阳能及空中云水资源均有较好的开发利用价值。

第一节　自然地理概况

湖北位于长江中游洞庭湖以北，并因此而得名，地跨29°01′53″～33°06′47″N，108°21′42″～116°07′50″E，东邻安徽，南界江西、湖南，西连重庆，西北与陕西接壤，北与河南毗邻。东西长约740 km，南北宽约470 km。全省面积18.59万 km^2，其中，山地占56%，丘陵岗地占24%，平原湖区占20%。湖北省三面环山，地势为西、北、东三面高起，中部向南敞开，呈马蹄形分布特征。

全省山地大致分为四大块。西北山地为秦岭山脉东延部分（又称武当山脉）和大巴山脉东段。大巴山脉东段由神农架、荆山、巫山等组成。神农架最高峰为神农顶，海拔3105 m，素有“华中第一高峰”之称。西南山地是云贵高原的东北延伸部分，主要由大娄山和武陵山组成，呈东北—西南走向，海拔高度一般在700～1000 m，最高峰在2000 m以上。东北山地为桐柏山、大别山脉，呈西北—东南走向。桐柏山主峰太白顶海拔1140 m，大别山主峰天堂寨海拔1729 m。东南山地为幕阜山脉，呈西南—东北走向，平均海拔在1000 m左右，主峰老鸦尖海拔1656 m（见图1.1）。

全省丘陵主要分布在两大区域，一为鄂中丘陵，一为鄂东北丘陵。鄂中丘陵包括荆山与大别山之间的江汉河谷丘陵。鄂东北丘陵以低丘为主，地势起伏较小，丘间沟谷开阔，土层较厚，宜农宜林。

湖北省内主要平原为江汉平原和鄂东沿江平原。江汉平原由长江及其支流汉江冲积而成，是比较典型的河积—湖积平原，面积4万多平方千米，地面平坦，湖泊密布，河网交织。大部分地面海拔20～100 m。鄂东沿江平原也是江湖冲积平原，主要分布在嘉鱼至黄梅沿长江一带，为长江中游平原的组成部分。

境内大小河流有1193条，总长度约达3.5万km，为单一长江水系。长江自西向东，横贯全省，在枝江到城陵矶之间的长江又称荆江，河道曲折，有“万里长江险在荆江”之说。汉江自陕西进入湖北，在武汉市注入长江，其河道上游宽，下游窄，极易决堤泛滥。湖北省大小湖泊大都分布在江汉平原，素有“千湖之省”的美称。

为适应行政区域变更和气象业务服务实际需要，根据湖北省自然地理和气候特点，在气象服务中使用鄂西北、鄂东北、鄂西南、江汉平原、鄂东南的分区概念，具体划分范围见图1.2。

图 1.1　湖北省地形图(原图来源:湖北省地图院)

图 1.2　湖北省预报分区图(原图来源:湖北省地图院)

第二节　天气气候特征

湖北地处亚热带,位于典型的季风气候区内,除高山地区外,大部分为亚热带季风性湿润气候。全省气候有如下明显特征:

一、冬季干燥夏季多雨

冬季湖北省在变性极地大陆气团控制之下，空气中的水汽含量少，空气相当干燥。冬季南下冷空气前沿冷锋过境时产生雨雪天气，其降水量一般不大。冷锋过境后，受冷空气的控制，天气又晴朗无雨。所以冬季是湖北省全年降水最少的季节，降水量一般在 30～150 mm，仅占全年降水量的 4%～13%。

6 月中旬到 7 月中旬，夏季风活跃于长江中下游的沿江两岸。此时，中纬度西风带环流形势有利于引导地面冷空气不断南下，到长江中下游与暖湿的西南气流相遇，形成了包括湖北省在内的江淮梅雨期。7 月中旬到 8 月下旬为盛夏期，虽然这一时期是湖北省夏季的一个相对少雨期，但平均降水量仍有 130～170 mm。各地夏季(6—8 月)平均降水量 350～500 mm，占年平均降水量的 35%～50%。由于湖北省地处我国东南部，夏季风最为盛行，降水多，湖北成为世界上同纬度降水量较多的地区。

二、雨热同季

夏季，湖北省天气呈现高温高湿特点，此时正值夏季风盛行期，由于东南季风和西南季风带来丰沛的水汽，降水集中，形成高温期和多雨期相一致，即“雨热同季”。夏季高温多雨是一种十分有利的气候资源，对农业、林业发展非常有利，适宜栽培喜温、喜湿的作物。

三、冬夏长春秋短

按照气候季节划分标准，以 $T_{候平均}$ 表示候平均气温，$T_{候平均} \geqslant 22$ ℃为夏季，$T_{候平均} < 10$ ℃为冬季，10 ℃$\leqslant T_{候平均} < 22$ ℃为春秋季，一般情况下，湖北 3 月中下旬前后进入春季，5 月下旬前后进入夏季，9 月中旬前后进入秋季，11 月中旬前后进入冬季，春季约 70 天，夏季约 120 天，秋季约 60 天，冬季约 110 天。表现为明显的冬夏长，春秋短的特征。

四、旱涝灾害频繁

湖北大部分地区年平均降水量在 800～1600 mm。降水地域分布呈由南向北递减趋势，鄂西南、鄂东南为降水最多区域，可达 1400 mm 以上，鄂西北为降水最少区域，一般在 700～900 mm，素有“南有水袋子，北有旱包子”之说。南部防涝，北部抗旱时常同时出现。

据最近 40 年长江流域旱涝灾害分析，湖北省是长江流域旱涝最严重的省份，每年因旱涝灾害造成的损失少则几十亿元，多则数百亿元，旱涝灾害已成为制约湖北经济可持续发展的重要因素之一。

第三节　气候资源特征

一、热量资源特征

热量是农作物生命活动所不可缺少的环境因子，作物的生长发育需要在一定的温度条件下进行，而且只有当热量累积到一定程度，作物才能完成其发育过程并获得产量。热量条件还在很大程度上决定了当地的自然景观、栽培作物种类、耕作制度以及各种农事活动，是农业生产中最重要的环境因子之一。

（一）平均气温

从平均气温看，湖北省大部分地区有冬冷、夏热、春温多变、秋温下降迅速的特点。除海拔较高的山区外，其余地区年平均气温一般在 15～18 ℃。平均气温大致呈东南—西北递减变化。由于受山脉屏障影响，三峡河谷为温度高区之一，年平均气温在 17 ℃以上。另一个温度高区位于黄梅—浠水—江夏—仙桃—监利一线及其以南的鄂东南地区，该区域年平均气温基本在 17 ℃以上。江汉平原地势平坦，气温变率不大，年平均气温一般在 16～17 ℃（如图 1.3 所示）。

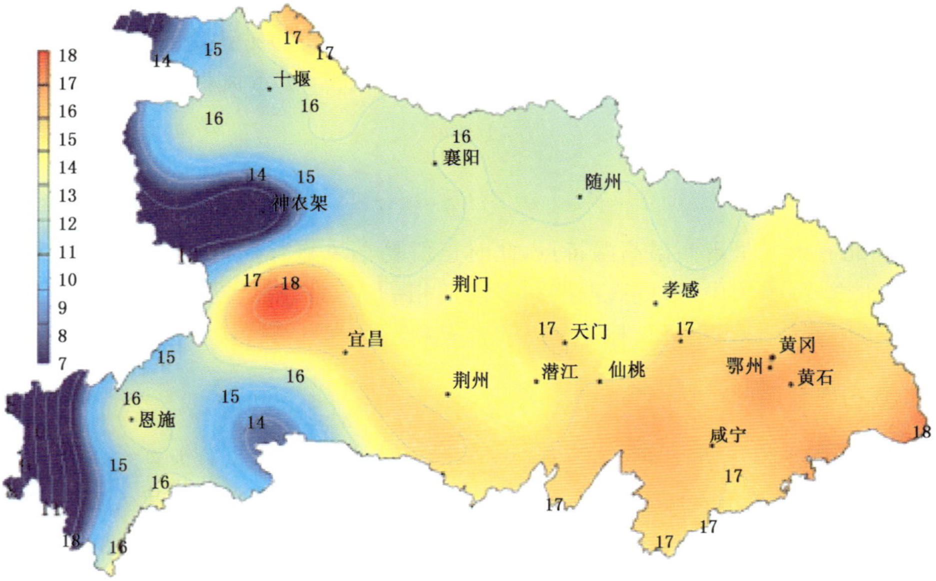

图 1.3　1981—2010 年湖北省年平均气温分布(℃)

湖北省温度的年变化均为单峰型，从 1 月下旬开始升温，到 7 月底 8 月初达到峰值，尔后开始降温，到次年 1 月又回到最低值。气温在升降过程中带有一定的波动性，这种波动是与一次次天气过程伴随发生的。在春季升温过程中，冷空气南下会造成气温骤降；在秋季降温过程中，冷空气过境转晴后气温也会回升，一次大的天气过程前后，温度变化幅度往往在 10 ℃以上。

从气温的年变化及四季长度看，湖北省地处中纬度，温度有明显的年变化，1 月是全年最冷的月份，气温约在 2～6 ℃；夏季 7 月一般是平均温度最高的月份，平均气温除高山地区外，多为 26～28 ℃。冬季南部地区普遍高于北部，夏季东部地区普遍高于西部地区。

（二）极端气温

1. 极端最高气温

统计分析湖北省国家气象观测站自建站至 2010 年气象资料，湖北省极端最高气温最高值出现在竹山，为 43.4 ℃，其次是兴山和大悟，为 43.1 ℃。从分布情况看，山区河谷地区高于平原，江汉平原一般在 40 ℃以下，其中公安只有 38.3 ℃，是全省除高海拔山区外的最低值；兴山—鄂西北山区、大别山区为高值区，约 41.5～43.4 ℃；鄂东南幕阜山区在 40.3～41.7 ℃；鄂西南的恩施州大部在 37.6～41.2 ℃(如图 1.4 所示)。

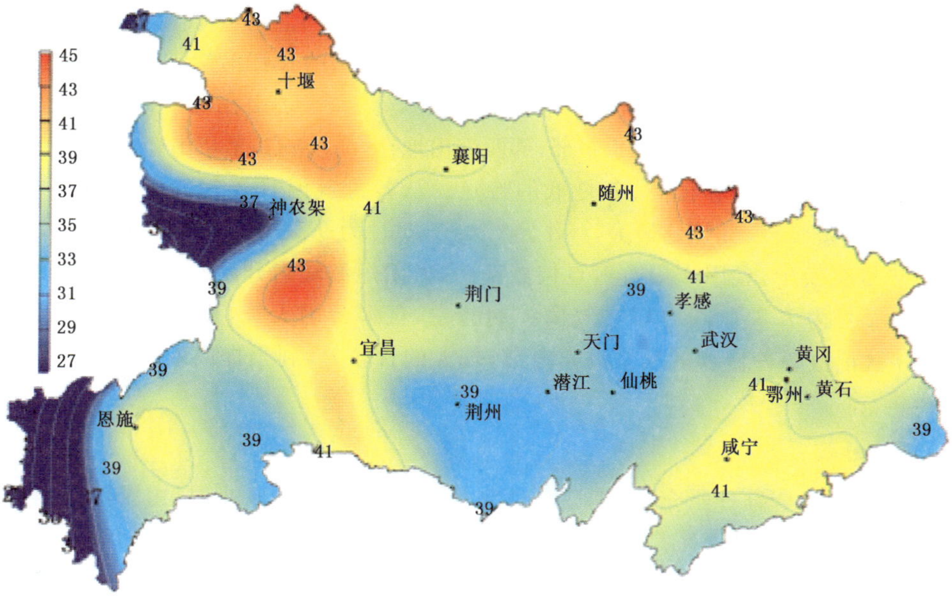

图 1.4　自建站至 2010 年湖北省极端最高气温分布(℃)

2. 极端最低气温

统计分析湖北省国家气象观测站自建站至 2010 年资料，湖北省极端最低气温最低值在谷城，为－19.7 ℃，次低值在远安，为－19.0 ℃；低值区域为与汉江河谷相邻的西部丘陵地区；三峡河谷极端最低气温在－10.0 ℃以上；其他大部极端最低气温在－10.0～－18.8 ℃(如图 1.5 所示)。

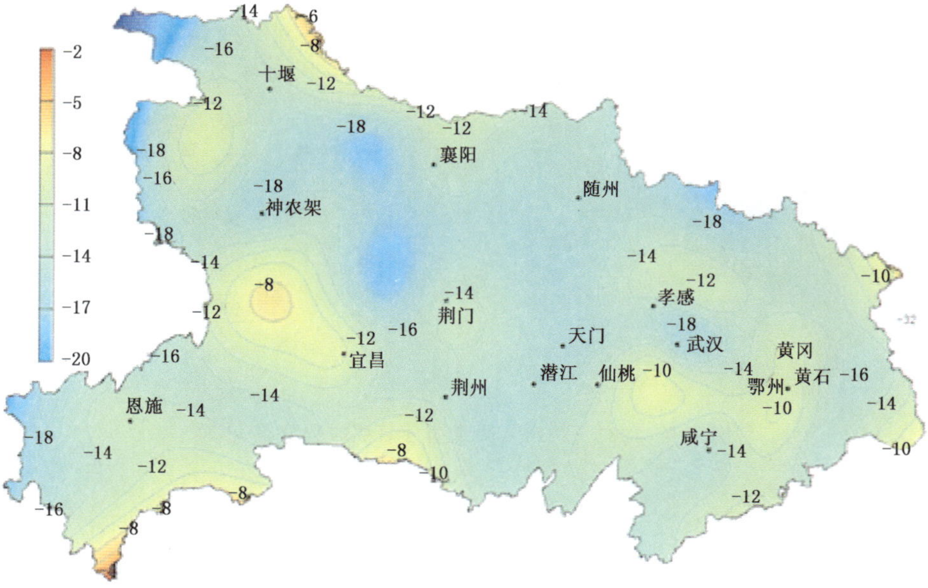

图 1.5　自建站至 2010 年湖北省极端最低气温分布(℃)

（三）气温日较差

统计分析湖北省国家气象观测站1981—2010年资料，湖北各月气温日较差一般在6～12 ℃。年平均日较差的分布，低值区主要分布在宜昌及以东的长江沿岸地区，普遍在7～8 ℃；高值区为兴山—神农架—鄂西北地区，一般在9.0～10.7 ℃；大别山在9 ℃以上，江汉平原中部约8.1～8.9 ℃，江汉平原北部略高于中部，鄂西南山地在8 ℃左右，幕阜山在9 ℃左右。

湖北气温日较差具有春秋高、冬夏低的特点。从各月气温日较差的平均情况来看，4—5月因冷暖空气频繁交替，日较差最大，4月为9.4 ℃，5月为9.5 ℃；1—2月基本为大陆冷高压控制，南北热量交换少，且因太阳直射点位置偏南，太阳短波辐射升温幅度不大，日较差最小，1月为7.4 ℃，2月为7.8 ℃；7月以暖气团控制为主，且多云雨天气，日较差为7.9 ℃，仅次于1—2月。春秋正值各种作物的灌浆成熟时节，较大的日较差，利于提高农产品的品质，增加粒重，提高产量。

（四）日照时数

从日照时数看，全省日照充足，年日照时数一般为1100～2100小时，由鄂西南向鄂东北—鄂西北递增。日照时数最多区是鄂西北及鄂东北大别山区，达1900～2100小时；最少在鄂西南恩施地区，仅1100～1400小时；其余为1400～1900小时（如图1.6所示）。

日照时数的季节分配是夏季最多，冬季最少，春秋两季因地而异，鄂东南和江汉平原因春季多阴雨，日照时数春季少于秋季，鄂西则因秋季多阴雨，日照时数春季多于秋季。

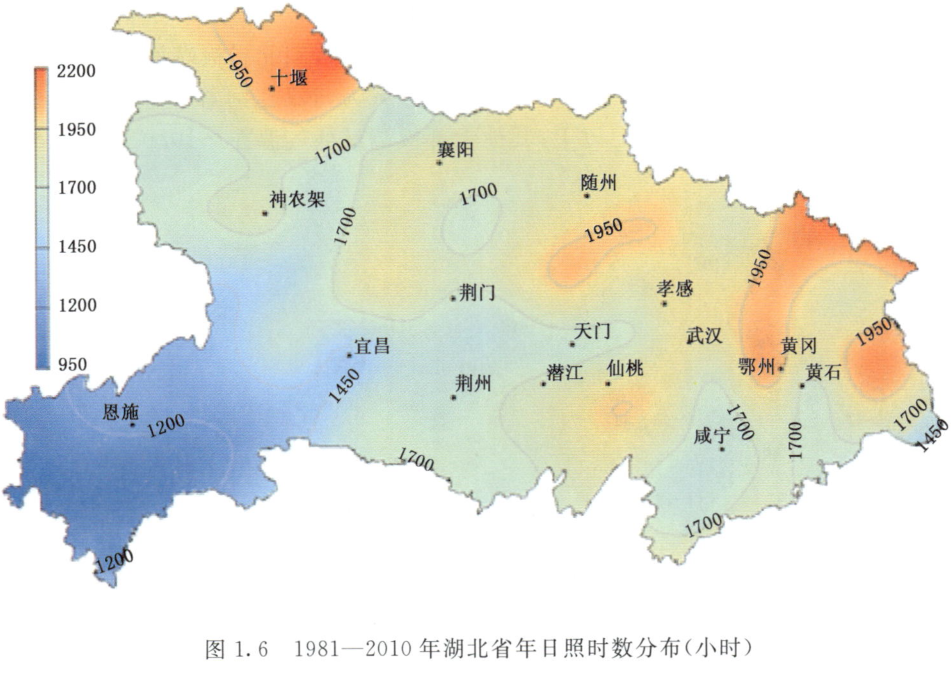

图1.6　1981—2010年湖北省年日照时数分布（小时）

二、降水资源特征

（一）年平均降水量

湖北省年平均降水量总分布趋势是北少南多。同纬度相比，平原少，山区多。山区相比，背风面少，迎风面多。全省大部分地区年平均降水量介于 800～1600 mm 之间，其分布趋势由南向北递减（如图 1.7 所示）。

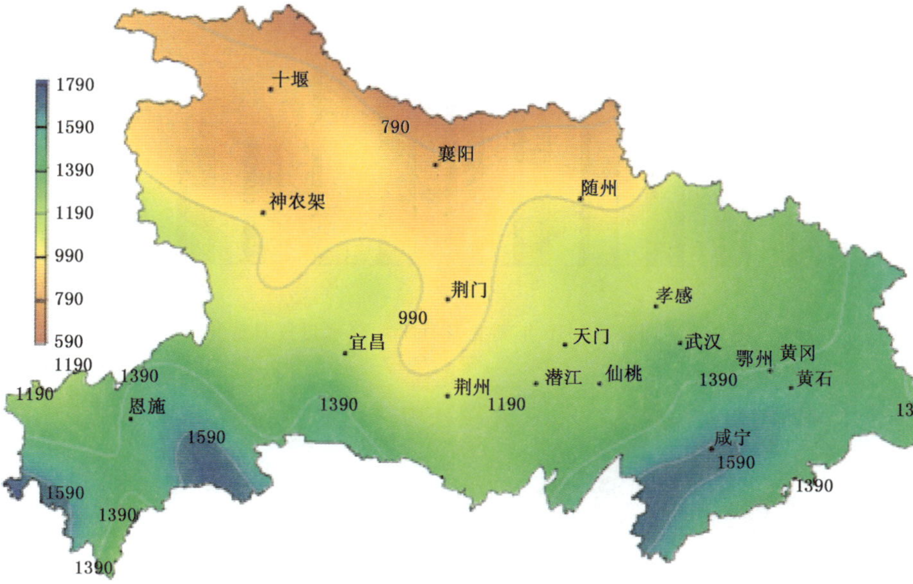

图 1.7　1981—2010 年湖北省年平均降水量分布（mm）

鄂西南、鄂东南为降水量最多区域，可达 1400 mm 以上，其中以鹤峰最大，为 1662.9 mm；崇阳次之，为 1604.3 mm。鄂西北为降水最少区域，为 700～900 mm，其中以丹江口最小，为 788.6 mm；郧西次之，为 797.7 mm。

统计分析湖北省国家气象观测站 1981—2010 年资料，湖北省年均降水日数在 108～182 天，分布趋势南多北少，31°N 以南地区，东西多，中间少。最多雨区鄂西南年均雨日为 140～182 天，次多雨区是鄂东咸宁和黄冈南部，为 130～148 天。鄂西北北部、鄂北、大别山北部年雨日较少，为 115 天左右。

（二）月平均降水量

各地降水量有明显的季节变化，一般是夏季最多，冬季最少，逐月雨量呈单峰型分布（如图 1.8）。因夏季降水多，汛期（5—9 月）5 个月降水量约占全年降水总量的 63%，其中又以 6 月中旬至 7 月中旬雨量最多，强度最大，是湖北省的梅雨期。

以 1、7 月为例（见图 1.9、图 1.10），全省 1 月降水呈规律的梯度分布，并由鄂西北至鄂东南逐渐增大，平均降水量在 37 mm 左右。7 月全省降水在 140～280 mm，鄂西南地区及鄂东北的大别山区为两个主要的降水高值区，可达到 240 mm 以上。鄂西北地区不论是冬季还是夏季，其降水量均为全省的低值区，冬季在 26 mm 以下，夏季在 180 mm 以下。

（三）日降水量极大值

分析湖北省国家气象观测站自建站至 2010 年资料，湖北省日降水量极大值一般出现在 6—9 月。日降水量极大值的最高值在阳新，为 538.7 mm，出现在 1994 年 7 月 12 日，次高值在远安，为 392 mm，出现在 1990 年 8 月 15 日，其他大部日降水量极大值在 140～300 mm 之间（如图 1.11 所示）。

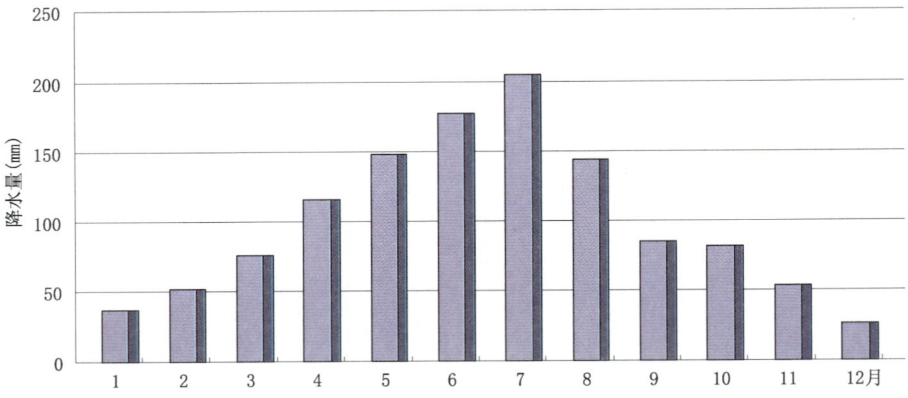

图 1.8　1981—2010 年湖北省月平均降水量逐月变化图

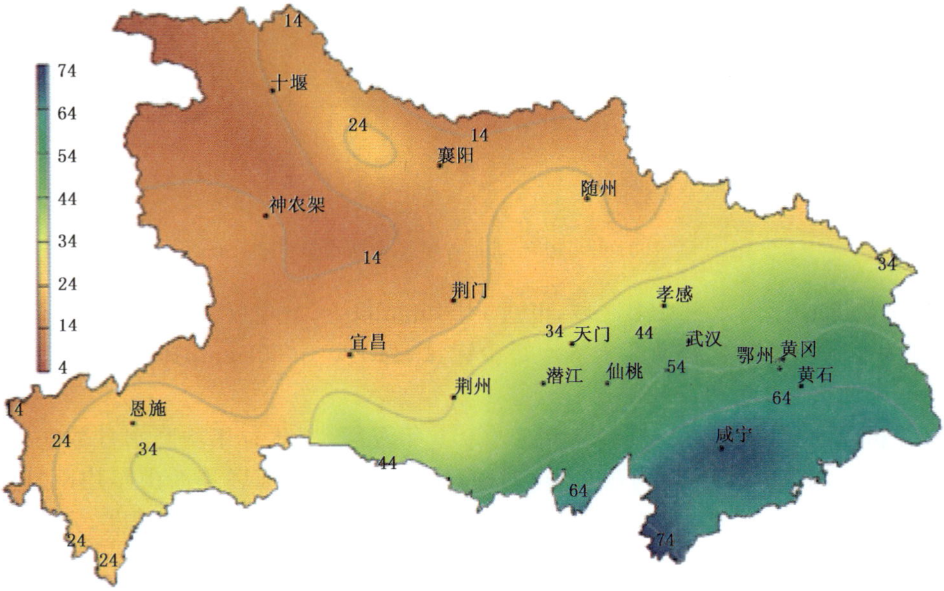

图 1.9　1981—2010 年湖北省 1 月平均降水量分布(mm)

三、风能资源特征

(一)风能资源分布

湖北省风能资源较丰富区域主要集中在“三带一区”(如图 1.12 所示)。

1. 鄂北的枣阳—英山的东西向风带:该区域模拟的年平均风速在 6.0～7.5 m/s,年平均风功率密度在 250～350 W/m^2。

2. 汉江中游荆门—荆州的南北向风带:该区域模拟的年平均风速在 5.0～6.5 m/s,年平均风功率密度在 200～300 W/m^2。

3. 部分湖岛及沿湖地带:该区域模拟的年平均风速在 5.0～6.0 m/s,年平均风功率密度在 150～250 W/m^2。

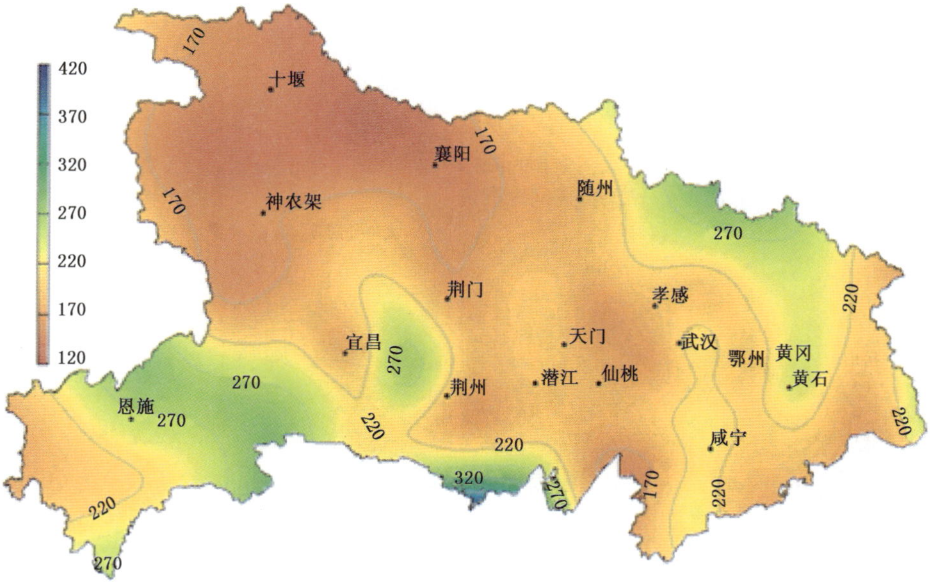

图 1.10 1981—2010 年湖北省 7 月平均降水量分布(mm)

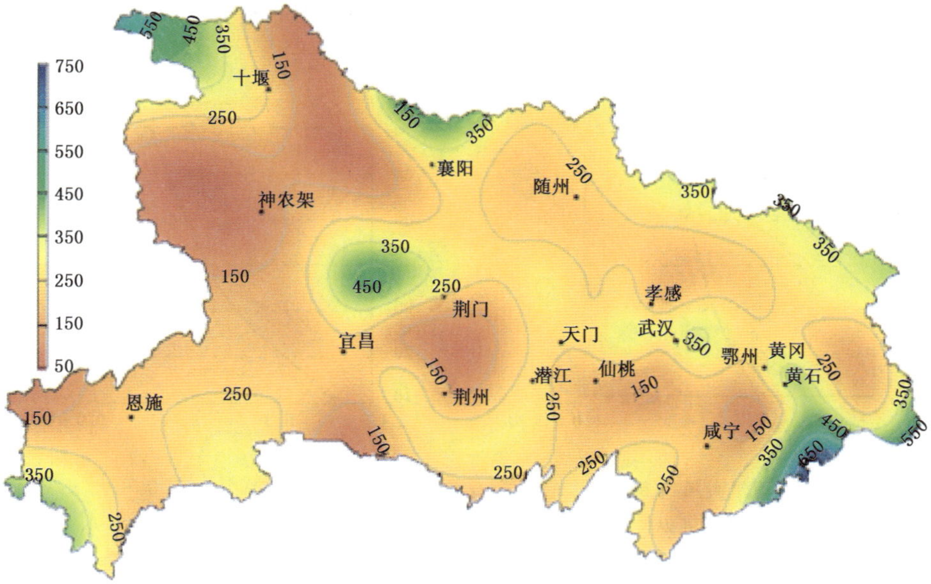

图 1.11 自建站至 2010 年湖北省日降水量极大值分布(mm)

4. 鄂西南和鄂东南的部分高山地区:该区域模拟的年平均风速在 6.0～7.0 m/s,年平均风功率密度在 250～300 W/m^2。

(二)风能资源特征

1. 山区风速变化特征

山区风速随高度变化比较复杂,不同高度变化规律不一致,一般 10～30 m 随高度增加风速增加幅度比较大,但在 30～70 m 或 50～70 m 高度有等风层或风速随高度减小的情况(见

图 1.13、图 1.14)。

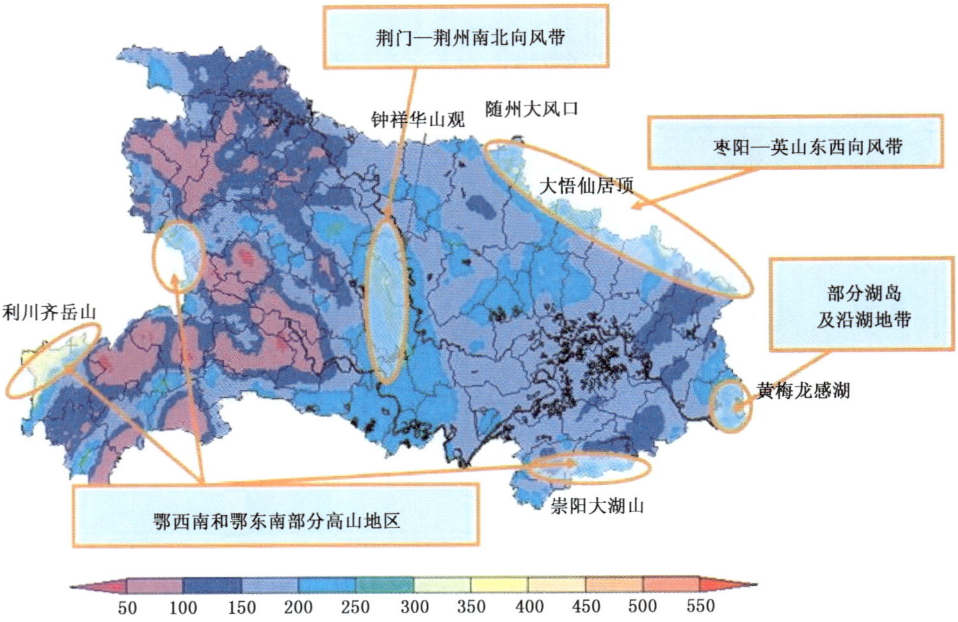

图 1.12 湖北省 50 m 高度 1 km×1 km 年平均风功率密度模拟分布图(W/m^2)

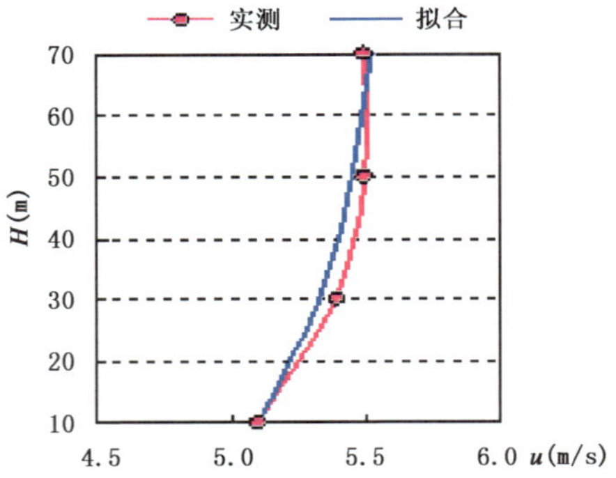

图 1.13 随州大风口 50～70 m 高度“等风层”

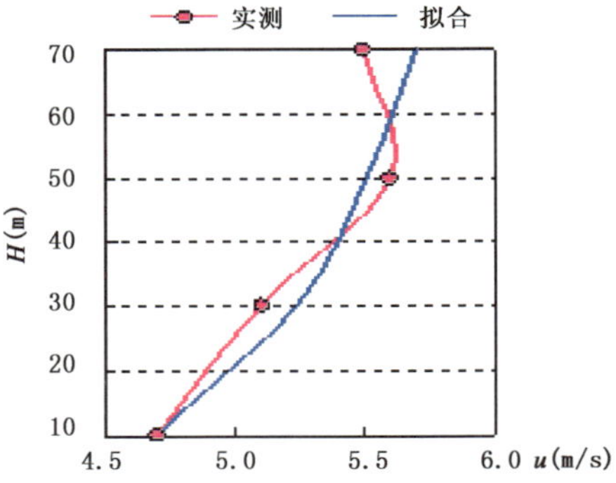

图 1.14 钟祥华山观 50～70 m 高度风速随高度增加而减小

2. 风能分布较集中

风能资源较丰富区域的风向分布与风能方向分布一致,即风向频率高的风向,其风能频率也大,且风能分布比风向更为集中(如图 1.15、图 1.16 所示)。

3. 山区夜间风速比白天大,中午前后最小

山区风速日变化与平原地区相反,山区夜间风速比白天大,尤其中午前后风速最小(如图 1.17 所示)。

4. 大风速下的湍流强度较小

风能资源较丰富区域全风速段平均湍流强度为中等,但大风速下的湍流强度较小。在

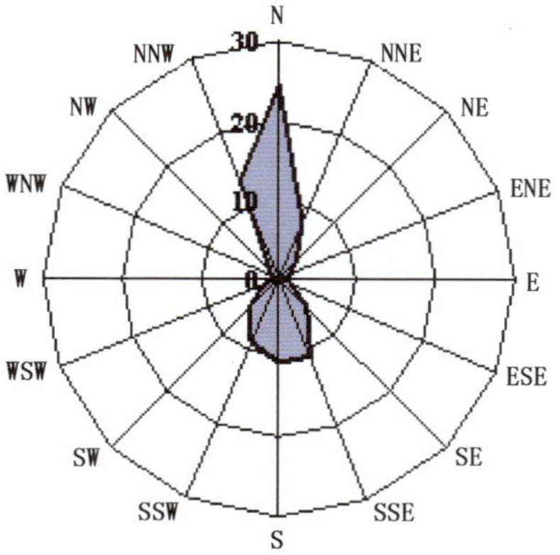

图 1.15　荆门子陵铺测风塔 70 m 高度风向频率分布

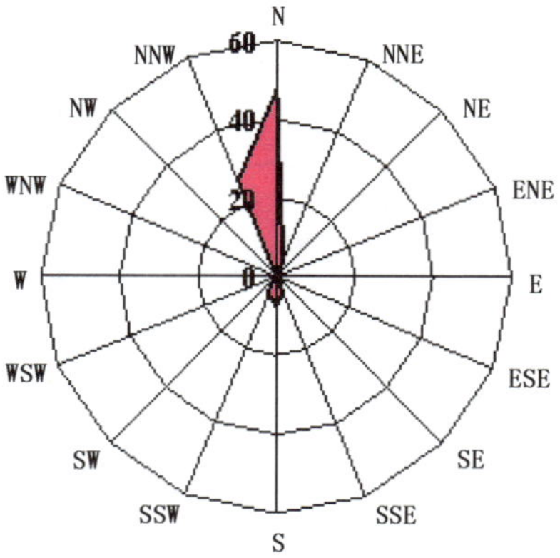

图 1.16　荆门子陵铺测风塔 70 m 高度风能频率分布

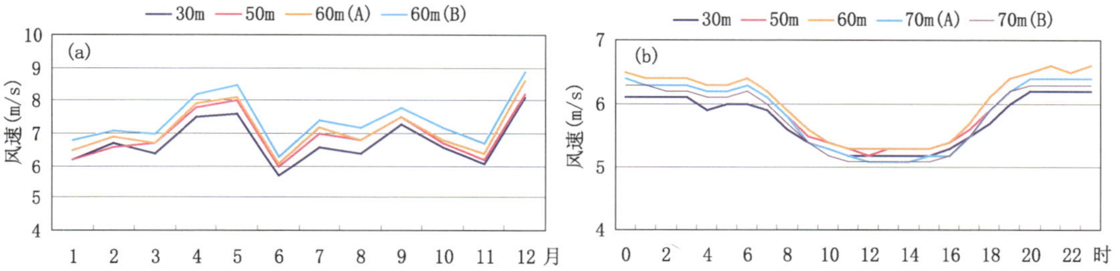

图 1.17　大悟娘娘顶测风塔不同高度风速年变化(a)和日变化(b)

3～7 m/s 风速段湍流强度随着风速的增加而急剧下降，当风速大于 7 m/s，湍流随风速的增加变化幅度很小，湍流强度基本保持在中等偏小状态。

不同地形下湍流强度随风速的变化特征基本一致(如图 1.18 所示)。

5. 破坏性风速少

目前已有的测风塔观测到的 10 分钟平均最大瞬时风速在 22 m/s 以上的时数很少，年最大风速大多在 25 m/s 以下。按目前 1500 kW 机型的切出风速 22 或 25 m/s，破坏性风速的出现频率很低。

上述湖北省风能资源分布特征对风能的利用和风机的排列布局以及风电场安全运行具有重要指导意义，特别是在山区进行风机选型时，同等功率的风机可选择轮毂高度低的风机，以节约成本(如表 1.3 所示)。

表 1.3　风机安全等级

风力发电组等级	一级	二级	三级	四级
50 年一遇 10 分钟平均风速(m/s)	50	42.5	37.5	30
50 年一遇 3 秒钟风速(m/s)	70	59.5	52.5	42

四、太阳能资源特征

(一) 空间分布特征

湖北省太阳能空间分布特征呈现出三大特点：整体上从鄂西南向鄂东北逐步增多；同纬度

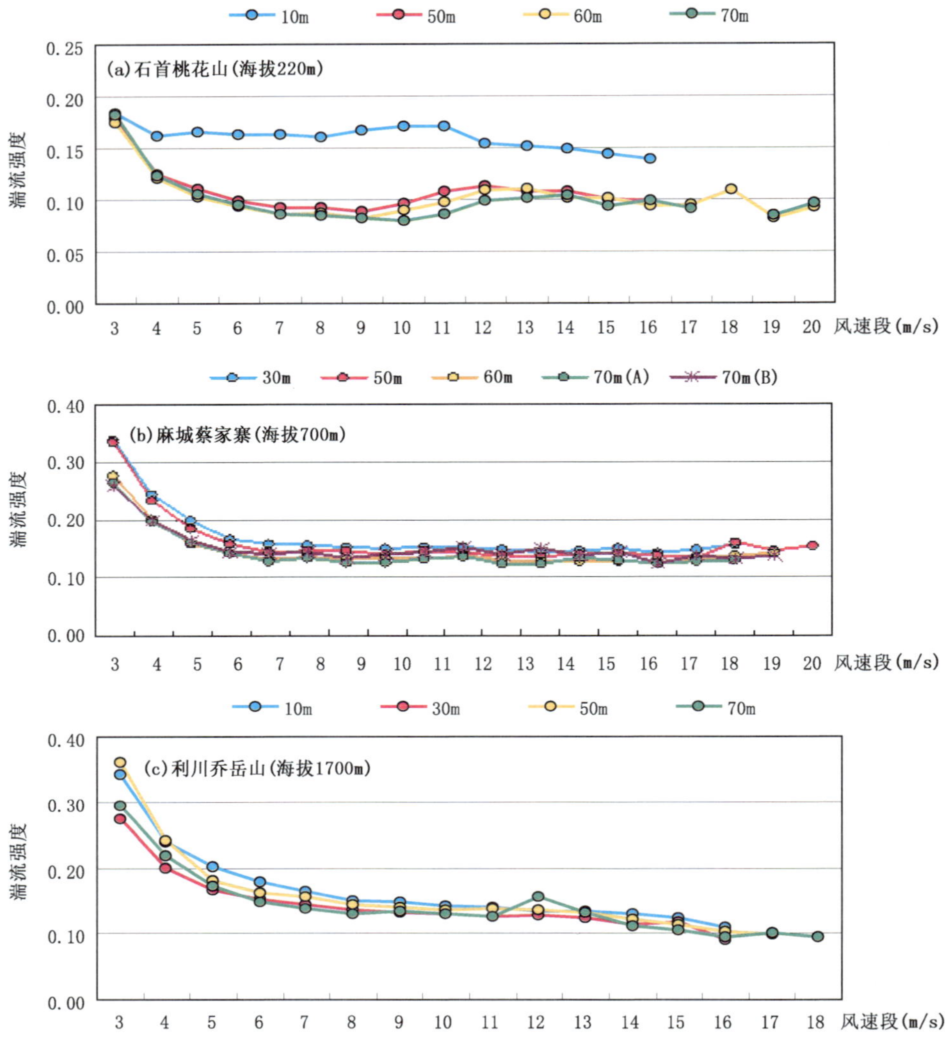

图 1.18　不同海拔高度湍流强度随风速变化图

相比，东多西少，或者平原多，山区少；从北向南的递减趋势，以西部山区最显著，中东部变化相对较小。

由于目前进行太阳辐射观测的站点较少，我国国家级的业务地面辐射观测站有 98 个，其中湖北省仅有一级站 1 个(武汉)，三级站 1 个(宜昌)，因此，利用现有地面辐射观测资料不能进行有效的评估，需要根据其他地面观测要素进行太阳能资源的气候学统计推算。目前常用的是日照观测资料。

利用武汉 1971—2000 年辐射站辐射资料和日照资料，建立基于月平均日照百分率的气候学推算方程，推算得到全省气象台站观测资料，采用气候模型推算得到：1971—2000 年 30 年统计分析，湖北省各地年太阳总辐射大部在 4380～4800 MJ/(m^2 · a)之间(见图 1.19)。其中鄂东北最多，广水、孝感、安陆、新州、黄冈、麻城均在 4700 MJ/(m^2 · a)以上；其次为鄂西北、鄂北岗地，总辐射在 4400～4700 MJ/(m^2 · a)；再次为鄂东南、江汉平原，在 4000～4400 MJ/(m^2 · a)之间；鄂西南山区最少，在 3000～4000 MJ/(m^2 · a)之间，除三峡河谷外，大部在 3780 MJ/(m^2 · a)

以下。根据气象行业标准，除鄂西南大部外，湖北省广大地区属于太阳能资源丰富区(年太阳总辐射在 3780～5040 MJ/(m² · a))。湖北省每年接收的太阳辐射能相当于 535 亿吨标准煤的能量，超过全省 2011 年能源消耗的 320 倍以上。

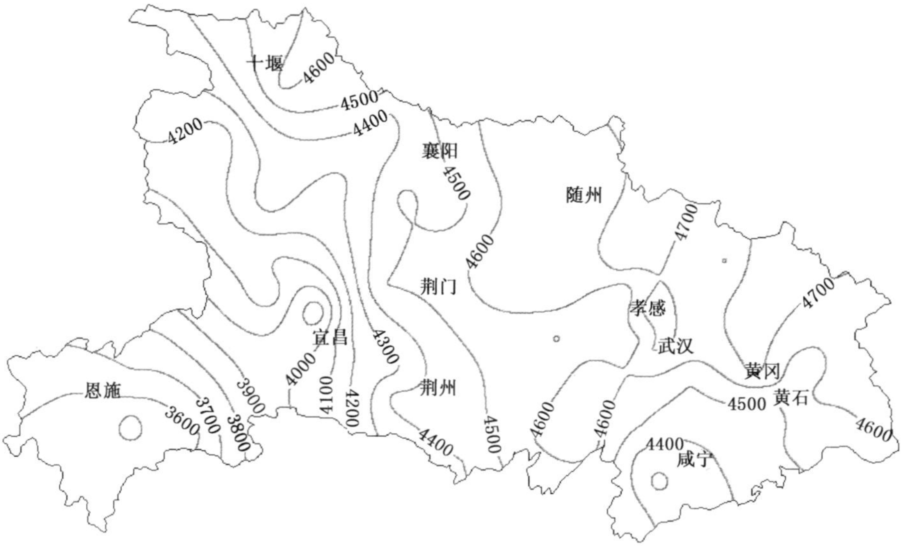

图 1.19　1971—2000 年湖北省年太阳总辐射空间分布(MJ/(m² · a))

根据湖北省实际，又可将湖北省太阳能资源状况划分为三级利用区：一级优先利用区、二级持续利用区、三级季节利用区。(见图 1.20)

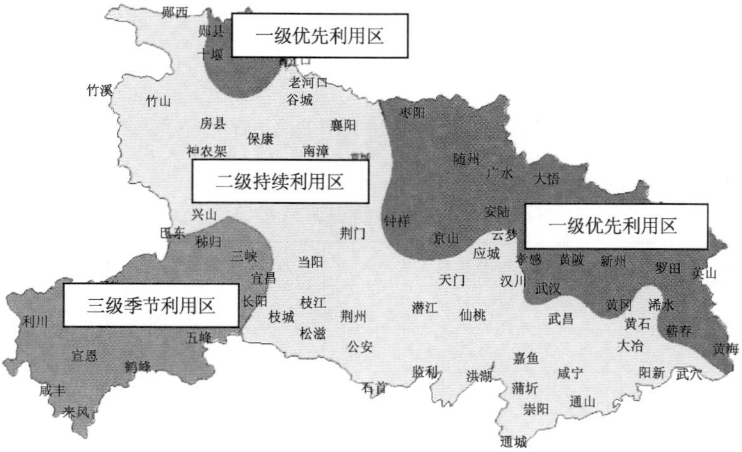

图 1.20　湖北省太阳能资源区划(1971—2000 年)

1. 一级优先利用区

一级优先利用区包括鄂东北、鄂北及鄂西北部分地区("三北"地区)，年太阳总辐射大于 4600 MJ/(m² · a)，日照时数在 1900～2100 小时，年晴天日数在 155～180 天，是湖北省太阳能最佳地区。相对而言，该区各月的日照时数及晴天日数均较多。鄂东北 7—12 月、鄂西北十堰 5—12 月(9 月除外)每月有近一半的晴天，年变化较稳定。这不亚于我国光能资源很丰富区中的光能资源,对于光电直接利用非常有利,应优先开发利用。

2. 二级持续利用区

二级持续利用区包括江汉平原、鄂东南以及鄂北岗地南部、鄂西北部分地区,年太阳总辐射 4200～4600 MJ/(m^2 · a),年日照时数 1400～1900 小时,年晴天日数 130～155 天。该区 7—8 月有半数以上为晴天。另外该区是湖北的粮棉重点生产区域,也是光合产物的农业副产品—生物质能的重点产区,是光电与光—生物质能综合利用的最佳区域。

3. 三级季节利用区

三级季节利用区主要包括鄂西南、长江河谷。本区北部三峡河谷地区太阳总辐射相对较多,其中春夏季太阳总辐射与峡外相当;南部太阳辐射、日照时数则相对较少,如恩施全年日照时数为 1259 小时,全年晴天日数不足 90 天。

(二) 时间分布特征

湖北省太阳总辐射以夏季 7、8 月最丰富,其次是春季,再次为秋季,冬季 12、1 月最少,武汉、宜昌 7、8 月的实测总辐射均在 500 MJ/m^2 以上,是 12、1 月的 2 倍多。受华西秋雨影响,西部山区秋季日照时数明显少于春季;中东部地区则相反,日照时数为春季多秋季少。晴天日数夏季最多,春季最少(鄂西南冬季最少),秋季略高于冬季。阴天日数与晴天日数相反,夏季最少,冬季最多。

湖北省太阳能资源各项目指标的气候变化趋势基本一致。受全球气候变化的影响,年太阳总辐射、日照时数、晴天日数有减少的趋势;阴天日数呈增加趋势,但连阴(雨)过程持续的时间有缩短趋势。

(三) 太阳能资源综合分析

我国国家和行业标准中一般采用三个指标对太阳能资源进行分级:太阳总辐射年辐射量、稳定度和直射比。

1. 太阳总辐射年辐射量等级

太阳能资源总量以太阳总辐射年辐射量度量,划分为四个等级:最丰富(A)、很丰富(B)、丰富(C)、一般(D),划分标准见表 1.4。

表 1.4 太阳能资源总量等级

等级名称	分级阈值(kW · h/(m^2 · a))	分级阈值(MJ/(m^2 · a))	等级符号
最丰富	$G \geqslant 1750$	$G \geqslant 6300$	A
很丰富	$1400 \leqslant G < 1750$	$5040 \leqslant G < 6300$	B
丰　富	$1050 \leqslant G < 1400$	$3780 \leqslant G < 5040$	C
一　般	$G < 1050$	$G < 3780$	D

注:G 表示总辐射年辐射量,采用多年平均值(一般取 30 年平均)。

2. 太阳总辐射稳定度等级

太阳总辐射稳定度划分为四个等级:很稳定(A)、稳定(B)、一般(C)、欠稳定(D),划分标准见表 1.5。

表 1.5　太阳总辐射稳定度等级

等级名称	分级阈值	等级符号
很稳定	$R_w \geq 0.47$	A
稳　定	$0.36 \leq R_w < 0.47$	B
一　般	$0.28 \leq R_w < 0.36$	C
欠稳定	$R_w < 0.28$	D

注：R_w 表示太阳总辐射稳定度，计算 R_w 时，首先计算多年平均（一般取 30 年平均）的总辐射各月平均日辐射量，然后求最小值与最大值之比。

3. 太阳直射比等级

太阳直射比可划分为四个等级：很高(A)、高(B)、中(C)、低(D)，划分标准见表 1.6。

表 1.6　太阳直射比等级

等级名称	分级阈值	等级符号	等级说明
很高	$R_D \geq 0.6$	A	直接辐射主导
高	$0.5 \leq R_D < 0.6$	B	直接辐射较多
中	$0.35 \leq R_D < 0.5$	C	散射辐射较多
低	$R_D < 0.35$	D	散射辐射主导

注：R_D 表示年直射比，计算 R_D 时，首先计算水平面直接辐射和总辐射年辐射量的多年平均值（一般取 30 年平均），然后求二者之比。

光伏发电主要利用总辐射量，而聚光光伏和聚光光热主要利用直接辐射量，表 1.7 给出了全省各站点 1971—2000 年 30 年平均水平面总辐射和直接辐射年总量，湖北省各站直接辐射量在 950～2050 MJ/(m^2 · a)之间，其空间分布趋势与总辐射资源分布类似，也是鄂东北、鄂北及鄂西北部分地区（“三北”地区）最多，鄂西南最少，其他地区居中。除鄂西南部分地区处于“一般”的 D 等级以外，湖北省大部太阳能资源状况处于“丰富”的 C 等级。

表 1.7　1971—2000 年湖北省各站水平面总辐射和直接辐射年总量(MJ/(m^2 · a))

站名	总辐射量	直接辐射量	站名	总辐射量	直接辐射量	站名	总辐射量	直接辐射量
竹溪	3978.3	1596.6	大悟	4439.7	1974.1	鄂州	4438.0	1983.6
郧西	4286.8	1857.9	红安	4254.3	1821.8	黄冈	4455.8	2002.6
郧县	4411.3	1950.9	麻城	4520.0	2046.7	大冶	4166.2	1748.9
十堰	4424.9	1961.1	利川	3279.4	1019.9	咸丰	3198.0	951.1
竹山	3935.7	1561.1	建始	3457.4	1179.3	宣恩	3146.6	912.0
房县	4030.5	1625.0	恩施	3326.1	1071.1	鹤峰	3241.0	981.0
丹江口	4298.2	1848.8	五峰	3607.7	1278.8	来凤	3241.6	993.7
老河口	4063.0	1655.0	当阳	4111.7	1702.9	石首	4090.5	1693.2
谷城	4044.5	1639.4	宜昌	3843.7	1480.8	监利	4319.3	1888.5
襄阳	4214.4	1779.9	长阳	3773.7	1418.2	洪湖	4403.1	1960.8
枣阳	4349.9	1899.2	宜都	3953.9	1574.9	赤壁	4070.9	1673.1

续表

站名	总辐射量	直接辐射量	站名	总辐射量	直接辐射量	站名	总辐射量	直接辐射量
巴东	3779.9	1442.8	枝江	4013.6	1627.8	嘉鱼	4156.7	1750.6
秭归	3874.2	1528.3	松滋	4148.7	1743.2	崇阳	3952.0	1573.4
兴山	3794.8	1448.3	潜江	4251.3	1828.4	通城	4187.2	1778.7
保康	3986.6	1580.7	荆州	4105.0	1702.7	咸宁	4046.2	1648.6
神农架	4110.1	1693.0	公安	4161.6	1754.9	通山	4070.2	1673.3
南漳	4320.8	1869.7	应城	4228.4	1804.4	罗田	4301.2	1860.7
远安	4233.2	1803.0	孝感	4439.0	1985.5	英山	4283.2	1844.7
宜城	4165.3	1742.9	天门	4180.9	1769.4	浠水	4266.0	1835.9
荆门	4182.4	1761.4	仙桃	4375.7	1935.2	黄石	4231.9	1807.9
钟祥	4349.5	1901.8	汉川	4312.6	1878.9	蕲春	4421.5	1972.0
随州	4314.0	1863.7	蔡甸	4459.8	2004.6	黄梅	4305.5	1872.3
广水	4428.0	1964.5	黄陂	4365.1	1918.5	阳新	4202.0	1782.4
京山	4424.6	1963.4	新洲	4544.2	2069.3	武穴	4227.9	1811.5
安陆	4479.3	2012.6	江夏	4203.2	1785.4			
云梦	4322.3	1887.1	武汉	4406.3	1958.2			

图1.21、图1.22给出了湖北省各站1971—2000年直射比和稳定度分布状况，湖北省直射比空间分布与总辐射分布类似，范围为0.30～0.45，除鄂西南属于散射辐射主导的D等级外，大部分地区属于散射辐射较多的C等级(0.35～0.50)。稳定度指数北大南小，鄂西南地区最小，跨越3个等级，范围为0.25～0.45，鄂西南部分地区属于欠稳定的D等级(<0.28)，湖北省南部属于一般的C等级(0.28～0.36)，其余大部分地区属于年变化稳定的B等级(0.36～0.47)。

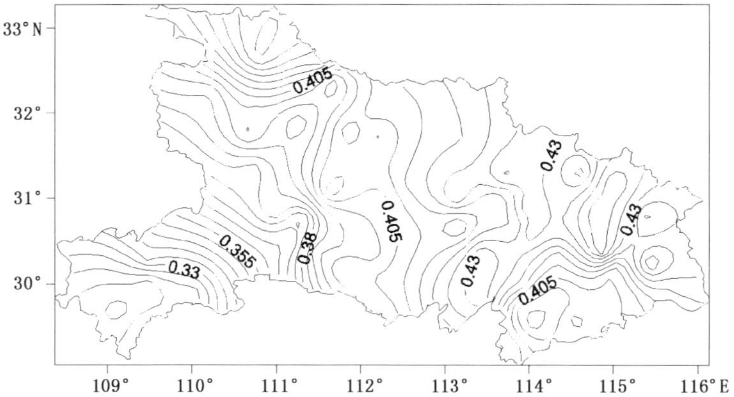

图1.21　1971—2000年湖北省太阳直射比分布

综合来看，虽然受云、水汽等条件影响，湖北省太阳能资源在全国算不上最佳，但除鄂西南属于太阳能资源一般区外，其他地区均属于资源丰富区。因此，如果能提高以武汉为代表的湖北省中东部地区散射辐射利用效率，加大湖北省的“三北”地区太阳能资源利用能力，可大大提

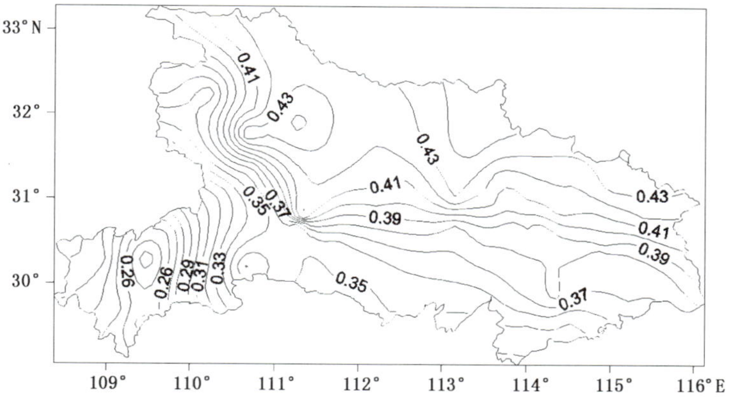

图 1.22　1971—2000 年湖北省稳定度指数分布

高本地对太阳能的利用效率。

五、空中云水资源特征

(一)空间分布特征

湖北省空中云水资源空间分布特征:整体上从鄂西北向鄂东南逐步增多;南部多于北部,东部多于西部。

1. 年平均空中云水资源量的空间分布特征

根据多年气象台站观测资料,计算分析整层大气可降水量得到:湖北省各地年空中云水资源量在 815~1253 cm,多年平均最大可降水量为 1131 cm。鄂东南及鄂西南是两个高值中心,鄂东南在 1190 cm 以上,鄂西南南部在 1100 cm 以上;鄂西北值最低,大部在 1000 cm 以下,但在竹溪和竹山有一个次高值区(如图 1.23 所示)。

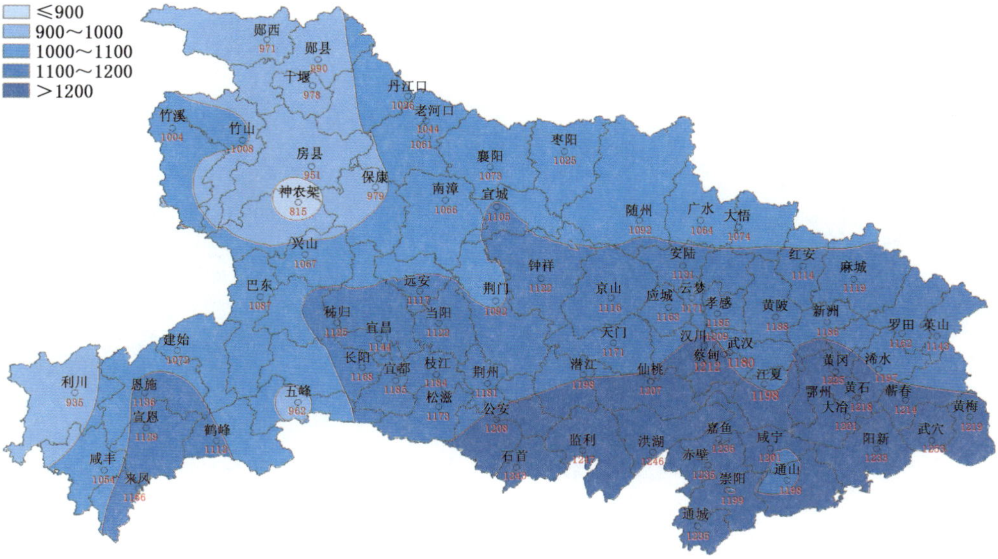

图 1.23　1981—2010 年湖北省年平均空中云水资源量的空间分布特征(cm)

这种分布特点与湖北省主要水汽来源通道密切关联。湖北省主要水汽来源于南海、印度洋、太平洋等南方洋面，在水汽由南向北输送途中，含量渐渐减少，形成水汽南多北少的情况。处于北亚热带湿润区北界的鄂西北北部，受北方干冷空气控制时间较长，来自南方洋面的暖湿空气至此，强度已减弱，所以水汽含量在全省范围内属低值区。

2. 各季节空中云水资源量的空间分布特征

如图 1.24 所示湖北省各地空中云水资源的季节性差异明显。季节的空间分布和年平均分布趋势相同，都为南多北少。季节差异形成的主要原因，是由于湖北所处的地理位置和主要影响天气系统所致。全省空中云水资源量冬季为 82～139 cm，量值最小。在隆冬季节，湖北主要受冬季风影响，冬季风强而稳定。在强大的冬季风控制下，高空、地面的天气系统稳定少变，水汽含量明显减少。春季是冬夏季风交替的过渡季节，这时夏季风开始活跃，即南方洋面上的气流带着既暖又湿的空气向北移动，空中含水量随之而增多，空中云水资源量为 175～284 cm。夏季为 356～534 cm，量值最大，是由于夏季时，夏季风最为强盛，因而水汽含量最大。秋季为 202～308 cm，与春季相比，最低值与最高值差异较小，也就是说，东西差异缩小，这主要是由于湖北省秋季的鄂西山地，仍受青藏高原东侧强劲的西南季风影响，西南暖湿气流仍较活跃。

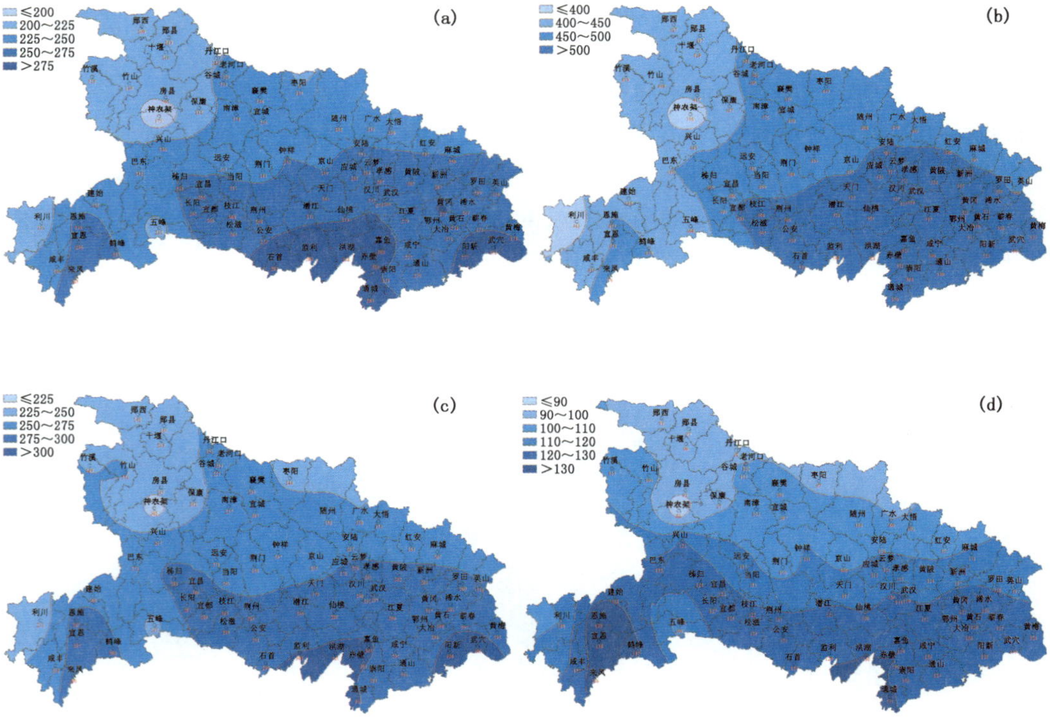

图 1.24　1981—2010 年湖北省各季平均空中云水资源量的空间分布特征(cm)

(a)春季；(b)夏季；(c)秋季；(d)冬季

(二)时间分布特征

1. 年际分布特征

湖北省空中云水资源量年际间差异不是很大,一般在 1100～1200 cm。1986、1992 年为两个谷点,值在 1100 cm 以下;峰值点在 1998 年,为 1197 cm(见图 1.25)。

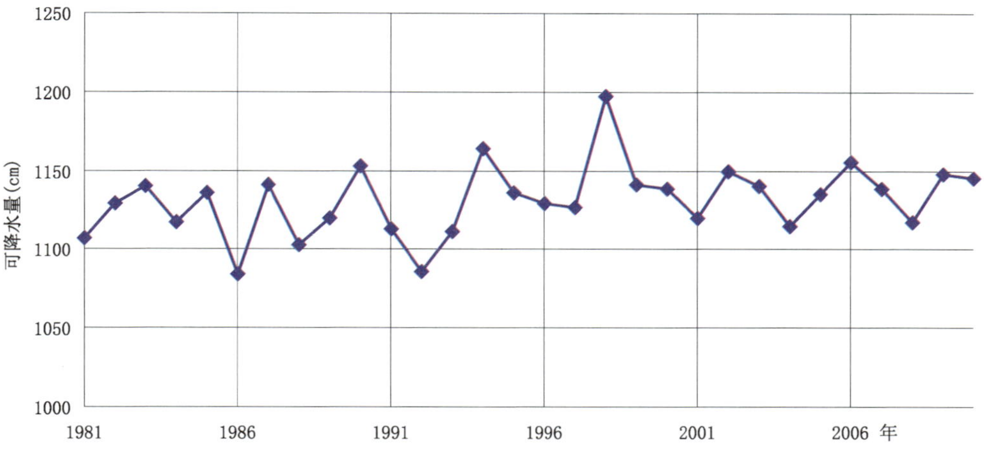

图 1.25 1981—2010 年湖北省空中云水资源量逐年变化图

2. 月季分布特征

从图 1.26 可以看到,5—9 月是湖北省空中云水资源量最多的月份,占全年的 64%,夏季 7、8 月最多,均在 160 cm 以上。冬季 1、2 月份最少,约为 40 cm。

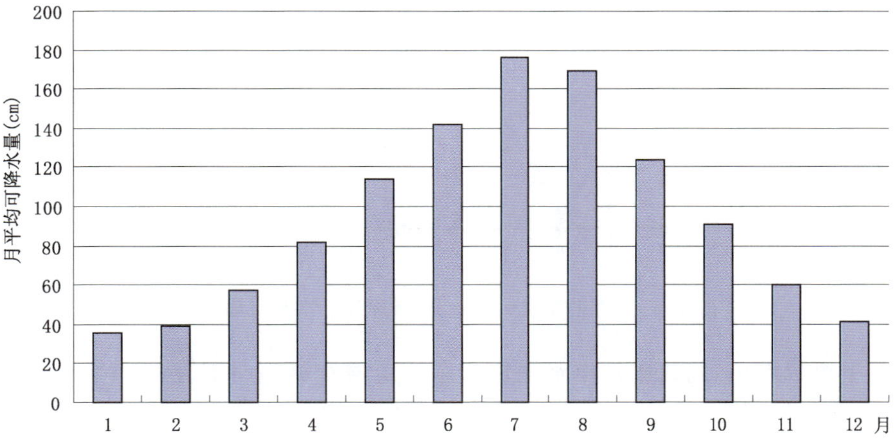

图 1.26 1981—2010 年湖北省空中云水资源量逐月分布特征

(三)水汽输送特征

根据 2005—2010 年恩施、宜昌、武汉、南阳 4 个探空站的逐日探空资料,利用平均水汽输送量计算公式,得到湖北省东西南北 4 个方向的逐月平均水汽输送量(见表 1.8 和图 1.27)。

表 1.8 湖北省 2005—2010 年逐月平均水汽输送量(亿吨)

	东		西		南		北	
月份	输入	输出	输入	输出	输入	输出	输入	输出
1	8.56	743.49	805.77	31.72	390.01	44.14	71.49	90.22
2	9.86	927.15	942.11	44.73	529.64	6.93	17.10	192.76
3	7.63	840.30	939.99	57.13	242.40	29.86	19.09	91.74
4	6.73	916.80	1040.53	58.51	171.62	115.58	68.58	56.76
5	5.71	1137.99	1441.01	54.84	244.81	439.44	5.84	333.63
6	2.80	1050.10	1159.50	55.47	234.23	783.94	34.44	263.43
7	2.36	1585.80	1046.41	7.71	639.72	619.21	10.17	921.00
8	53.92	517.31	506.18	64.53	84.84	529.25	68.14	514.65
9	141.45	658.82	928.60	110.64	302.61	611.91	12.38	499.18
10	116.60	906.90	1421.70	136.09	99.70	178.13	134.87	155.61
11	11.69	712.94	950.21	35.34	302.12	30.74	111.70	59.53
12	8.83	603.63	667.89	34.13	115.11	44.09	65.85	41.55
合计	376.14	10601.24	11849.91	690.83	3356.82	3433.21	619.67	3220.06

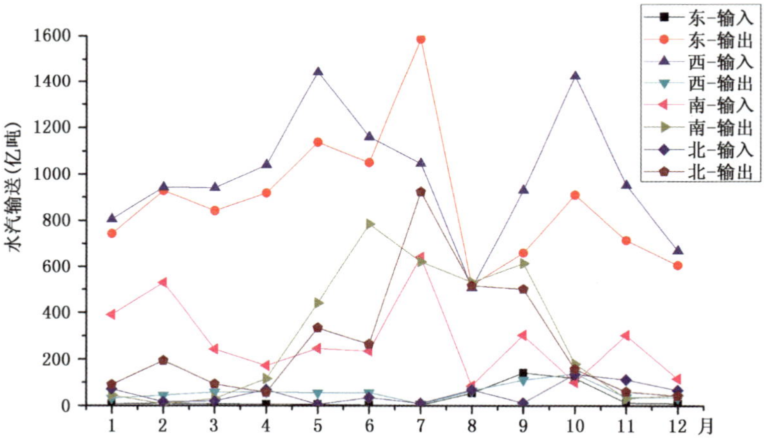

图 1.27 湖北省 2005—2010 年逐月平均水汽输送量

从总体上可以看出,湖北省常年水汽输送东西走向有相当一部分(900 多亿吨)滞留在湖北省,而南北走向呈现向北输送。相对来说,水汽输送在夏季更为突出,且东西向的水汽滞留更明显。

对每个月平均水汽输送量进行分析,湖北省 1—5 月水汽输送相对较少;6、7 月受西南暖湿气流影响很大,向东和向北的水汽输入量大于输出量,增雨潜力很大;8 月受副热带高压控制,水汽的输送量减少;到 9 月又略有上升,10—12 月又呈下降趋势。

第四节　气候变化特征

一、气温变化特征

(一)平均气温

1961—2010年湖北省平均气温为16.3 ℃，1961年为历年最高，达17.0 ℃，1984年为历年最低，为15.5 ℃。湖北年平均气温呈极显著上升趋势，上升速率为0.18 ℃/10a，20世纪80年代中期后尤其是90年代后气温上升趋势十分明显，1997年以来连续14年气温偏高，1998、2006、2007年平均气温为历史前3位(见图1.28)。

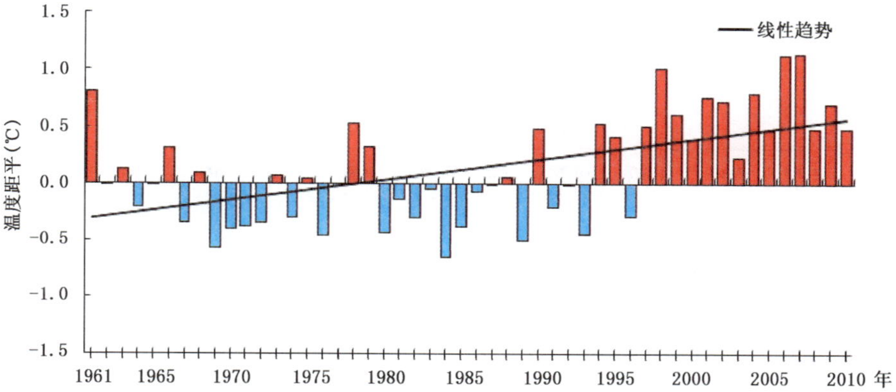

图1.28　1961—2010年湖北省年平均气温距平变化

(二)极端最高气温

1961—2010年湖北省年极端最高气温平均为37.7 ℃，1971年为历年最高，达39.2 ℃，1987年为历年最低，为35.5 ℃。年极端最高气温在20世纪60年代最高，到了70年代初略有下降，80年代前期最低，80年代后呈上升趋势(见图1.29)。

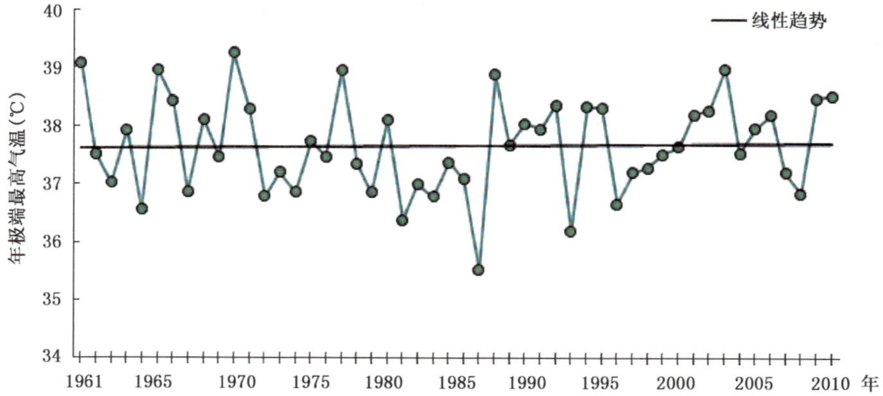

图1.29　1961—2010年湖北省极端最高气温变化

（三）极端最低气温

1961—2010 年湖北省年极端最低气温平均为－5.5 ℃，2007 年为历年最高，为－3.1 ℃，1977 年为历年最低，为－13.2 ℃。年极端最低气温呈显著上升趋势，上升速率为 0.62 ℃/10a，20 世纪 60、70 年代年极端最低气温多在平均值以下，80 年代中后期大多年份年极端最低气温较 60、70 年代偏高，除 1991 年、2008 年外都在多年平均值以上（见图 1.30）。

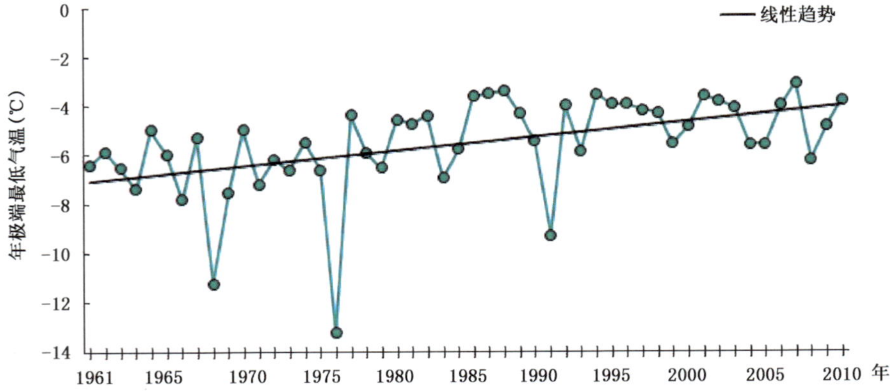

图 1.30 1961—2010 年湖北省极端最低气温变化

（四）平均气温日较差

1961—2010 年湖北省年平均气温日较差为 8.6 ℃，最高值为 9.6 ℃（1962 年），最低值为 7.5 ℃（1989 年）。20 世纪 60 年代、70 年代中后期、进入 21 世纪后日较差偏高，其他时段以偏低为主（见图 1.31）。

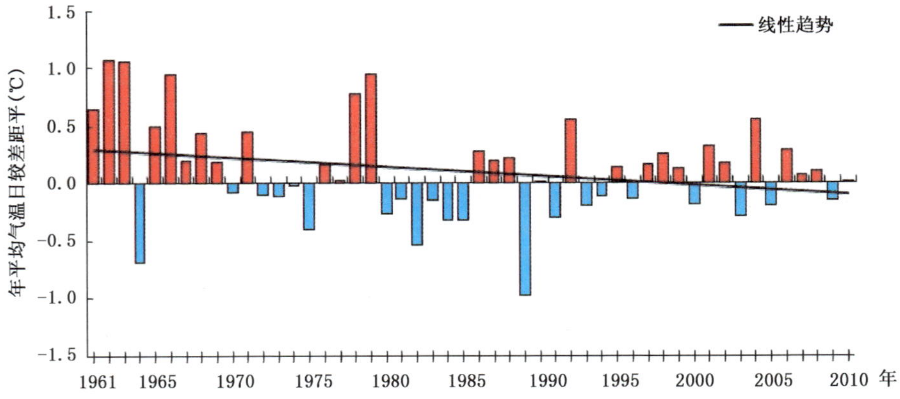

图 1.31 1961—2010 年湖北省年平均气温日较差距平变化

二、降水变化特征

（一）年降水量

1961—2010 年湖北省年降水量平均为 1189.4 mm，1983 年为历年最多，为 1635.7 mm；

1966年为历年最少，为814.5 mm。近50年来年降水量无明显的增减趋势（见图1.32），1970—2000年降水偏多、偏少年份交替出现，20世纪60、70年代、21世纪前10年多为偏少年份。近10年干旱年份较多。

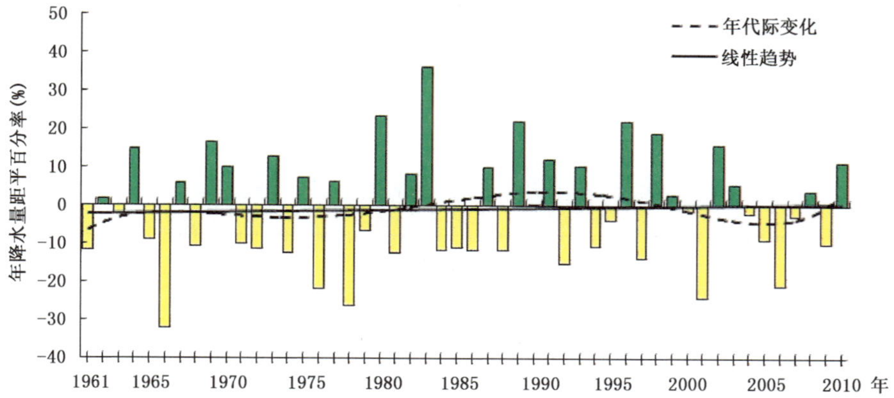

图1.32　1961—2010年湖北省平均年降水量距平百分率变化

（二）降水日数

1961—2010年湖北省平均年降水日数为128.8天，1964年为历年最多，为152.8天；1978年为历年最少，为110.6天。湖北省年降水日数呈较显著的减少趋势，减少速率为1.9 d/10a。20世纪90年代中后期以来偏少年份多，之前则偏多和偏少年份交替出现。2005年以来连续6年雨日偏少（见图1.33）。

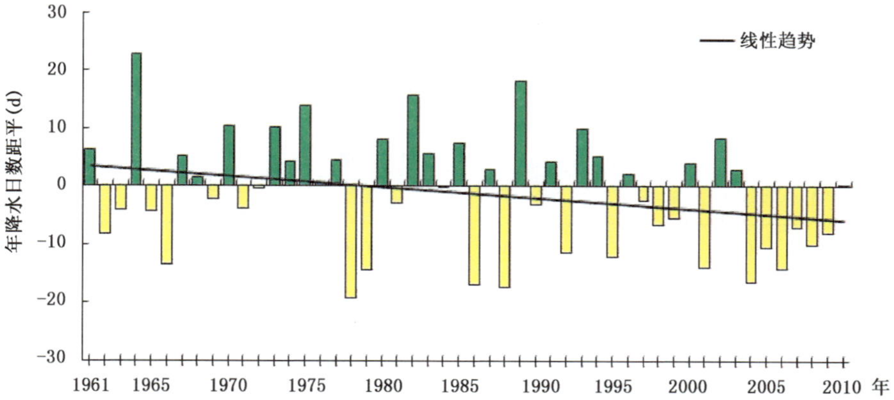

图1.33　1961—2010年湖北省平均年降水日数距平变化

三、日照时数变化特征

湖北省年日照时数呈极显著减少趋势（见图1.34），减少速率为57.7 h/10a。且具有明显的年代际特征，20世纪60、70年代为偏多期，80年代至今为偏少期，近10年偏少突出。

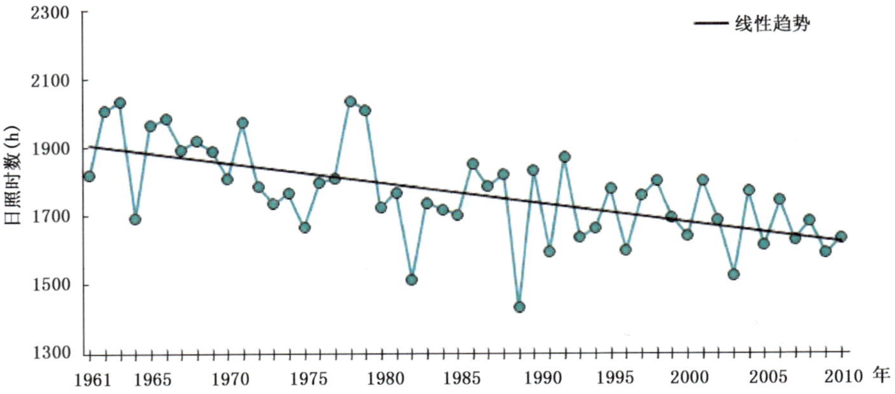

图 1.34　1961—2010 年湖北省平均年日照时数变化

四、风速变化特征

湖北省年平均风速呈极显著减小趋势，减小速率为 0.2 m/(s·10a)。年平均风速变化可分为三段，20 世纪 70 年代中期以前呈现波动变化，风速相对较大，70 年代中期—80 年代末呈现下降趋势，90 年代以来风速较小且稳定少变(见图 1.35)。

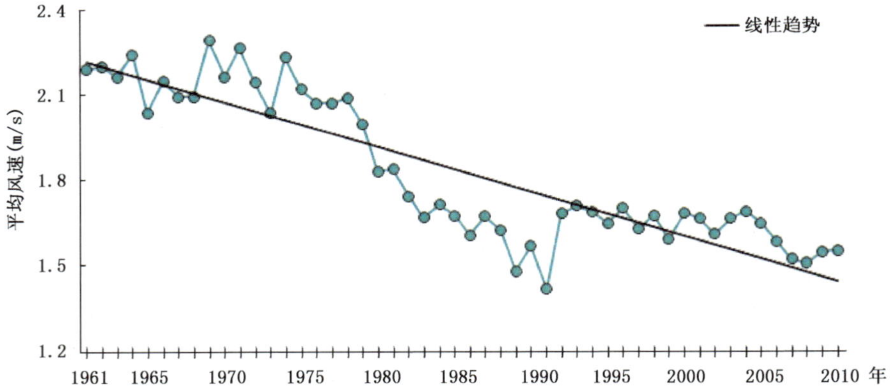

图 1.35　1961—2010 年湖北省年平均风速变化

五、极端天气气候事件变化特征

(一)高温事件

近 50 年，湖北省平均日最高气温≥35 ℃日数为 19.1 天，1978 年为历年最高，达 36.2 天，1987 年为历年最低，为 5.7 天(见图 1.36)。日最高气温≥37 ℃、≥40 ℃的平均日数分别为 5.2 和 0.2 天；1966 年为历年最高，分别为 14.5 和 1.7 天。高温日数从 20 世纪 60 年代—80 年代呈减少的趋势，80 年代后期最少，90 年代之后又出现增多的趋势，21 世纪前 10 年最多，说明高温热浪在最近 10 年呈增多的趋势。

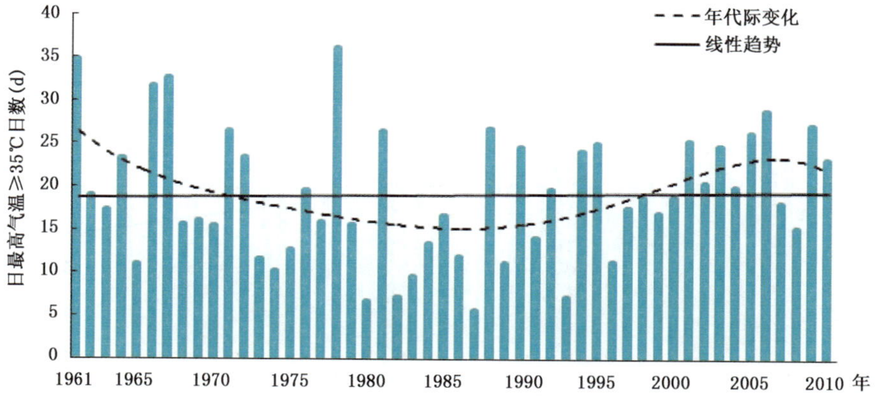

图 1.36　1961—2010 年湖北省日最高气温≥35 ℃平均日数变化

日平均气温≥30 ℃且日最低气温≥27 ℃的平均日数为 7.9 天，2003 年为历年最高，达 14.0 天，1968 年为历年最少，为 2.7 天。最近的 20 年出现明显增多的趋势(见图 1.37)，1988 年以来的 22 年中有 13 年日平均气温≥30 ℃且日最低气温≥27 ℃的日数多于平均日数，而之前的 28 年中仅有 7 年多于平均日数。说明高温热浪事件在最近 10 年呈增多的趋势。

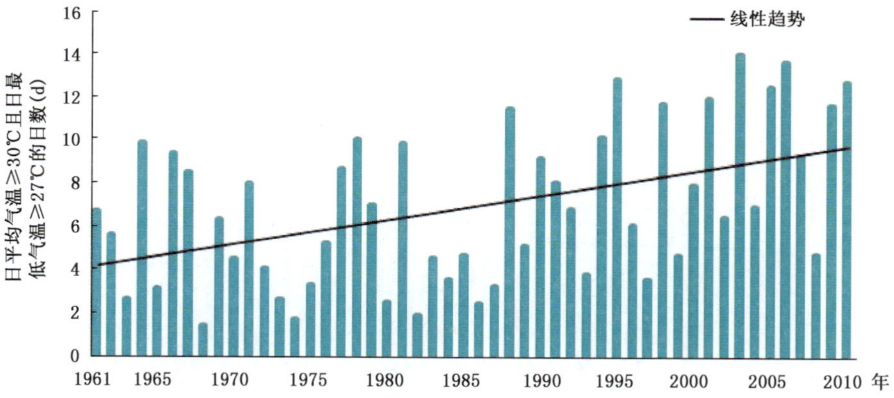

图 1.37　1961—2010 年湖北省日平均气温≥30 ℃且日最低气温≥27 ℃平均日数变化

(二)低温事件

近 50 年湖北省日最低气温≤0 ℃日数为 34.4 天，1969 年为历年最多，达 62.3 天，2007 年为历年最少，为 15.4 天，呈显著的减少趋势(见图 1.38)，下降速率为 4.4 d/10a。日最低气温≤−5 ℃日数平均为 2.7 天，1969 年为历年最多，达 11.8 天，1988 年为历年最少，为 0.2 天，下降速率为 1.1 d/10a。近 25 年日最低气温≤−5 ℃日数不到 3 天，前 25 年中有 9 年超过 5 天，1963 年、1969 年、1977 年达到 8 天以上。日最低气温≤−7 ℃天数为 0.7 天，最多为 5.5 天(1969 年)，有 9 年没有出现。日最低气温≤−9 ℃平均 0.2 天，1969 年出现最多，为 2.7 天，其次为 1977 年，有 18 年没有出现，下降速度为 0.1 d/10a。各级低温日数总体上呈明显减少趋势，冬季寒冷事件趋于减少。

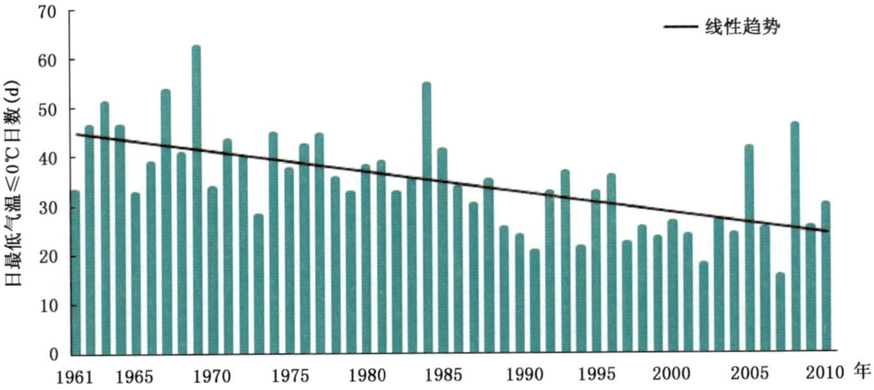

图 1.38　湖北省 1961—2010 年历年日最低气温≤0 ℃平均日数

（三）降水极端事件

1. 暴雨、大暴雨及以上极端事件

1961—2010 年湖北省平均年暴雨次数 204.2 站次，1983 年为历年最多，为 369 站次；1966 年为历年最少，为 81 站次。近 50 年，湖北省年暴雨站次无明显的增减趋势。年际变化上，20 世纪 60、70 年代均低于常年值，80、90 年代为偏多期，近 10 年多为偏少年份(见图 1.39)。

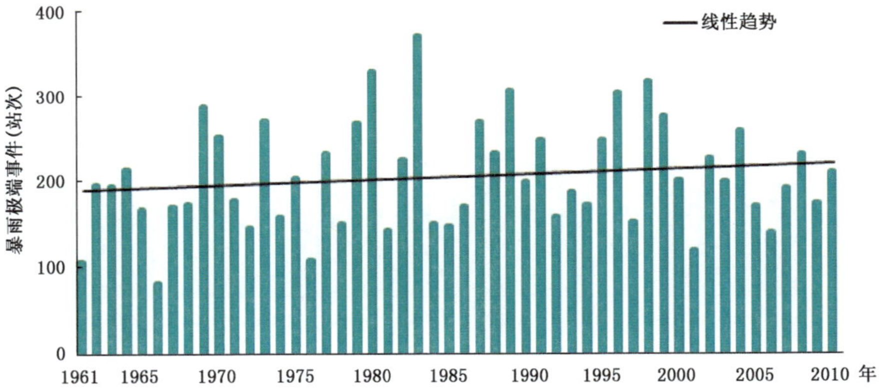

图 1.39　1961—2010 年湖北省暴雨次数变化

1961—2010 年湖北省平均年大暴雨及以上次数为 37.9 站次，1969 年为历年最多，为 91 站次；1978 年为历年最少，为 5 站次。近 50 年，湖北省年大暴雨及以上站次无明显的增减趋势。20 世纪 70 年代为偏少期，近 10 年与常年值持平(见图 1.40)。

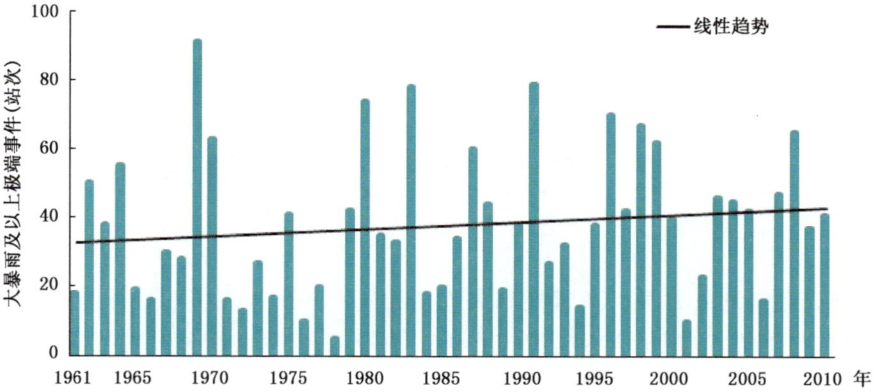

图 1.40 1961—2010 年湖北省大暴雨及以上次数变化

第二章　气象灾害预报预警服务

本章主要介绍湖北省常见的关键性和灾害性天气及其次生灾害的特征与影响、服务要点、预警标准、服务措施等，以规范省级气象灾害预报预警工作，为防御和减轻气象灾害，保护国家和人民生命财产安全做好气象保障服务。

第一节　灾害性天气预报预警服务

一、暴雨

（一）定义

暴雨指 24 小时内降水总量达到 50 mm 或以上的降水。按照我国统一规定标准，暴雨又分为三级：暴雨（50.0～99.9 mm）、大暴雨（100.0～249.0 mm）、特大暴雨（≥250.0 mm）。

（二）灾害特征与影响

暴雨是一种最常见的气象灾害，尤其是大范围持续性暴雨和集中的特大暴雨，它不仅影响工农业生产，而且可能危害人民的生命，造成严重的经济损失。暴雨危害主要有三个方面：

1. 农田渍涝

由于暴雨急而大，排水不畅易引起积水成涝，土壤孔隙被水充满，造成陆生植物根系缺氧，使根系生理活动受到抑制，产生有毒物质，使作物受害而减产。

2. 城市渍涝

随着城市人口增加，经济发展，城市化进程加快，一旦发生暴雨天气，就会出现大面积的积涝现象，对交通、居民生活和社会生产带来不利影响。

3. 洪涝灾害

由暴雨引起的洪涝淹没作物，使作物新陈代谢难以正常进行而发生各种伤害，淹水越深，淹没时间越长，危害就越严重。特大暴雨引起的山洪暴发、河流泛滥，不仅危害农作物、果树、林业和渔业，而且还冲毁农舍和工农业设施，甚至造成人畜伤亡，经济损失严重。我国历史上的洪涝灾害，几乎都是由暴雨引起的，像 1954 年 7 月长江流域大洪涝，1998 年长江全流域特大洪涝灾害等均由暴雨引起。

（三）服务要点与措施

1. 服务要点

（1）暴雨强度、落区、雨量及灾害影响预估（评估）。

（2）暴雨发生时段、转折时间、持续时间。

（3）关注强暴雨过程和暴雨对重要社会活动的影响。

(4)关注暴雨可能引发的中小河流洪水、山洪、滑坡及城市内涝等灾害。

(5)关注暴雨对江河湖库防汛、农业生产、交通运输等可能造成的影响。

2. 服务措施

(1)做好中短期公众气象预报。

(2)遇强暴雨过程,及时提供重大气象信息专报等决策服务材料。

(3)如强暴雨过程可能引发重大灾害时,及时向上级领导部门汇报,加强与防办、国土资源厅、民政厅等相关部门联系,及时通报最新雨晴实况。

(4)如暴雨天气可能或已经引起严重灾害,需及时启动或响应应急服务。

(5)加强雷达、卫星、雨量等多种监测资料综合分析,及时发布暴雨预警信号。

(6)及时进行电话通报,并通过手机、电子显示屏、大喇叭、广播、电视等多种途径向公众发布。

(四)气象预警标准

1. 暴雨警报发布标准

预计未来 12 小时(有把握时可提前至 24 小时)责任区内将有暴雨发生,对国民经济、人民生命财产安全和生活有较大影响,可发布"暴雨警报"。

2. 暴雨预警信号发布标准

暴雨预警信号分四级,分别以蓝色、黄色、橙色、红色表示。

(1)暴雨蓝色预警信号

图标:

标准:12 小时内降雨量将达 50 mm 以上,或者已达 50 mm 以上且降雨可能持续。

(2)暴雨黄色预警信号

图标:

标准:6 小时内降雨量将达 50 mm 以上,或者已达 50 mm 以上且降雨可能持续。

(3)暴雨橙色预警信号

图标:

标准:3 小时内降雨量将达 50 mm 以上,或者已达 50 mm 以上且降雨可能持续。

(4)暴雨红色预警信号

图标:

标准：3 小时内降雨量将达 100 mm 以上，或者已达 100 mm 以上且降雨可能持续。

二、干旱

(一)定义

干旱是由于长期无降水或降水偏少，造成空气干燥、土壤缺水、人类生存和经济发展受到制约的气候现象。干旱一词在气象学上有两种含义：一种是气候干旱，另一种是气象干旱。气候干旱是指蒸发量比降水量大得多的一种气候。气候干旱与特定的地理环境和大气环流系统相联系。气象干旱是指某一地理范围在某一具体时段内的降水量比多年平均降水量显著偏少，导致该地区的经济活动（尤其是农业生产）和人类生活受到较大危害的现象。

(二)灾害特征与影响

1. 危害农业生产

气象条件影响作物的分布、生长发育、产量及品质的形成，而水分条件是决定农业发展类型的主要条件。干旱由于其发生频率高、持续时间长，影响范围广、后延影响大，成为影响农业生产最严重的气象灾害之一。

2. 使生态环境进一步恶化

干旱造成湖泊、河流水位下降，部分还会出现干涸和断流。干旱缺水造成地表水源补给不足，只能依靠大量超采地下水来维持居民生活和工农业生产，然而超采地下水又导致了地下水位下降、漏斗区面积扩大、地面沉降等一系列的生态环境问题。

3. 引发其他自然灾害的发生

干旱易引发森林火灾。其次，干旱会导致很多捕食动物消失，尤其是使消灭鼠害和虫害的鸟类大量减少，导致昆虫和鼠类因为没有天敌控制而大量繁衍，最终造成灾害。

(三)服务要点与措施

1. 服务要点

(1)干旱的范围、程度、持续时间。

(2)干旱监测与影响评估、防御措施。

(3)人工影响天气作业时机。

(4)久旱后降水的发生时间、区域、量级、持续时间。

2. 服务措施

(1)遇持续性干旱天气，及时提供重大气象信息专报等决策服务材料。

(2)遇持续性干旱天气，及时向政府领导汇报旱情发展趋势，加强相关部门联系。

(3)加强旱情监测，及时发布干旱预警信号。

(4)如干旱可能或已经造成严重灾害，应及时启动应急响应服务。

(5)加强天气趋势预报和旱情发展趋势分析，做好公众气象服务。

(6)抓住有利时机进行人工增雨作业。

(四)气象预警标准

干旱预警信号分二级，分别以橙色、红色表示。干旱指标等级划分，以国家标准《气象干旱等级》(GB/T 20481—2006)中的综合气象干旱指数为标准。

1. 干旱橙色预警信号

图标：

标准：预计未来一周综合气象干旱指数达到重旱（气象干旱为 25～50 年一遇），或者某一县（区）有 40％以上的农作物受旱。

2. 干旱红色预警信号

图标：

标准：预计未来一周综合气象干旱指数达到特旱（气象干旱为 50 年以上一遇），或者某一县（区）有 60％以上的农作物受旱。

三、高温

（一）定义

日极端最高气温≥35 ℃以上时称为高温，连续 3 天以上的高温天气过程称之为高温热浪（或称之为高温酷暑）。

（二）灾害特征与影响

高温对人们日常生活和健康以及国民经济各部门都有一定的影响。高温热浪使人体感到不适，工作效率低下，中暑、患肠道疾病和心脑血管等病症的发病率增多；因用于防暑降温的水电需求量猛增，造成水电供应紧张，故障频发。高温热浪影响植物生长发育，使农作物减产，加剧土壤水分蒸发和作物蒸腾作用，高温少雨同时出现时，造成土壤失墒严重，加速旱情的发展。持续高温少雨还易引发火灾，而森林火灾又会对生态环境造成破坏。另外，旅游、交通、建筑等行业也会受到不同程度的影响。

（三）服务要点与措施

1. 服务要点

（1）高温天气发生范围、强度、持续时间。

（2）高温灾害的监测、影响评估、防御措施。

（3）关注可能达到的极端高温天气以及带来的严重影响。

（4）关注高温天气对农作物干旱、森林火灾等灾害的影响。

（5）加强与卫生部门联合宣传与防御，关注高温天气对人们生活的影响。

（6）关注高温天气后晴雨转换情况。

2. 服务措施

（1）做好中短期公众气象预报。

（2）遇持续性高温天气，及时提供重大气象信息专报等决策服务材料。

（3）遇持续性高温天气，及时向政府领导汇报，加强相关部门联系。

（4）如高温天气可能或已经造成严重灾害，及时启动应急气象服务。

（5）加强高温监测，及时发布高温消息和预警信号，并通过多种途径向公众发布。

(6)做好相关专业气象服务,及时发布中暑指数等气象服务。

(四)气象预警标准

高温预警信号分三级,分别以黄色、橙色、红色表示。

1. 高温黄色预警信号

图标:

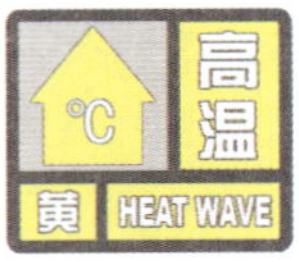

标准:连续三天日最高气温将在 35 ℃以上。

2. 高温橙色预警信号

图标:

标准:24 小时内最高气温将升至 37 ℃以上。

3. 高温红色预警信号

图标:

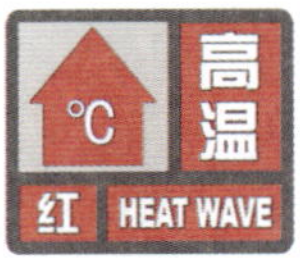

标准:24 小时内最高气温将升至 40 ℃以上。

四、大雾

(一)定义

大雾是指由于近地层空气中悬浮的无数小水滴或小冰晶造成水平能见度不足 500 m 的一种天气现象。

(二)灾害特征与影响

1. 威胁交通安全

雾天能见度低,威胁海陆空交通安全。

2. 酿成事故

雾还能对输电线路和露天电气设备的绝缘体造成变故,甚至酿成事故。

3. 污染空气,危害人体健康

雾滴中含有各种酸、碱、盐、胺、酚、尘埃、病原微生物等有害物质的比例,比通常的大气水滴高出几十倍。由于存在"逆温层",大气很稳定,对流作用减弱,空气中的水汽、尘埃和其他污染物不容易向高空扩散,便只能滞留在近地面,当雾滴消散后,污染物便全部进入空气中,造成近地层空气严重污染,引发疾病,影响人体健康,其中以呼吸道危害最为显著。

(三)服务要点与措施

1. 服务要点

(1)大雾的范围、浓度、持续时间。

(2)大雾对交通等造成的影响。

(3)关注大雾对人体危害以及可能引起的空气污染。

(4)大雾灾害的防御方法。

2. 服务措施

(1)做好中短期公众气象预报。

(2)加强能见度监测,及时发布大雾预警信号,并通过媒体向公众发布。

(3)遇持续时间较长的大雾天气,加强与交通运输等部门的联系及信息共享。

(4)遇重大社会活动时,需及时开展气象保障工作,做好专项服务。

(四)气象预警标准

大雾预警信号分三级,分别以黄色、橙色、红色表示。

1. 大雾黄色预警信号

图标:

标准:12 小时内可能出现能见度小于 500 m 的雾,或者已经出现能见度小于 500 m、大于等于 200 m 的雾并将持续。

2. 大雾橙色预警信号

图标:

标准:6 小时内可能出现能见度小于 200 m 的雾,或者已经出现能见度小于 200 m、大于等于 50 m 的雾并将持续。

3. 大雾红色预警信号

图标:

标准:2 小时内可能出现能见度小于 50 m 的雾,或者已经出现能见度小于 50 m 的雾并将持续。

五、雷电

(一)定义

雷电是伴有闪电和雷鸣的一种放电现象。

(二)灾害特征与影响

1. 对电器设备的危害

在雷电感应过程中产生的强大瞬间电磁场,可在地面金属网络中产生感应电荷。包括有线、无线通信网络,电力输电网络和其他金属材料制成的线路系统。高强度的感应电荷会在这些金属网络中形成强大的瞬间高压电场，从而形成对用电设备的高压弧光放电，最终会导致电气设备烧毁。雷电尤其对电子等弱电设备的破坏最为严重，如家用电器的电视机、电脑、通信设备、办公设备等等。每年被感应雷电击毁用电设备的事故达千万件以上。

2. 对生物体的危害

雷电对生物体的伤害，有电流的直接作用和超压或动力作用，以及高温作用。当生物体遭受雷电击的一瞬间，电流迅速通过生物体，重者可导致心跳、呼吸停止，脑组织缺氧而死亡。另外，雷击时产生的电火花，也会造成不同程度的皮肤烧灼伤。雷电击伤，亦可使生物体出现树枝状雷击纹，表皮剥脱，皮内出血，也能造成耳鼓膜或内脏破裂等。

3. 对建(构)筑物的危害

雷电的危害一般分为两类：一是雷直接击在建筑物上发生热效应作用和电动力作用；二是雷电的二次作用，即雷电流产生的静电感应和电磁感应。雷电的具体危害表现如下：①雷电流高压效应会产生高达数万伏甚至数十万伏的冲击电压，如此巨大的电压瞬间冲击电气设备，足以击穿绝缘使设备发生短路，导致燃烧、爆炸等直接灾害；②雷电流高热效应会放出几十至上千安的强大电流，并产生大量热能，在雷击点的热量会很高，可导致金属熔化，引发火灾和爆炸；③雷电流机械效应主要表现为被雷击物体发生爆炸、扭曲、崩溃、撕裂等现象导致财产损失和人员伤亡；④ 雷电流静电感应可使被击物导体感生出与雷电性质相反的大量电荷，当雷电消失来不及流散时，即会产生很高电压并发生放电现象从而导致火灾；⑤雷电流电磁感应会在雷击点周围产生强大的交变电磁场，其感生出的电流可引起变电器局部过热而导致火灾；⑥雷电波的侵入和防雷装置上的高电压对建筑物的反击作用也会引起配电装置或电气线路断路而燃烧导致火灾。

(三)服务要点与措施

1. 服务要点

(1)雷电的强度、密度、影响范围、持续时间。

(2)雷电危害及防御的科普宣传。

2. 服务措施

(1)做好雷电监测与预警工作。

(2)加强雷电天气监测，及时发布雷电预警信号，并通过多种途径向公众发布。

(3)加强防雷装置安全检测与雷电灾害风险评估。

(4)关注雷电对生物体、电器设备、建筑物等的影响，适时开展科普工作。

(四)气象预警标准

雷电预警信号分三级，分别以黄色、橙色、红色表示。

1. 雷电黄色预警信号

图标：

标准：6 小时内可能发生雷电活动，可能会造成雷电灾害事故。

2. 雷电橙色预警信号

图标：

标准：2 小时内发生雷电活动的可能性很大，或者已经受雷电活动影响，且可能持续，出现雷电灾害事故的可能性比较大。

3. 雷电红色预警信号

图标：

标准：2 小时内发生雷电活动的可能性非常大，或者已经有强烈的雷电活动发生，且可能持续，出现雷电灾害事故的可能性非常大。

六、冰雹

（一）定义

冰雹为坚硬的球状、锥状或形状不规则的固态降水。直径一般为 5～50 mm，大的可达 10 cm 以上。

（二）灾害特征与影响

冰雹灾害是由强对流天气系统引起的一种剧烈的气象灾害，它出现的范围虽然较小，时间也比较短促，但来势猛、强度大，并常常伴随着狂风、强降水、急剧降温等阵发性灾害性天气过程。冰雹常给农业、建筑、通信、电力、交通以及人民生命财产带来巨大损失，湖北西部山区是冰雹多发区。

（三）服务要点与措施

1. 服务要点

（1）冰雹的强度、落区、发生时段、持续时间。

（2）关注冰雹伴随的大风、雷电等灾害。

（3）冰雹对农业、建筑等造成的灾害。

2. 服务措施

（1）做好中短期公众气象预报。

（2）雷达跟踪监测与分析，及时发布预警信号，并通过多种途径向公众发布。

（3）加强与地市等相关部门的沟通，及时了解冰雹灾情信息。

（4）及时组织人工防雹作业。

（四）气象预警标准

冰雹预警信号分二级，分别以橙色、红色表示。

1. 冰雹橙色预警信号

图标：

标准：6 小时内可能出现冰雹天气，并可能造成雹灾。

2. 冰雹红色预警信号

图标：

标准：2 小时内出现冰雹可能性极大，并可能造成重雹灾。

七、大风

(一)定义

平均风速大于等于 6 级(10.8 m/s)及以上的风，称为大风。

(二)灾害特征与影响

大风会毁坏地面设施、建筑物、电力设施、蔬菜大棚；江面、湖面上的大风则影响船只、施工和捕捞等作业，危害甚大。

(三)服务要点与措施

1. 服务要点

(1)大风等级、影响范围、发生时段、持续时间。

(2)大风防御措施。

2. 服务措施

(1)做好中短期公众气象预报。

(2)及时发布预警信号。

(3)及时电话、短信通报相关政府部门，并通过多种途径向公众发布。

(4)加强与航运、旅游、建筑、电力等相关部门的联动与信息共享，及时了解大风灾情信息。

(四)气象预警标准

大风(除台风外)预警信号分四级，分别以蓝色、黄色、橙色、红色表示。

1. 大风蓝色预警信号

图标：

标准：24 小时内可能受大风影响，平均风力可达 6 级以上，或者阵风 7 级以上；或者已经受大风影响，平均风力为 6～7 级，或者阵风 7～8 级并可能持续。

2. 大风黄色预警信号

图标：

标准：12 小时内可能受大风影响，平均风力可达 8 级以上，或者阵风 9 级以上；或者已经受大风影响，平均风力为 8～9 级，或者阵风 9～10 级并可能持续。

3. 大风橙色预警信号

图标：

标准：6 小时内可能受大风影响，平均风力可达 10 级以上，或者阵风 11 级以上；或者已经受大风影响，平均风力为 10～11 级，或者阵风 11～12 级并可能持续。

4. 大风红色预警信号

图标：

标准：6 小时内可能受大风影响，平均风力可达 12 级以上，或者阵风 13 级以上；或者已经受大风影响，平均风力为 12 级以上，或者阵风 13 级以上并可能持续。

八、霜冻

（一）定义

霜冻是指空气温度突然下降，使作物温度降低到 0 ℃以下而受到损害甚至死亡的农业气象灾害。

（二）灾害特征与影响

霜冻能使作物受害，主要是由于 0 ℃以下的低温使作物细胞间隙的水形成了冰晶，细胞内原生质与液泡逐渐脱水和凝固，使植物细胞致死，解冻时细胞间隙中的冰融化成水很快蒸发，原生质因失水使植物干死。每年秋季第一次出现的霜冻叫初霜冻，次年春季最后一次出现的霜冻叫终霜冻，初终霜冻对农作物的影响都较大。

玉米、大豆、棉花等秋收作物在成熟前对霜冻非常敏感。玉米如果在灌浆期遭受早霜冻，不仅影响品质，还会造成减产。当气温降至 0 ℃时，玉米发生轻度霜冻，叶片最先受害。玉米灌浆的养料主要是叶片通过光合作用产生的，受冻后的叶片变得枯黄，影响植株的光合作用，产生的营养物质减少。由于养料减少，玉米灌浆缓慢，粒重降低。如果气温降至－3 ℃，就会发生严重霜冻，除了大量叶片受害外，穗颈也会受冻死亡，灌浆被迫停止，常常造成大幅减产。

（三）服务要点与措施

1. 服务要点

（1）霜冻强度、影响范围、发生时间、维持天数。

（2）霜冻对农作物的影响析评估、防御措施。

2. 服务措施

(1)做好中短期公众气象预报。

(2)遇严重霜冻天气,及时向政府领导汇报,与农业部门进行沟通。

(3)加强霜冻天气分析与监测,及时发布霜冻预警信号。

(4)及时进行电话、短信通报,并通过多种途径向公众发布。

(5)做好农业气象专项服务,及时获取霜冻灾害信息。

(四)气象预警标准

霜冻预警信号分三级,分别以蓝色、黄色、橙色表示。

1. 霜冻蓝色预警信号

图标:

标准:48 小时内地面最低温度将要下降到 0 ℃以下,对农业将产生影响,或者已经降到 0 ℃以下,对农业已经产生影响,并可能持续。

2. 霜冻黄色预警信号

图标:

标准:24 小时内地面最低温度将要下降到−3 ℃以下,对农业将产生严重影响,或者已经降到−3 ℃以下,对农业已经产生严重影响,并可能持续。

3. 霜冻橙色预警信号

图标:

标准:24 小时内地面最低温度将要下降到−5 ℃以下,对农业将产生严重影响,或者已经降到−5 ℃以下,对农业已经产生严重影响,并将持续。

九、寒潮

(一)定义

寒潮,就是北方的冷空气大规模地向南侵袭我国,造成大范围急剧降温和偏北大风的天气过程。对南方地区,我国气象部门规定:冷空气侵入某地,24 小时内平均气温下降 8 ℃以上,或 48 小时平均气温下降 10 ℃以上,或 72 小时平均气温下降 12 ℃以上,而且最低气温在 5 ℃以下,则称此冷空气爆发过程为一次寒潮过程。

(二)灾害特征与影响

寒潮是我省冬半年大范围灾害性天气,通常带来大风、降温,并伴随雨雪和冰冻等天气,对农业、交通等造成较大危害。雨雪过后,道路结冰打滑,交通事故明显上升。寒潮袭来对人体健康危害很大，大风降温天气容易引发感冒、气管炎、冠心病、肺心病、中风、哮喘、心肌梗死、心绞痛、偏头痛等疾病，有时还会使患者的病情加重。

（三）服务要点与措施

1. 服务要点

（1）寒潮的降温幅度、持续时间、影响范围。

（2）寒潮的风力大小、防御对策。

2. 服务措施

（1）做好中短期公众气象预报。

（2）及时提供重大气象信息专报等决策服务材料。

（3）及时向政府领导汇报，加强与电力、农业相关部门联系。

（4）如寒潮可能或已经造成严重灾害，需启动或响应应急服务。

（5）加强寒潮天气趋势分析，及时发布寒潮预警信号，并通过多种途径向公众发布。

（6）做好专业气象服务与公众气象服务，提醒公众注意相关防护。

（7）加强为农气象服务，提醒农业部门做好防范措施。

（四）气象预警标准

1. 寒潮警报发布标准

预计未来 48 小时责任区内最低气温下降 10 ℃以上，最低气温≤4 ℃。陆上平均风力 5～7 级（海区平均风力 7 级以上）。

2. 冷空气（降温）消息发布标准

预计未来 72 小时责任区内最低气温下降 8 ℃以上，最低气温≤4 ℃。陆上平均风力 5～7 级（海区平均风力 7 级以上）。

3. 寒潮预警信号发布标准

寒潮预警信号分四级，分别以蓝色、黄色、橙色、红色表示。

（1）寒潮蓝色预警信号

图标：

标准：48 小时内最低气温将要下降 8 ℃以上，最低气温≤4 ℃，陆地平均风力可达 5 级以上；或者已经下降 8 ℃以上，最低气温小于等于 4 ℃，平均风力达 5 级以上，并可能持续。

（2）寒潮黄色预警信号

图标：

标准：24 小时内最低气温将要下降 10 ℃以上，最低气温≤4 ℃，陆地平均风力可达 6 级以上；或者已经下降 10 ℃以上，最低气温小于等于 4 ℃，平均风力达 6 级以上，并可能持续。

（3）寒潮橙色预警信号

图标：

标准：24 小时内最低气温将要下降 12 ℃以上，最低气温≤0 ℃，陆地平均风力可达 6 级以上；或者已经下降 12 ℃以上，最低气温小于等于 0 ℃，平均风力达 6 级以上，并可能持续。

(4)寒潮红色预警信号

图标：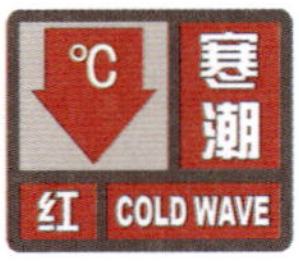

标准：24 小时内最低气温将要下降 16 ℃以上，最低气温≤0 ℃，陆地平均风力可达 6 级以上；或者已经下降 16 ℃以上，最低气温小于等于 0 ℃，平均风力达 6 级以上，并可能持续。

十、暴雪

(一)定义

24 小时纯雪量≥10 mm，若为“雨夹雪”，则满足 24 小时纯雪量≥10 mm，且地面积雪深度≥5 cm，称为暴雪。

(二)灾害特征与影响

1. 对道路交通的影响

如果道路产生积雪并有冰冻，易造成行车打滑，交通事故频发；大范围积雪冰冻时，会导致公路、铁路、航运等交通瘫痪。

2. 对农业的影响

雪量偏大时，一旦覆盖在小麦、油菜等越冬作物上的冰雪层融化而气温又长期稳定在 0 ℃以下，就有可能产生冻害；高秆作物、果树等易被积雪压断，苗木被积雪压塌。由于气温较低，树木上的冰挂易造成其枝条压裂、压断和压倒；暴雪对设施农业的影响最为明显，尤其是对大棚蔬菜的危害最大。由于降雪时间过长、积雪过厚，降低了棚内温度和透光性，影响大棚蔬菜的正常生长。由于持续低温，大棚蔬菜、露地蔬菜受冻，用于早春栽培的幼苗也易冻死。

3. 对畜牧业的影响

若雪量过大，积雪过深，持续时间过长，则会造成牲畜吃草困难，甚至无法放牧，而形成雪灾。积雪掩盖草场，且超过一定深度，或积雪不深但密度较大，以及雪面覆冰形成冰壳，牲畜难以扒开雪层吃草，造成饥饿。有时冰壳还易划破牲畜的蹄腕，造成冻伤。雪灾致使牲畜瘦弱，常常造成牧畜流产，仔畜成活率低，老弱幼畜饥寒交迫，死亡增多。

4. 对人们生活的影响

暴雪往往伴随大风、低温、冰冻等恶劣天气，会引起道路、供电线路、通信线路积雪和结冰，城市水气管网冻裂，导致停电、通信中断、停水、停气，影响人们的日常生活。

(三)服务要点与措施

1. 服务要点

(1)暴雪强度、落区、雪量、积雪深度。

(2)暴雪发生时段、持续时间。

(3)关注暴雪对农业、交通等带来的不利影响。

2. 服务措施

(1)做好中短期公众气象预报。

(2)遇强降雪天气过程,及时提供重大气象信息专报等决策服务材料。

(3)遇强降雪天气过程,及时向政府领导汇报最新降雪量级、积雪深度等气象信息,加强与相关部门联系。

(4)遇强降雪天气过程,及时启动应急气象服务。

(5)加强暴雪监测及天气趋势分析,及时发布暴雪预警信号,进行电话、手机短信通报,并通过多种途径向公众发布。

(四)气象预警标准

暴雪预警信号分四级,分别以蓝色、黄色、橙色、红色表示。

1. 暴雪蓝色预警信号

图标:

标准:12 小时内降雪量将达 4 mm 以上,或者已达 4 mm 以上且降雪持续,可能对交通或者农牧业有影响。

2. 暴雪黄色预警信号

图标:

标准:12 小时内降雪量将达 6 mm 以上,或者已达 6 mm 以上且降雪持续,可能对交通或者农牧业有影响。

3. 暴雪橙色预警信号

图标:

标准:6 小时内降雪量将达 10 mm 以上,或者已达 10 mm 以上且降雪持续,可能或者已经对交通或者农牧业有较大影响。

4. 暴雪红色预警信号

图标:

标准:6 小时内降雪量将达 15 mm 以上,或者已达 15 mm 以上且降雪持续,可能或者已经对交通或者农牧业有较大影响。

十一、道路结冰

（一）定义

道路结冰是指降水（如雨、雪、冻雨、雾滴等）碰到温度低于 0 ℃的地面而出现的积雪或结冰现象。

（二）灾害特征与影响

出现道路结冰时，车容易打滑，造成交通事故。行人也容易滑倒，造成摔伤。高速公路因道路积雪结冰禁止通行，机场因飞机跑道、停机坪大量积雪结冰而关闭，人员物资无法运送，对交通造成严重影响。

（三）服务要点与措施

1. 服务要点

（1）结冰的地域范围、积冰厚度、发生时段、持续时间。

（2）关注道路结冰对交通等造成的影响。

2. 服务措施

（1）做好中短期公众气象预报。

（2）加强地表温度监测及降水天气分析，及时发布道路结冰预警信号，进行电话、手机短信通报，并通过多种途径向公众发布。

（3）做好专业气象服务与公众气象服务，提醒公众注意道路结冰给出行带来的影响。

（四）气象预警标准

道路结冰预警信号分三级，分别以黄色、橙色、红色表示。

1. 道路结冰黄色预警信号

图标：

标准：当路表温度低于 0 ℃，出现降水，12 小时内可能出现对交通有影响的道路结冰。

2. 道路结冰橙色预警信号

图标：

标准：当路表温度低于 0 ℃，出现降水，6 小时内可能出现对交通有较大影响的道路结冰。

3. 道路结冰红色预警信号

图标：

标准：当路表温度低于 0 ℃，出现降水，2 小时内可能出现或者已经出现对交通有很大影响的道路结冰。

十二、霾

(一)定义

霾是指悬浮在大气中的大量微小尘粒、烟粒或盐粒的集合体,使空气浑浊,水平能见度降低到 10 km 以下的一种天气现象。

(二)灾害特征与影响

1. 影响身体健康

灰霾的组成成分非常复杂,包括数百种大气颗粒物。其中危害人类健康的主要是直径小于 10 μm 的气溶胶粒子,如矿物颗粒物、海盐、硫酸盐、硝酸盐、有机气溶胶粒子等,它能直接进入并粘附在人体上下呼吸道和肺叶中,引起鼻炎、支气管炎等病症,长期处于这种环境还会诱发肺癌。此外,由于太阳中的紫外线是人体合成维生素 D 的唯一途径,霾天气将使紫外线辐射的减弱而直接导致小儿佝偻病高发。

2. 影响交通安全

出现灰霾天气时,室外能见度低,污染持续,交通阻塞,事故频发。

3. 影响区域气候

使区域极端气候事件频繁,气象灾害连连。还加快了城市遭受光化学烟雾污染的提前到来。光化学烟雾是一种淡蓝色的烟雾,汽车尾气和工厂废气里含大量氮氧化物和碳氢化合物,这些气体在阳光和紫外线作用下,会发生光化学反应,产生光化学烟雾。它的主要成分是一系列氧化剂,如臭氧、醛类、酮等,毒性很大,对人体有强烈的刺激作用,严重时会使人出现呼吸困难、视力衰退、手足抽搐等现象。

(三)服务要点与措施

1. 服务要点

(1)霾的强度、影响范围、发生时段、持续时间。

(2)霾对交通运输以及人体健康的影响。

2. 服务措施

(1)做好中短期公众气象预报。

(2)遇严重霾天气,及时向政府领导汇报,加强与相关部门联系。

(3)加强能见度、相对湿度、大气稳定度等方面监测分析,遇严重霾天气,及时发布霾预警信号,进行电话、手机短信通报,并通过多种途径向公众发布。

(4)做好专业气象服务,及时发布污染气象条件及空气质量预报。

(四)气象预警标准

霾预警信号分三级,分别以黄色、橙色和红色表示。

1. 霾黄色预警信号

图标:

标准:预计未来 24 小时内可能出现下列条件之一或实况已经达到下列条件之一并可能

持续：

(1)能见度小于 3000 m，相对湿度小于 80%的霾。

(2)能见度小于 3000 m，相对湿度大于等于 80%，$PM_{2.5}$浓度值大于 115 $\mu g/m^3$ 且小于等于 150 $\mu g/m^3$。

(3)能见度小于 5000 m，$PM_{2.5}$浓度值大于 150 $\mu g/m^3$ 且小于等于 250 $\mu g/m^3$。

2. 霾橙色预警信号

图标：

标准：预计未来 24 小时内可能出现下列条件之一或实况已经达到下列条件之一并可能持续：

(1)能见度小于 2000 m，相对湿度小于 80%的霾。

(2)能见度小于 2000 m，相对湿度大于等于 80%，$PM_{2.5}$浓度值大于等于 150 $\mu g/m^3$ 且小于等于 250 $\mu g/m^3$。

(3)能见度小于 5000 m，$PM_{2.5}$浓度值大于 250 $\mu g/m^3$ 且小于等于 500 $\mu g/m^3$。

3. 霾红色预警信号

图标：

标准：预计未来 24 小时内可能出现下列条件之一或实况已经达到下列条件之一并可能持续：

(1)能见度小于 1000 m 且相对湿度小于 80%的霾。

(2)能见度小于 1000 m，相对湿度大于等于 80%，$PM_{2.5}$浓度值大于 250 $\mu g/m^3$ 且小于等于 500 $\mu g/m^3$。

(3)能见度小于 5000 m，$PM_{2.5}$浓度值大于 700 $\mu g/m^3$。

十三、台风

(一)定义

中心附近平均风力达 12 级以上的热带气旋，称为台风。依据其中心最大风力，台风分为三个级别：台风(12～13 级，即 32.7～41.4 m/s)、强台风(14～15 级，即 41.5～50.9 m/s)、超强台风(≥16 级，即≥51.0 m/s)。

(二)灾害特征与影响

台风过境时常常带来狂风暴雨天气，摧毁庄稼、各种建筑设施、电力设施、交通设施等，造成人民生命、财产的巨大损失。台风往往造成湖北强降水和大风天气。

(三)服务要点与措施

1. 服务要点

(1)台风登陆时间、登陆地点、影响区域、移动路径。

(2)台风影响时段，造成的风雨大小及防御措施。

2. 服务措施

(1)做好中短期公众气象预报。

(2)及时提供重大气象信息专报等决策服务材料。

(3)及时向政府领导汇报最新天气实况，加强相关部门联系。

(4)及时启动应急气象服务。

(5)加强台风活动路径监测及天气形势跟踪，及时发布预警信号，进行电话、手机短信通报，并通过媒体向公众发布。

(四)气象预警标准

台风预警信号分四级，分别以蓝色、黄色、橙色和红色表示。

1. 台风蓝色预警信号

图标：

标准：24 小时内可能或者已经受热带气旋影响，沿海或者陆地平均风力达 6 级以上，或者阵风 8 级以上并可能持续。

2. 台风黄色预警信号

图标：

标准：24 小时内可能或者已经受热带气旋影响，沿海或者陆地平均风力达 8 级以上，或者阵风 10 级以上并可能持续。

3. 台风橙色预警信号

图标：

标准：12 小时内可能或者已经受热带气旋影响，沿海或者陆地平均风力达 10 级以上，或者阵风 12 级以上并可能持续。

4. 台风红色预警信号

图标：

标准：6 小时内可能或者已经受热带气旋影响，沿海或者陆地平均风力达 12 级以上，或者阵风达 14 级以上并可能持续。

第二节　关键性转折性天气气象服务

一、梅雨

(一)定义

“梅雨”是指初夏时节从中国江淮流域到日本一带雨期较长的连阴雨天气，期间暴雨、大暴雨天气过程频繁出现，降水连绵不断，多雨闷热易生霉，故也谓之“霉雨”；因为此时正是江南梅子成熟的季节，所以又称为“黄梅雨”。

梅雨主要分布在江淮流域(暂未包括台湾)，即西自湖北宜昌，东至华东沿海，南端以南岭以北 28°N 为界，北抵 34°N 淮河沿线一带，其经纬度范围：28°～34°N，110°～123°E；涉及的行政区域包含了江苏、安徽、上海、浙江、湖北、湖南、江西等 6 省 1 市。图 2.1 是我国梅雨监测代表站分布图。

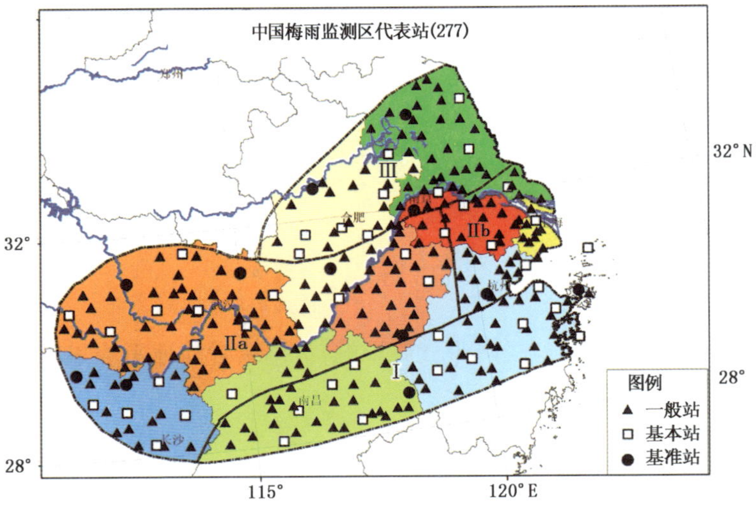

图 2.1　我国梅雨监测站点分布图

(二)灾害特征与影响

梅雨天气气温高，湿度大，风速小，降水偏多但不均匀，暴雨、大暴雨出现概率增加，梅雨期间造成的灾害主要是长时间的大到暴雨形成的洪水及其伴随的次生灾害以及对农业生产和城市的影响。

1. 梅雨期常有雷阵雨、大雨、暴雨发生，雨量过多，除对防汛构成威胁外，也易造成洪涝灾害及山洪、滑坡、泥石流等次生灾害。

2. 梅雨期大气高温高湿，易发生强对流天气，雷雨大风、冰雹等灾害天气严重影响人们生命财产安全。

3. 梅雨期发生的短时强降水易引起城市内涝和农田渍涝等灾害。

4. 对基础设施的影响主要表现在洪水淹没土地、冲毁农田、道路、水利设施和其他建筑物。

5. 梅雨期过长，雨日过多，光照少，湿度大，则易引起粮食、食品、衣物、器具等霉变，人体风湿病变等。

6. 梅雨和农业生产关系非常密切。梅雨过早，则小麦、油菜易发芽或霉变，稻秧和棉苗因气温低、光照不足，导致减产。梅雨过长，湿度大，光照少，使得农田积水不能及时排泄而影响农作物生长发育和收获，造成减产或绝收，伴随的渍涝灾害也是主要农业气象灾害之一，渍涝发生时，土壤含水量过剩，农作物根系受渍而影响生长发育，造成减产。

7. 短梅或空梅往往伴随气温异常偏高，并易引起旱灾。

(三)梅雨天气服务要点

1. 发布入梅和出梅中短期预报，召开相关新闻发布会。

2. 如遇重大天气过程，需发布重大气象信息专报等决策服务材料。

3. 如遇重大社会活动，需及时开展气象保障工作，做好专项服务。

4. 根据灾害天气落区、强度、范围、维持时间，及时发布预警预报，做好公众服务。

5. 加强对山区等山洪地质灾害易发区域气象服务，及时发布山洪地质灾害预警信息。

6. 通过多种信息传播途径，提高预警信息覆盖面。

7. 如可能或已经引起严重灾害，需启动或响应应急服务。

8. 注意做好对防汛、水务、农业生产、仓储、交通运输等部门的服务。

9. 加强与国土资源厅、水利厅、卫生厅等部门联动及信息共享。

10. 如遇枯梅、空梅，需提醒政府及相关部门做好库塘蓄水和农田保水等工作。

11. 如遇连续性暴雨过程，需提醒有关部门及时排水泄洪、农田排渍、城市排涝等。

12. 加强区域及流域联防，及时组织长江流域会商或区域加密会商。

(四)梅雨天气防御对策

1. 市民适时采取洗晒、通风、干燥、降温等针对性措施，以及正确储藏衣被物品和食品，谨防霉变，并注意饮食卫生和生活起居，防止霉菌、多雨潮湿和冷暖变化剧烈对人体健康的危害。

2. 农业、仓储、交通运输等相关部门采取有效防御措施，如粮油和留种作物抢收抢藏，仓储加强温湿环境控制，交通运输注意行车安全。

3. 及时启动防汛应急响应，各级防汛责任人要迅速进岗到位。切实加强防汛值班，密切监视水雨情和工情，发现问题及时处置，确保安全度汛。

4. 科学调度江河水库，如梅雨期过长，要及时排水泄洪，梅雨期过短，则需要做好蓄水保水工作。

5. 做好城区排涝和农田排渍工作，确保群众生命财产安全。

6. 加强监测预警，防范强降水诱发的山洪地质灾害，做好应急转移。

7. 及时获取预警信息，做好局地强降水等强对流天气的防范应对工作。

二、连阴雨

(一)定义

连续降雨 5～7 天或以上的天气过程称为连阴雨，它是一种较严重的农业灾害天气。连阴雨期间雨日多、日照少、气温低、湿度大，给农作物造成渍害、阴害、冷害并诱发农作物病虫害。湖北省连阴雨主要发生在春秋两季，分为两种：

1. 短连阴雨

(1)4 天连阴雨,即连续 4 天全省有雨(湖北 4 个自然区以上有雨,注:湖北共 5 个自然区)。

(2)5～7 天连阴雨,其间可间歇 1 天。

2. 长连阴雨

阴雨天数≥8 天,可间歇一天;阴雨天数≥10 天,可不连续间歇 2 天。

(二)灾害特征与影响

1. 连阴雨给农作物造成渍害、阴害和冷害。渍害指田间土壤持水量长时间超过作物需水量,影响根系对养分的吸收而发生枯萎或死亡;阴害是指日照长时间不足,使植物的光合作用受限而生长发育不良;冷害是指气温长时间偏低,不能达到或满足作物生长发育期对气温的生物学需求,发生萎、烂、死或不孕不育等严重减收情况。

(1)连阴雨对早稻的影响

种子落泥如遇上连阴雨,会因为阴雨中的低温,造成秧苗的直接冷害;碰上长期低温阴雨,则光合作用和呼吸作用失调,使秧苗缓慢变黄,直到死亡,造成黄枯死苗。

(2)连阴雨对棉花稻种和苗期的影响

湖北省清明以后进入棉花播种期,若遇低温阴雨天气,则对播种不利,延误播种期,容易引起已播作物烂籽、死苗,或出现病害。特别是长期的阴雨天气,最适宜炭疽病的发生发展。

(3)连阴雨对越冬作物小麦和油菜影响

3 月下旬,小麦进入孕穗期,如遇连阴雨,植株根系易受损而减产,4 月上旬后小麦进入抽穗、扬花、灌浆阶段,如发生低温阴雨,会使小麦大面积不孕,造成严重减产,特别是灌浆期遇上阴雨易出现锈病和赤霉病。

3 月入春以后,油菜进入初花期,4 月上旬终花,在这一期间如遇平均气温低于 5 ℃的阴雨,会使油菜开花授粉受到影响或造成油菜角果发育不正常,严重降低产量。且低温阴雨易使油菜发生霜霉病和白锈病,暖性阴雨又容易引发菌核病。

(4)连阴雨对 5 月收割期的影响

5 月以后进入小麦和油菜收割期,连阴雨将影响收割进度,同时会引起油菜霉变发芽,如果阴雨时间过长,还将导致棉花僵苗,生长缓慢。

2. 对人体和生产生活的影响主要表现在连续阴雨使关节炎等疾病易复发,适合各种霉菌的生长和繁殖,引发皮癣等疾病,影响人的生理及心理健康,且阴雨天气二氧化碳含量较高,易使人心情抑郁,对居民生活带来不便。

3. 持续性降水也易引发洪涝、山洪、泥石流等灾害。

(三)服务要点

1. 关注连阴雨维持时间,是否会继续发展或者中断,如有变化,及时做好决策气象服务。

2. 关注农事生产时间、作物生长周期,及时开展为农气象服务。

3. 如遇重大社会活动,需及时开展气象保障工作,做好专项服务。

4. 根据连阴雨维持时间长短及可能结束时间,及时发布预警预报,做好公众服务。

5. 加强对山区等山洪地质灾害易发区域的气象服务,及时发布山洪地质灾害预警信息。

6. 通过多种信息传播途径,提高预警信息覆盖面。

7. 注意做好对仓储、农业等部门的服务。

8. 加强与卫生部门及国土资源部门的联系。

(四)防御对策

1. 尽量保持室内空气流通，特别是家里有过敏体质者，必要时可用吸湿器或干燥机降低室内湿度。空调房间更要注意通风。

2. 做好物品特别是衣物的防霉，连阴雨天应尽可能少开贮物箱门，以免吸湿性较强的棉、麻、丝、毛等织物霉变。棉毛衫裤等衣物不宜装在塑料袋中，以免湿气集聚引起霉变。

3. 注意调节情绪，拥有一个乐观、开朗的心情。适当参加体育锻炼以利体内湿气和热量的散发。饮食宜清淡少油腻以利消化吸收。

4. 及时获取天气预报信息，做好田间作物管理。

三、致洪暴雨

(一)定义

致洪暴雨是指由于降雨过多而产生的洪水，使流经区域的水库、河岸、湖泊等接近、达到或超过警戒水位线的暴雨，致洪暴雨使江、河、湖、塘面临涨漫、堤坝溃决的风险。

(二)灾害特征与影响

1. 江河湖泊水位猛涨，引发全流域或者区域性洪水，淹没大范围农田、居民区，在城市引发严重的城市内涝。

2. 水库水位迅速上涨，影响水库调度和下游防汛，甚至可能会出现堤坝溃决。

3. 在山区引发山洪、泥石流、滑坡、塌方等地质灾害，导致人员伤亡，堤坝、桥涵被冲毁，道路、通信、照明中断。

(三)服务要点

1. 关注暴雨强度、落区、范围、维持时间，及时做好决策气象服务。

2. 如遇重大社会活动，需及时开展气象保障工作，做好专项服务。

3. 根据暴雨落区、强度、范围、维持时间，及时发布预警预报，做好公众服务。

4. 关注强降雨可能引发的山洪地质灾害、城乡渍涝、相关流域干支流的洪水，及时发布山洪地质灾害、城市积涝等预警信息。

5. 通过多种信息传播途径及时发布预警信息，提高预警信息覆盖面。

6. 如暴雨可能或已经造成严重灾害，需启动或响应应急服务。

7. 注意做好对防汛、水务、农业生产、交通运输、旅游、国土资源等部门的服务。

8. 加强与水利、国土资源等部门联动及信息共享。

9. 加强区域及流域联防，及时组织长江流域会商或区域加密会商。

(四)防御对策

1. 气象、水利、国土资源、交通等相关部门根据各自职责启动相应预案。

2. 各相关部门、各地区加强对暴雨影响区流域洪涝灾害、地质灾害的防范，对重点江河、库坝要加强值守，对病险水库要立即采取措施，确保水库安全。预计可能发生洪水泥石流灾害的地区，提前组织人员转移避险。

3. 做好城市内涝预防和排涝准备，加强农田排涝。

4. 电视台、广播电台、报纸等媒体要及时播发暴雨预警信息和地质灾害预警信息；各通讯运营商要及时传播暴雨、地质灾害预警信息。要把暴雨洪水信息迅速传递到危险区群众，重点降雨区要传达到村到户。

四、持续性高温

（一）定义

持续性高温是指连续 3 天或以上日最高气温≥35 ℃的酷热天气。

（二）灾害特征与影响

1. 连续高温酷暑会使人体不能适应而导致生理、心理疾病。

2. 城市用电、用水紧张，并容易诱发火灾。

3. 天气炎热少雨会引发或加重旱情，蝗虫生育期拉长，数量增多，泛滥成灾。

4. 高温环境下作业，易发生安全生产事故。

5. 车辆易发生抛锚、爆胎、自燃等，同时易造成驾驶人员的疲劳和不适，诱发交通事故。

6. 持续性高温容易造成长江、汉江水位下降，航道变窄，使航运受到一定影响。

7. 持续性高温会引起旱情蔓延加剧。

（三）服务要点

1. 关注高温天气发展趋势，及时做好决策气象服务。

2. 如遇重大社会活动，需及时开展气象保障工作，做好专项服务。

3. 关注高温天气形势，及时发布高温预警预报，做好公众服务。

4. 通过手机短信、广播电视、网络等多种信息途径，提高预警信息覆盖面。

5. 如高温天气可能或已经造成严重灾害，需启动或响应应急服务。

6. 提醒相关部门做好保水蓄水工作。

7. 提醒水电部门做好水电调度工作。

8. 加强对公共事业（水、电）、交通、农业、绿化等部门的服务。

9. 加强与交通、农业、电力、卫生、旅游等部门联动及信息共享。

10. 关注旱区灾情，及时滚动发布天气预报及旱情发展趋势。

（四）防御对策

1. 市民做好各种防暑降温准备，减少户外活动，注意饮食卫生，室外作业人员采取必要的防暑降温措施。

2. 供电系统合理调度电力，相关企业实施错峰用电方案，确保生产生活用电，交通等运输单位注意行车安全。

3. 农业相关部门和生产单位，采取以水调温、调整作物种植方式或播栽期、选择耐高温品种等预防高温的适应对策。

4. 选择适宜的遮阳网、防虫网或遮阳防虫网。

5. 改良田间小气候，减轻旱情对农作物影响。

6. 加强与卫生部门联系与信息共享，做好高温防暑宣传。

五、倒春寒

（一）定义

一般意义上的倒春寒是指初春气温回升较快，而在春季后期气温较正常年份偏低的天气现象。在气象学中，"倒春寒"一词最早来源于农业，主要指真正的春天（通常人们将进入 3 月作为春天的开始）平均气温超过 10 ℃以后，由于受较强冷空气频繁袭击，气温下降较快，持续时间长达 1～2 个星期以上的前暖后冷，并造成大范围地区农作物受冻害的天气现象或天气过程。

湖北省"倒春寒"标准为：

1. 在 3 月下旬至 4 月出现日平均气温<12 ℃，且持续 3 天以上的低温阴雨天气。

2. 在 3—4 月内，旬平均气温显著偏低（较常年偏低 2 ℃以上）

（二）灾害特征与影响

1. 在农业生产上，"倒春寒"会造成果树大面积烂秧、死苗；果树开花坐果率低；棉花、花生等喜温作物烂种死苗；油菜开花受粉异常，及角果发育不正常，降低产量；影响小麦孕穗，造成大面积不孕或子实质量低劣等农业危害。

2."倒春寒"可引发心脑血管、呼吸系统、关节炎、感冒等疾病，另外，天气突变也会引起人体植物神经功能紊乱。

3. 伴随"倒春寒"发生的大风及雨雪冰冻天气会影响交通运输。

（三）服务要点

1. 关注"倒春寒"强度，及时做好决策气象服务。

2. 如遇重大社会活动，需及时开展气象保障工作，做好专项服务。

3. 关注农事活动和作物生长期，做好为农气象服务。

4. 关注降温幅度、大风强度及是否伴有雨雪冰冻天气，及时发布预警预报，做好公众服务。

5. 通过多种信息传播途径，提高预警信息覆盖面。

6. 如"倒春寒"可能或已经造成严重灾害，需启动或响应应急服务。

7. 加强对交通、农业、卫生等部门的服务及信息共享。

（四）防御对策

1. 掌握"倒春寒"发生规律，收听使用"倒春寒"天气预报。

2. 农业相关部门和生产单位注意春播作物抢晴，或抓冷尾暖头播种，或适期晚种，或保温育苗（秧），合理大田水浆管理。

3. 加强田间管理，改善农田小气候条件。对早稻秧田进行科学排灌，在倒春寒到来时进行深水护秧，采取"夜灌日排"、"晴排雨灌"，调节秧田水热状况。

4. 适时采取得力的保温措施，灌水、覆盖秸秆、地膜或增加覆盖物。

5. 有条件的地区，可采取温室蒸汽或无土育秧，使整个早稻育秧过程完全在人工控制下，保证培育适龄壮秧。

6. 市民出行需及时添加衣物，注意保暖。

六、寒露风

(一)定义

寒露风指秋季冷空气入侵后引起显著降温使水稻减产的低温冷害。湖北省寒露风标准是:9 月 25 日以前,常规稻日平均气温≤20 ℃,杂交稻日平均气温≤22 ℃,且持续 3 天或以上。

(二)灾害特征与影响

寒露风时节,正值晚稻抽穗扬花时期,如果低温强度增大,持续天数增加,危害则明显加重。常规稻若出现 3 天或以上日平均气温≤20 ℃,杂交稻若出现 3 天或以上日平均气温≤22 ℃,籼稻受害;常规稻若出现 3 天或以上日平均气温≤18 ℃,杂交稻若出现 3 天或以上日平均气温≤20 ℃,粳稻受害,结实率降低,空壳率增加,导致减产。

(三)服务要点

1. 关注寒露风的强度及影响程度,及时做好决策气象服务。

2. 关注气温预报、及时发布预警预报,做好公众服务。

3. 关注农事生产状况,做好为农服务。

4. 加强与农业部门联动及信息共享。

(四)防御对策

1. 根据当地低温冷害气候出现规律,合理种植品种和栽培措施。

2. 及时收听收看寒露风天气预报,采取有力措施,防御寒露风危害,如:日排夜灌、深灌水、喷施叶面肥和根外追肥,喷洒保温剂,喷施促进提早抽穗的激素等避过冷害危害。

3. 加强田间管理,合理施肥,科学用水,增强根系活力和叶片的同化能力,使植株生长健壮,提高植株的抗低温能力。

七、久晴转雨

(一)定义

久晴转雨是指经过长时间的晴朗无雨(或少雨)的天气之后,突然转为持续一定强度降水的天气现象,一般认为久晴转雨是指连续晴天无雨(或少雨)的天气已经对农业、地质及生产生活产生不利影响时,突然转为具有一定强度降水后,对上述灾害又有不利影响的转变过程。

(二)灾害特征与影响

1. 久晴转雨可能出现雷电、大风、冰雹、强降水等对流天气,由于前期连晴少雨,土壤疏松,强降水容易诱发滑坡、泥石流等地质灾害。

2、有时出现旱涝急转,对防汛、城乡内涝等方面将造成严重影响。

2. 柑橘类果树因久晴转雨可能引起异常裂果现象。

(三)服务要点

1. 关注降水区域、强度、持续时间,及时做好决策气象服务。

2. 关注农业生产需求,及时开展为农气象服务。

3. 如遇重大社会活动,需及时开展气象保障工作,做好专项服务。

4. 根据晴雨转换情况,及时发布气象预警预报,做好公众服务。

5. 关注降雨强度对山洪地质灾害易发区域的影响，及时发布山洪地质灾害预警信息。

6. 通过多种信息传播途径，提高预警信息覆盖面。

7. 加强对航运、水务、环保、卫生、农业等部门的服务，提醒相关部门抓住降水时机开展相应工作。

8. 加强与国土资源、水利、卫生、交通、环保等部门联动及信息共享。

9. 旱区应抓住有利天气条件，适时开展人工增雨作业。

(四)防御对策

1. 农业相关部门和生产单位采取追施肥料等田间管理措施，促进农作物有效生长。

2. 城市市政管理等相关部门及时疏理灌排设施，确保排水畅通。

3. 密切关注天气预报预警信息，加强防范因局地强降水诱发的滑坡、泥石流等地质灾害。

4. 相关部门抓紧转雨时机做好蓄水保水工作。

5. 人工影响天气作业随时待命。

八、久雨转晴

(一)定义

久雨转晴是指经过长时间的阴雨、寡照天气之后突然转为晴好的天气现象，一般认为久雨转晴是指连续阴雨天气已经对农业、地质及生产生活产生不利影响时，突然出现一段时间晴好天气后，对前期灾害又有不利影响的转变过程。

(二)灾害特征与影响

1. 由于已连续出现阴雨天气，日照时数短缺，此时出现转晴的转折性天气，在转晴初期，还因白天增温强烈、夜间辐射降温明显和蒸发强等原因，容易形成地面逆温和浓雾天气，影响交通运输并加剧空气污染。

2. 久雨急转晴时，阳光较强，秧苗容易造成生理失水而干死。

(三)服务要点

1. 关注天气转折时间，及时做好决策气象服务。

2. 关注农业生产需求，及时开展为农气象服务。

3. 如遇重大社会活动，需及时开展气象保障工作，做好专项服务。

4. 关注雨后转雾天气形势，及时发布预警预报，做好公众服务。

5. 通过多种信息传播途径，提高预警信息覆盖面。

6. 加强对交通、农业、环保等部门的服务及信息共享。

(四)防御对策

1. 农业相关部门和生产单位及时排干田间积水，适时松土撤墒，肥料流失多的田块及时补施肥料，田块出现徒长时控制氮肥用量增施磷钾肥，促进农作物有效生长。

2. 农民群众要抓住雨后转晴的天气，及时抢收抢晒，进仓入库。

3. 市民及时洗晒衣被，注意居室内通风降湿。

4. 转晴初期，相关部门注意预防空气污染。

5. 转晴初期，交通部门注意大雾对出行的影响。

第三节　次生灾害气象预警服务

一、山洪

山洪是指历时很短而洪峰流量较大的山区骤发性洪水。山洪具有突发性、水量集中、流速大、冲刷破坏力强的特点，水流中挟带泥沙甚至石块等，常造成局部性洪灾。湖北山洪主要是山丘区小流域由强降雨引起的突发性、暴涨暴落的地表径流。

（一）主要灾害与影响

山洪灾害是指由强降雨在山丘区引发的溪河洪水、泥石流、滑坡等对国民经济和人民生命财产造成损失的灾害。山洪灾害的成因：持续降雨或短时强降雨汇聚地表径流，导致溪沟水位暴涨，产生溪河洪水；洪水挟带大量沙石成为泥石流；因降雨导致山体松动滑落，形成山体滑坡。其特点是季节性强、突发性强、来势凶猛、破坏性强、地域性明显。山洪造成的灾害及影响主要有：

1. 冲毁农田，造成农业大量减产，有时造成连续多年的减产减收。
2. 冲塌房屋，使人们财产遭到严重损失。
3. 城镇受淹，造成重大经济损失。
4. 破坏基础设施，造成交通、电力、通信线路等中断。超标准的特大山洪灾害往往冲毁渠道、桥梁、涵闸等水利工程，有时甚至引发大坝、堤防溃决，造成更大的破坏。

（二）服务要点

1. 了解山洪灾害时空分布特征

在湖北省境内，除江汉平原外的大部地区，多有溪河洪水发生，高发区主要分布于鄂西南、鄂西北、鄂东南的幕阜山和鄂东北的大别山，山洪高发区与湖北省多雨区和暴雨高发区分布基本一致。

2. 了解山洪灾害与暴雨的关系

湖北省山洪灾害与暴雨的时、空分布规律非常吻合，连续性降雨是诱发山洪等地质灾害发生的主要因素之一。在夏季，山区局部地区短时强降雨过程较为频发，短时强降雨也是诱发山洪等地质灾害发生的主要因素之一。

3. 加强监测，及时发布预报预警

根据短期和短时预报，当预报流域区域内降雨量将达到或超过：1 小时 40 mm，3 小时 80 mm，6 小时 120 mm，12 小时 150 mm，24 小时 200 mm，应及时开展预报预警服务，并与相关部门加强联系。

（三）防御对策

1. 广泛宣传，增强意识

通过报纸、电视、网络等媒体，积极开展山洪灾害成因、灾害影响、防御知识等方面的普及教育，增强社会民众防范意识，提高自防、自救、互救能力。

2. 完善预警措施

建立和完善山洪监测预报系统、报警设施，对降水的全过程进行监视，及时发布监测和预报信息，通过多种信息传播手段迅速向有关部门和社会公众，尤其是可能受威胁的区域民众，传递可能引发山洪灾害的降雨信息。

3. 做好安全转移

发生暴雨时，要时刻关注所属区域内溪河水位及雨情实况，提请暴雨区民众注意收听收看气象信息，提前做好安全转移的准备。

二、滑坡

滑坡是指斜坡上的土体或者岩体，受河流冲刷、地下水活动、地震及人工切坡等因素影响，在重力作用下，沿着一定的软弱面或者软弱带，整体地或者分散地顺坡向下滑动的自然现象。

(一)主要灾害与影响

山体滑坡造成一定范围内的人员伤亡、财产损失，其主要灾害与影响有：

1. 滑坡对乡村最主要的危害是摧毁农田、房舍、伤害人畜、毁坏森林、道路以及农业机械设施和水利水电设施等，这些灾害甚至是毁灭性的。

2. 位于城镇的滑坡常常砸埋房屋，摧毁工厂、学校、机关单位等，并毁坏各种设施，造成停电、停水、停工，有时甚至毁灭整个城镇。

3. 发生在工矿区的滑坡，可摧毁矿山设施，伤亡职工，毁坏厂房，使矿山停工停产，常常造成重大损失。

(二)服务要点

1. 了解滑坡时空分布特征

滑坡分布主要受地质地貌条件控制，其地域分带性明显，主要分布在西部山区，尤其以长江及其支流最为严重，鄂西滑坡高发中心主要位于三峡库区，该区域是各类地质灾害的高发区。

2. 加强监测，及时发布预报预警

根据短期和短时预报，当预报鄂西北山地 24 小时降雨量将达到或超过 64 mm，宜昌地区 24 小时降雨量将达到或超过 44 mm，恩施地区 24 小时降雨量将达到或超过 80 mm，鄂东山地降雨量将达到或超过 93 mm 时，加强与国土资源部门联合会商，及时发布滑坡预报预警。

(三)防御对策

1. 广泛宣传，增强意识

通过报纸、电视、网络等媒体，积极开展滑坡灾害分布特征及防御知识普及教育，增强社会民众的防范意识，提高自防、自救、互救能力。

2. 完善预警措施

建立和完善监测预报系统、报警设施，对降水的全过程进行监视，及时发布监测和预报信息，通过多种手段迅速向有关部门和社会公众，尤其是可能受威胁的区域民众，传递可能引发滑坡灾害的降雨信息。

3. 做好安全转移

即将发生暴雨时，要提醒有关地区关注山体有无异常，并通过多种手段及时通报最新雨情及天气趋势，为暴雨区民众随时组织安全转移提供气象信息。

三、泥石流

泥石流是指在山区或者其他沟谷深壑，地形险峻的地区，因为暴雨或其他自然灾害引发的山体滑坡并携带有大量泥沙以及石块的特殊洪流。

（一）主要灾害与影响

泥石流具有突发性以及流速快，流量大，物质容量大和破坏力强等特点，并兼有崩塌、滑坡和洪水破坏的双重作用。发生泥石流常常会冲毁公路铁路等交通设施甚至村镇等，造成巨大损失，其危害程度比单一崩塌、滑坡和洪水的危害更为广泛和严重。其危害具体表现在如下四个方面：

1. 对居民点的危害：泥石流最常见的危害之一。泥石流冲进乡村、城镇，摧毁房屋、工厂、企事业单位及其他场所设施，淹没人畜、毁坏土地，甚至造成村毁人亡的灾难。

2. 对公路、铁路的危害：泥石流可直接埋没车站，铁路、公路，摧毁路基、桥涵等设施，致使交通中断，还可引起正在运行的火车、汽车颠覆，造成重大的人身伤亡事故。有时泥石流汇入河道，引起河道大幅度变迁，间接毁坏公路、铁路及其他构筑物，甚至迫使道路改线，造成巨大的经济损失。

3. 对水利、水电工程的危害：冲毁水电站、引水渠道及过沟建筑物，淤埋水电站尾水渠，并淤积水库、磨蚀坝面等。

4. 对矿山的危害：摧毁矿山及其设施，淤埋矿山坑道、伤害矿山人员、造成停工停产，甚至使矿山报废。

（二）服务要点

1. 了解泥石流时空分布特征

我省泥石流灾害分布较为分散，但仍然显示鄂西山地为泥石流的高发区域。

2. 加强监测，及时发布预报预警

根据短期和短时预报，当预报泥石流的高发区域内降雨量将达到或超过：1 小时 40 mm，3 小时 80 mm，6 小时 120 mm，12 小时 150 mm，24 小时 200 mm，应加强与国土资源部门联合会商，及时发布泥石流灾害预报预警。

（三）防御对策

1. 广泛宣传，增强意识

通过报纸、电视、网络等媒体，积极开展泥石流防御知识普及教育，增强防范意识，提高自防、自救、互救能力。

2. 完善预警措施

及时预警，迅速传递观测到可能引发洪水、泥石流、滑坡的降雨量，通过各种预先设定的报警措施，迅速向可能受威胁的居民传递警报信息。

建立和完善泥石流监控报警设施，对降水实况进行跟踪监视，及时发布监测和预报结果，通过多种手段迅速向有关部门和社会公众，尤其是可能受威胁的区域民众，传递可能引发泥石流灾害的降雨信息。

3. 做好安全转移

发生暴雨时，要提醒有关地区关注泥石流灾害，并通过多种手段及时通报最新雨情及天气趋势，为可能诱发泥石流的区域民众随时组织安全转移提供气象信息。

四、森林火灾

森林火灾，是指失去人为控制，在林地内自由蔓延和扩展，对森林、森林生态系统和人类带来一定危害和损失的林火行为。森林火灾是一种突发性强、破坏性大、处置救助较为困难的自然灾害。

（一）主要灾害与影响

森林火灾会烧毁森林的动植物资源，破坏生态环境，导致水土流失，带来的经济损失巨大，甚至会造成人员伤亡。按照对林木是否造成损失及过火面积的大小，可把森林火灾分为：一般森林火灾、较大森林火灾、重大森林火灾和特别重大森林火灾。

1. 一般森林火灾：受害森林面积在1公顷以下或者其他林地起火的，或者死亡1人以上3人以下的，或者重伤1人以上10人以下的。

2. 较大森林火灾：受害森林面积在1公顷以上100公顷以下的，或者死亡3人以上10人以下的，或者重伤10人以上50人以下的。

3. 重大森林火灾：受害森林面积在100公顷以上1000公顷以下的，或者死亡10人以上30人以下的，或者重伤50人以上100人以下的。

4. 特别重大森林火灾：受害森林面积在1000公顷以上的，或者死亡30人以上的，或者重伤100人以上的。

（二）服务要点

为了加强我国森林防火管理，制定统一了全国森林火险划分等级。森林火险是指在一定森林区域内，由于自然条件和人为条件作用下发生森林火灾的可能性。它主要由能导致森林火灾发生、造成森林火灾损失等来自自然、社会的风险因素组成。中国气象局、林业局1993年开始联合发布森林火险天气等级，并开展森林火险预警，主要根据每天气温、湿度、风力、雨后天数等因子来测算，共分为五级：一级，没有危险，林内可燃物不能燃烧；二级，低度危险，林内可燃物难以燃烧；三级，中度危险，林内可燃物较易燃烧；四级，高度危险，林内可燃物容易燃烧；五级，极度危险，林内可燃物极易燃烧。

1. 收集信息，掌握林区状况

及时收集和掌握林区天气（气候）动态状况和林区农事、林事、旅游活动情况等信息。

2. 综合分析，预判火险等级

应对收集到的森林植被的可燃性变化、气候变化动态、高温干旱等天气趋势和林区野外用火情况，综合分析判断，对森林火险等级作预测。

3. 加强监测，及时发布预报预警

及时发布森林火险预警信息是森林防火工作最重要的任务。各地应在发布森林火险气象等级的基础上，结合各地民俗和野外用火、可燃物状况，及时发布高等级森林火险预警信号，指导基层开展各项响应行动。

森林火险预警种类有：森林火险天气等级预警和高森林火险预警信号或警报。

高森林火险预警信号或警报分为以下两种：

森林高火险预报：预计未来24小时责任区内容易发生森林火灾（火险等级3～4级）。

森林高火险警报：预计未来12小时责任区内极易发生森林火灾（火险等级5级）。

当预报有三级以上森林火险等级时，及时通过多种途径发布森林火险预报，并加强与林业部门联系。

（三）防御对策

1. 开展护林防火宣传教育

护林防火是一项群众性很强的工作，必须依靠广大群众积极护林。因此，要经常向广大群众开展爱林护林宣传教育。从思想上认识到森林火灾危害的严重性和保护好森林资源对国家和群众的好处，在思想上建立起一道防火线，做到防患于未然。

2. 控制人为火源

严格控制人为火源的发生，在林区的防火季节，要利用各种形式广泛宣传护林防火基本知识、有关法令和规章制度，使之家喻户晓，同时要严格执行入山管理和控制野外用火。

3. 建立防火设施

建立防火设施是加强护林防火工作的重要措施之一。防火设施有开辟防火路、营造防火林带、修筑林道、设立防火瞭望台、架设电话，建立化学灭火站等，用于隔离火灾蔓延和及时发现火情，与各种天然或人工防火屏障，如江河、水塘、陡峭山崖、公路、铁路和农田等连接成网，一旦发生火灾时可将林火控制在一定范围内，减少损失。

4. 加强森林巡护

在森林火灾易发区或易发时期，加强巡护，及时发现火情，增强报警能力，为森林火灾扑救提供有关火场位置、面积和火灾种类等可靠信息。

第四节　气象灾害风险预警服务

暴雨诱发的山洪、地质滑坡、中小河流洪水灾害是影响湖北省的主要自然灾害，及时开展气象风险预警服务，对于提升气象防灾减灾水平、增强防御洪涝和山洪地质灾害的能力、确保人民生命财产安全以及促进经济社会发展具有重要意义。

一、山洪灾害气象风险预警

（一）开展条件

基于山洪灾害风险普查资料，确定致灾临界雨量，建立山洪灾害气象风险等级指标体系。

根据实时降水监测、精细化降水预报、雷达监测等，预计暴雨诱发山洪灾害的可能性，确定山洪灾害风险等级，并进行风险评估。

（二）服务内容

山洪灾害时间、地点、降雨实况、雨量预报、山洪灾害气象风险等级。基于致灾临界雨量，山洪灾害气象风险分为四级，即Ⅳ级（有一定风险）、Ⅲ级（风险较高）、Ⅱ级（风险高）、Ⅰ级（风险很高）。

山洪灾害风险评估。使用淹没模型评估可能出现山洪灾害情况，包括淹没面积、淹没水深、影响区域、受灾人口等。

（三）服务要点

1. 加强对暴雨强度、影响区域、维持时间、降雨总量等预报，及时向政府领导及相关部门，开展决策气象服务。

2. 加强雨情监测，分析山洪灾害风险等级，及时发布气象灾害风险预警。

3. 通过多种信息传播手段，向山洪灾害即将影响的城镇乡村的气象信息员、社会民众传递气象灾害风险预警信息。

4. 注意收集灾情，加强服务效益评估及风险预警指标检验。

（四）防御对策

1. 注意收听收看气象部门发布的天气预报及灾害风险预警信息。

2. 及时做好山洪灾害区域内民众的安全转移，暂停户外施工作业。

3. 交通管理部门应对山洪灾害区域实行交通引导或管制。

4. 相关应急处置部门和抢险单位加强值班，密切监视灾情，落实应对措施。

二、地质灾害气象风险预警

（一）开展条件

基于地质灾害风险普查资料，确定滑坡（泥石流）致灾临界雨量，建立地质灾害气象风险等级指标体系。

根据地质滑坡易发区的降水实况监测，结合精细化降水预报、雷达监测等，预计暴雨诱发滑坡（泥石流）灾害的可能性，确定地质灾害气象风险等级。

（二）服务内容

地质灾害时间、地点、雨量实况、雨量预报、地质灾害气象风险等级。基于致灾临界雨量，地质灾害气象风险分为四级，即Ⅳ级（有一定风险）、Ⅲ级（风险较高）、Ⅱ级（风险高）、Ⅰ级（风险很高）。

（三）服务要点

1. 加强对暴雨强度、影响区域、维持时间、降雨总量等预报，及时向政府领导及相关部门，开展决策气象服务。

2. 加强雨情监测，分析山洪灾害风险等级，及时发布气象灾害风险预警。

3. 通过多种信息传播手段，向山洪灾害即将影响的城镇乡村的气象信息员、社会民众传递气象灾害风险预警信息。

4. 注意收集灾情，加强服务效益评估及风险预警指标检验。

（四）防御对策

1. 注意收听收看气象部门发布的天气预报和气象灾害风险预警信息。

2. 及时做好地质灾害易发区内民众的安全转移。

3. 交通管理部门应对地质灾害区域实行交通引导或管制。

4. 相关应急处置部门和抢险单位加强值班，密切监视灾情，落实应对措施。

三、中小河流洪水气象灾害风险预警

(一)开展条件

基于中小河流洪水灾害风险普查资料,确定致灾临界雨量,建立中小河流洪水灾害气象风险等级指标体系。

根据中小河流降水实时监测、预报资料,预计暴雨诱发洪水灾害,确定气象风险等级,进行风险评估。

(二)服务内容

中小河流洪水灾害出现的时间、流域、雨量实况、雨量预报、洪水灾害气象风险等级。基于致灾临界雨量,中小河流洪水风险分为四级,即Ⅳ级(有一定风险)、Ⅲ级(风险较高)、Ⅱ级(风险高)、Ⅰ级(风险很高)。

中小河流洪水灾害风险评估。使用淹没模型评估中小河流洪水灾害风险及灾害损失等情况,包括淹没面积、淹没水深、影响区域、受灾人口等。

(三)服务要点

1. 加强对暴雨强度、影响区域、维持时间、降雨总量等预报,及时向政府领导及相关部门,开展决策气象服务。

2. 加强雨情监测,分析中小河流洪水灾害风险等级,及时发布气象灾害风险预警。

3. 通过多种信息传播手段,向暴雨影响区域内的城镇乡村气象信息员、社会民众传递气象灾害风险预警信息。

4. 注意收集灾情和服务效益,开展业务模型评估及风险预警指标检验。

(四)防御对策

1. 注意收听收看气象部门发布的天气预报和气象灾害风险预警信息。

2. 加强中小河流堤坝排查,及时做好易灾区附近民众的安全转移。

3. 交通管理部门应对中小河流洪水灾害风险区域实行交通引导或管制。

4. 相关应急处置部门和抢险单位加强值班,密切监视灾情,落实应对措施。

第三章　农业气象服务

湖北省地处南北过渡带，农业气候资源丰富，适宜种养殖的植物、动物品种繁多，历来是全国重要的农产品商品基地。主要农产品产量位居全国前列，淡水水产品产量居全国第一，粮、棉、油、菜、果、茶、中药材、食用菌等的种植，在全国占有举足轻重的地位。

但是，湖北也是气象灾害多发和重灾省份之一，洪涝、干旱、高温等气象灾害，平均每年给农业造成的损失占自然灾害损失的70%以上。现代农业的发展，对农业气象服务提出了新的需求。围绕农业生产的播种、灌溉、施肥、收获、储运、加工全过程，提供有针对性的农业气象服务是当前农业气象业务发展的新任务。

第一节　水稻气象服务

一、地理分布

双季早稻除恩施、十堰、襄阳、随州外，其他地方都有种植。双季晚稻种植区域与早稻种植区一致。一季中稻除了神农架等高山地区，其余各地都有种植。

二、农事活动气象指标

（一）早稻播种期（3 月下旬—4 月上旬）

1. 适宜的气象条件

（1）播种期间日平均气温 14 ℃以上，日最低气温 8 ℃以上。

（2）播种期间天气为多云间晴天，光照较充足，无风或微风。

（3）未来有 5 天以上的晴天。

2. 基本适宜的气象条件

（1）粳稻日平均气温稳定通过 10 ℃以上，籼稻 12 ℃以上，日最低气温 5 ℃以上。

（2）播种期间为冷空气即将结束之时，天气多云间晴天。

（3）未来有 3 天左右的晴天。

3. 不适宜的气象条件

（1）日平均气温 10 ℃以下。

（2）未来 2 天有冷空气活动，日平均气温降到 10 ℃以下。

（二）中稻播种期（4 月下旬—5 月上旬）

1. 适宜的气象条件

（1）日平均气温 18～25 ℃，日最高气温 30 ℃以下。

(2)天气为多云间晴天，光照较充足，无风或微风。

(3)播种3天内没有降水。

2. 基本适宜的气象条件

(1)日平均气温15 ℃以上，日最高气温30 ℃以下。

(2)播种后3天内没有50 mm以上降水。

3. 不适宜的气象条件

(1)播种期间日平均气温15 ℃以下或日最高气温30 ℃以上。

(2)播种当天有降水或播种后3天内有50 mm以上降水或短时15 mm以上降水。

(3)播种后有8～10 ℃的降温过程，或4～5天的低温阴雨天气。

(三)晚稻播种期(6月上中旬)

1. 适宜的气象条件

(1)播种期间日最高气温30 ℃以下。

(2)播种期间天气为多云间晴天，光照较充足，无风或微风。

(3)播种3天内没有降水。

2. 基本适宜的气象条件

(1)播种期间日最高气温30 ℃以下。

(2)播种3天内没有50 mm以上降水。

3. 不适宜的气象条件

(1)播种当天有降水或播种3天内有50 mm以上降水或短时15 mm以上降水。

(2)播种后有8～10 ℃的降温过程，或4～5天的低温阴雨天气。

(四)水稻收获期

1. 适宜收获的气象条件

(1)收割前半个月降水明显偏少，田间无积水。

(2)收割前3天内无降水。

(3)收割期间天气以晴为主，收割后有3～5天连晴天气。

2. 基本适宜收割的气象条件

(1)收割前降水略偏少或正常，田间略湿。

(2)收割期间出现5 mm以下降水。

(3)收割结束后出现1～2天阴雨。

3. 不适宜收割的气象条件

(1)收割前半个月多雨，土壤泥泞。

(2)收割前2天出现大雨以上的降水，田间积水，茎秆潮湿。

(3)收割期间出现10 mm以上降水，空气相对湿度在90%以上。

(4)收割日后持续3天以上阴雨寡照，影响晾晒入库。

三、气象灾害指标

(一) 早稻烂秧死苗(3月下旬—4月上旬)

1. 发生的气象条件

(1)3 月下旬连续 3 天日平均气温低于 10 ℃,最低气温低于 6 ℃,导致烂种烂秧。

(2)4 月份连续 3 天日平均气温低于 10 ℃或连续 5 天低于 12 ℃或连续 5 天日最低气温低于 5 ℃,导致烂种烂秧。

(3)在三叶期,日平均气温低于 10 ℃,低温阴雨过后陡晴增温,且日较差大于 10 ℃,导致青枯死苗。

2. 应对措施

(1)保温增温。选择冷尾暖头,抢晴播种,以增加有效积温。采取薄膜育秧,遇低温阴雨密闭薄膜,使膜内温度增高,促进扎根、长叶,确保秧苗安全生长。

(2)加强秧苗管理。按照"芽期湿润,苗期灌水"的原则,在芽期保持沟内有水,厢面湿润以促进早扎根。

(3)严防病害。在低温阴湿情况下,秧苗常会发生绵腐病,发现病害时,要抢晴天落干厢面晒一二天,或用灌跑马水的方法冲洗白点,还可以用药物防治。

(二)早稻五月寒(5 月下旬—6 月中旬)

1. 发生的气象条件

早稻拔节(幼穗分化)到开花期,是决定产量的关键时期,这时对外界环境反应很敏感,抗逆性很弱,特别是幼穗形成初期和花粉母细胞减数分裂期对温度的反应最为敏感。如遇持续低温寡照,不能正常扬花授粉、受精,结实率显著降低,甚者出现"死穗"。

指标:连续 3 天日平均气温≤20 ℃或连续 3 天极端最低气温≤15 ℃。

2. 应对措施

(1)选用耐低温的品种。

(2)调整播种期。根据当地的气候特点,合理安排播种期,使花粉母细胞减数分裂期避开低温期。

(3)调节田间小气候。低温来临前采取稻田灌深水、喷施保温剂等方法,减轻低温危害。

(三)中稻高温热害(7 月下旬—8 月中旬)

1. 发生的气象条件

(1)孕穗期(即花粉母细胞减数分裂期)遇日最高气温连续 3 天以上≥35 ℃的高温,会引起部分颖花败育,穗粒数减少、不利于形成大穗,最终导致减产。

(2)抽穗扬花期遇连续 3 天以上日平均气温≥30 ℃或日最高气温≥35 ℃的高温,授粉、受精不良,导致空壳率增高,结实率降低。

2. 应对措施

(1)培育抗逆性较强的品种。

(2)科学调整播种期。

(3)采取科学的抗御措施。

(4)加强灾后科学管理。

(四)中稻盛夏低温冷害(7 月下旬—8 月中旬)

1. 发生的气象条件

(1)孕穗期遇日平均气温连续 3 天以上≤22 ℃的低温,会引起部分颖花败育,导致穗少、粒少。

(2)抽穗扬花期遇日平均气温连续 3 天以上≤22 ℃的低温，因授粉、受精不良，导致空壳率增高，结实率降低。

2. 应对措施

(1)选用耐低温的品种。

(2)调整播种期。合理安排播种期，使花粉母细胞减数分裂期避过低温期。

(3)调节田间小气候。低温来临前灌深水、喷施保温剂等，以减轻低温危害。

(五)晚稻寒露风

1. 发生的气象条件

(1)籼稻在抽穗扬花期遇日平均气温连续 3 天以上≤22 ℃，日最低气温≤18 ℃。

(2)粳稻在抽穗扬花期遇日平均气温连续 3 天以上≤20 ℃。

2. 应对措施

(1)合理布局品种，双季稻产区北部选用早熟品种、南部选用中熟品种，适时早播、早栽，能有效地避过低温危害，产量稳而高。

(2)喷施植物生长素。在晚稻破口抽穗期间，喷洒“九二〇”，促进稻株抽穗整齐，减少包颈现象，使稻穗提早开花灌浆，躲过低温危害。

(3)叶面喷施磷钾肥，增加耐低温能力。

(4)合理灌水排水，以水增温防寒。

四、气象服务内容

水稻主要发育期气象服务内容和表 3.1、3.2、3.3 所示。

表 3.1 早稻主要发育期气象服务内容

生育期	播种	出苗	移栽	分蘖	孕穗	抽穗扬花	灌浆成熟
时段	3 月下旬—4 月中旬	4 月上旬—中旬	4 月下旬—5 月上旬	4 月中旬—5 月中旬	6 月上中旬	6 月中下旬	7 月上中旬
适宜气象条件	1. 播种期间日平均气温 14 ℃以上，日最低气温 8 ℃以上 2. 播种期间天气为多云间晴天，光照较充足，无风或微风 3. 未来有 5 天以上的晴天	1. 日平均气温 10～20 ℃ 2. 天气晴朗	1. 日平均气温在 18 ℃以上 2. 天气晴朗	1. 日平均气温 20～30 ℃ 2. 天气晴朗	日平均气温 20～30 ℃，日照充足，雨量适中	1. 日平均气温 20～30 ℃ 2. 天气晴朗	1. 日平均气温 20～30 ℃ 2. 光照足，昼夜温差大 3. 收获期天气晴朗
不利气象因子	1. 日平均气温 10 ℃以下 2. 未来 2 天有冷空气活动，日平均气温降到 10 ℃以下	1. 日平均气温在 10 ℃以下 2. 连阴雨 4～5 天	移栽后遇大风，引起浮秧和倒苗现象	日平均气温低于 12 ℃，能引起小分蘖死亡，气温高于 36 ℃，不利分蘖	1. 连阴雨，光照不足，穗型变小 2. 高温、干旱缺水或雨涝导致穗粒数减少 3. 暴雨或大风造成倒伏	1. 连续高温、干旱缺水，可造成高温不实 2. 严重低温涝灾影响结实率、粒重	1. 5～7 天以上连阴雨影响收获且易发生霉烂 2. 日平均气温大于 30 ℃，最高气温大于 35 ℃，易造成高温逼熟

续表

生育期	播种	出苗	移栽	分蘖	孕穗	抽穗扬花	灌浆成熟
产量关键因素	基本苗			穗数	结实粒		千粒重
主攻方向	培育适龄壮秧		适时移栽	足苗、早发、足穗	根系发达,壮秆大穗,穗多,结实率高		籽粒饱满、适时收获
农事建议	抓住冷尾暖头抢晴播种	合理管水,追肥拔草,防治病虫	避开大风、暴雨、高温移栽,栽后要根据天气调控田间水深	重施分蘖肥,浅水勤灌,分蘖后期适时搁田,控制好高峰苗		扬花后要浅水勤灌,日灌夜排,适时落干,以便促进根系健壮,防止早衰	及时收获,扬晒入仓;利用晴好天气防治稻飞虱
农气服务产品	适宜播种期预报		干旱监测评估	五月寒监测预警;干旱监测评估	五月寒监测预警	高温热害或低温冷害监测预警	高温逼熟、收割农用天气预报

表 3.2　中稻主要发育期气象服务内容

生育期	播种	出苗	移栽	分蘖	孕穗	抽穗扬花	灌浆成熟
时段	4月下旬—5月上旬	4月下旬—5月上旬	5月下旬—6月上旬	5月中旬—6月下旬	7月中旬—8月上旬	8月上中旬	8月中旬—9月中旬
适宜气象条件	1. 日平均气温18～25 ℃,日最高气温30 ℃以下 2. 天气为多云间晴天,光照较充足,无风或微风 3. 播种3天内没有降水	1. 日平均气温20～30 ℃ 2. 无大雨	1. 日平均气温在18 ℃以上 2. 阴天或小雨	日平均气温25～30 ℃,日照充足,有利于分蘖	日平均气温在20～30 ℃,日照充足,雨量适中	1. 日平均气温25～30 ℃ 2. 日照时数150小时	1. 日平均气温20～22 ℃ 2. 光照足,昼夜温差大 3. 收获期要求晴朗天气
不利气象因子	1. 播种期间日平均气温15 ℃以下或日最高气温30 ℃以上 2. 播种当天有降水或播种后3天内有50 mm以上降水或短时15 mm以上降水 3. 播种后有8～10 ℃的降温过程,或4～5天的低温阴雨天气	1. 平均温度在15 ℃以下,连阴雨4～5天 2. 最高气温30 ℃或气温变幅8～10 ℃以上	1. 移栽后遇大风,引起浮秧和倒苗现象 2. 高温、强日照易引起秧苗萎缩,返青迟缓	日平均气温低于12 ℃以下,能引起小分蘖死亡,气温高于36 ℃,不利分蘖	1. 连阴雨,光照不足,穗型变小 2. 高温、干旱缺水或雨涝导致穗粒数减少 3. 暴雨或大风造成倒伏	1. 连续高温、干旱缺水,可造成中稻高温不实 2. 严重低温涝灾影响中稻结实率、粒重	1. 5～7天以上连阴雨影响收获且易发生霉烂 2. 日平均气温大于30 ℃,最高气温大于35 ℃,易造成高温逼熟
产量关键因素	基本苗			穗数	结实粒		千粒重
主攻方向	培育适龄壮秧		适时移栽	足苗、早发、足穗	根系发达,壮秆大穗,穗多,结实率高		籽粒饱满、适时收获

续表

生育期	播种	出苗	移栽	分蘖	孕穗	抽穗扬花	灌浆成熟
农事建议	抓住冷尾暖头抢晴播种	合理管水,追肥拔草,防治病虫	避开大风、暴雨、高温移栽;栽后要根据天气调控田间水深	重施分蘖肥,浅水勤灌,分蘖后期适时搁田,控制好高峰苗	加强水浆管理,控制水温	扬花后要浅水勤灌,日灌夜排,适时落干,以便促进根系健壮,防止早衰	及时收获,扬晒入仓; 利用晴好天气防治稻飞虱
农气服务产品	适宜播种期预报		高温、强降水预警报;干旱监测评估	高温、暴雨洪涝预警报;干旱监测评估	高温热害预警;低温冷害预警;暴雨洪涝预警	高温热害预监测警;低温冷害监测预警;暴雨洪涝预警报	收割农用天气预报;连阴雨、暴雨预警

表 3.3　晚稻主要发育期气象服务内容

生育期	播种	出苗	移栽	分蘖	孕穗	抽穗扬花	灌浆成熟
时段	6月上中旬	6月上中旬	7月中下旬	8月	8月下旬—9月上旬	9月上中旬	9月中旬—10月上旬
适宜气象条件	1. 播种期间日最高气温30 ℃以下 2. 播种期间天气为多云间晴天,光照较充足,无风或微风 3. 播种3天内没有降水	1. 日平均气温20～30 ℃ 2. 无雨	1. 日平均气温30 ℃以下 2. 无雨	日平均气温25～30 ℃,日照充足,有利于分蘖	日平均温20～30 ℃,日照充足,雨量适中	1. 日平均温在22 ℃以上 2. 天气晴朗	1. 日平均气温在20 ℃左右 2. 光照足,昼夜温差大 3. 收获期要求晴朗天气
不利气象因子	1. 播种当天有降水或播种3天内有50 mm以上降水或短时15 mm以上降水 2. 播种后有8～10 ℃的降温过程,或4～5天的低温阴雨天气	平均气温在30 ℃以上,会使秧苗弱小	1. 移栽后遇大风,引起浮秧和倒苗现象 2. 高温、强日照易引起秧苗萎缩,返青迟缓	日平均气温高于30 ℃,不利分蘖	1. 高温、干旱缺水或雨涝导致穗粒数减少 2. 暴雨或大风造成倒伏	日平均气温连续三天≤22 ℃,遭遇"寒露风"	5～7天以上连阴雨影响收获且易发生霉烂
产量关键因素	基本苗			穗数	结实粒		千粒重
主攻方向	培育适龄壮秧		适时移栽	足苗、早发、足穗	根系发达,壮秆大穗,穗多,结实率高		籽粒饱满、适时收获
农事建议	6月中旬前播种育秧,早稻收割后及时移栽	避开大风、暴雨、高温移栽;栽后要根据天气调控田间水深	重施分蘖肥,浅水勤灌,分蘖后期适时搁田	加强水浆管理,控制水温;利用晴好天气防治稻飞虱	浅水勤灌,干湿交替,防止早衰;施穗肥;利用晴好天气防治稻飞虱	及时收获,扬晒入仓	
农气服务产品	适宜播种期预报		暴雨灾害预警报	高温、暴雨洪涝预警报	寒露风监测预警	寒露风监测预警	收割农用天气预报

第二节　小麦气象服务

一、地理分布

小麦在全省各地都有种植，襄阳、随州、荆门是主产区。主推品种有郑麦 9023、鄂麦 18、鄂麦 23、鄂恩 6 号、鄂麦 24、华麦 13 等品种。

二、农事活动气象指标

（一）小麦播种期（10 月中下旬—11 月上中旬）

1. 适宜的气象条件

（1）播前半个月内有一场 30 mm 左右的透墒雨，10～20 cm 土壤相对湿度在 80%左右。

（2）日平均气温在 14～20 ℃，最低气温在 12 ℃以上，最高气温在 28 ℃以下。

（3）天气为多云间晴天，光照较充足，无风或微风。

（4）播后一周内有一场 10 mm 左右的补墒雨。

2. 基本适宜的气象条件

（1）播前 1～2 天有一定量的降水，可使 10～20 cm 土壤相对湿度维持在 70%左右。

（2）日平均气温在 12 ℃以上、22 ℃以下。

3. 不适宜的气象条件

（1）夏秋干旱少雨，9、10 月总降水量在 70 mm 以下，且 10 cm 土壤相对湿度低于 60%。

（2）日平均气温低于 12 ℃（或高于 22 ℃），最低气温在 10 ℃以下（或超过 30 ℃）。

（3）播种期间出现较长连阴雨，过程降水量在 40 mm 以上，且 10 cm 土壤湿度接近田间持水量。

（4）出现大风寒潮天气过程。

（二）小麦收割期（5 月中下旬—6 月上中旬）

1. 适宜的气象条件

（1）收割前半个月降水偏少，耕作层土壤相对湿度在 70%以下。

（2）收割期前 3 天内无降水，空气相对湿度在 60%以下。

（3）收割期间天气以晴为主，降水量在 5 mm 以下。

（4）收割结束后天气晴朗，有 3～5 天温高光足的连晴天气。

2. 基本适宜的气象条件

（1）收割前 1～2 天无降水。

（2）收割期间天气以晴为主，降水量在 5 mm 以下。

（3）收割结束后天气晴朗。

3. 不适宜的气象条件

（1）收割前半个月多雨，土壤泥泞。

（2）收割前 2 天出现大雨以上的降水，田间积水，茎秆潮湿。

（3）收割期间出现 10 mm 以上降水，空气相对湿度在 90%以上。

(4)收割结束后持续阴雨寡照,影响晾晒入库。

三、气象灾害指标

(一)播种及苗期连阴雨

1. 发生的气象条件

连续 5 天以上的阴雨天气过程(日降水量≥0.1 mm,期间允许一天无降水或有微量降水,但该日日照时数<2 小时)。

当连阴雨发生在小麦播种—出苗期和幼苗生长时期,将影响播种的进度、质量和苗情,雨量较大时还容易形成渍害,造成“黄瘦弱”苗。

2. 应对措施

(1)培育抗逆性较强的品种。

(2)注意天气变化,实时收听收看天气预报,科学调整播种期。

(3)在出现阴雨天气过程后,要及时开沟排渍,降低地下水位。

(二)小麦冻害

1. 发生的气象条件

冬季或初春,小麦遭受 0 ℃以下低温或剧烈变温所造成的灾害。根据冻害发生的季节不同,通常将小麦冻害分为冬季冻害和春季气温骤变冻害。

(1)冬季冻害

冬季冻害分为初冬气温骤变型、冬季严寒型、越冬交替冻融型这三种类型。

①初冬气温骤降型:小麦越冬前或越冬初期(11—12 月),由于气温骤降而引起的小麦冻害。期间日平均气温骤然下降 10 ℃左右,最低气温在−5 ℃以下。

②冬季严寒型:冬季(12 月下旬—次年 2 月上旬)持续低温,月平均气温降至 0 ℃以下,至少 3 旬平均气温较常年偏低 3 ℃左右,并有多次寒潮或强冷空气过境,引起急剧降温,并伴有大风,导致小麦地上部分严重枯萎甚至成片死苗。

③越冬交替冻融型:小麦越冬期间因天气反常造成冻融交替而形成冻害。多发生于 12 月下旬至 1 月底。这时若出现−15～−10 ℃的低温,对小麦会造成较严重的冻害。

(2)春季气温骤变冻害

春季气温骤变冻害分为早春冻害、晚霜冻害(倒春寒)和春末低温冷害。小麦拔节后,碰到−4～−1 ℃的低温,幼穗就可能被冻死,或者形成畸形穗。

2. 应对措施

(1)选用抗寒力较强的品种。

(2)基本苗过多的麦田,在小麦进入 3～4 叶期时,应及早进行疏苗。

(3)旺长麦田,在冬前镇压能促长促壮。

(4)小麦行间撒施麦糠、碎麦秸等,保墒、防冻,改良土壤,培肥地力。

(5)适宜冬灌是预防小麦冬季冻害的有效措施。

(三)小麦抽穗扬花期连阴雨

1. 发生的气象条件

4 月中旬—5 月上旬,出现连续 3 天以上的阴雨天气过程(日降水量≥0.1 mm,不包括雾、露、霜量），将影响小麦扬花灌浆，降低结实率和粒重，还极易引起赤霉病、锈病的发生和流行。

2. 应对措施

（1）培育抗逆性较强的品种。

（2）选用优质防治药剂。

（3）及时喷药防病害。

（4）开沟排渍，降低地下水位。

（四）小麦干热风

1. 发生的气象条件

干热风指小麦灌浆期间出现的一种高热、低湿的风，也叫“热风”、“火风”、“干旱风”等。它是一种持续时间较短（一般3天左右）的天气现象。由于各地自然特点不同，干热风成因也不同。每年初夏，我国内陆地区气候炎热，雨水稀少，增温强烈，气压迅速降低，形成一个势力很强的大陆热低压。在这个热低压周围，形成一股又干又热的风，这就是干热风。强烈的干热风，对小麦灌浆结实可造成不利影响。

2. 干热风危害的气象指标

重干热风日：日最高气温≥35 ℃，14时相对湿度≤25%，14时风速≥3 m/s。

中等干热风日：日最高气温≥32 ℃，14时相对湿度≤30%，14时风速≥2 m/s。

轻干热风日：日最高气温≥30 ℃，14时相对湿度≤30%，14时风速≥2 m/s。

干热风对小麦的危害，主要由于高温、干旱、强风迫使空气和土壤的蒸发量增大，小麦体内的水分消耗很快，从而破坏了叶绿素等色素，阻碍了小麦的光合作用和合成过程，使植株很快由下往上青干。

3. 应对措施

（1）浇水灌溉，或喷洒草木灰水。

（2）控制使用氮肥，增加磷肥，有利于小麦灌浆，对防御干热风有一定的效益。

（3）喷洒石油助长剂提高叶片含水量，增强保水能力，加强光合作用，减弱呼吸强度。

（4）喷施磷酸二氢钾溶液，增强植株湿度，以促进光合产物向穗部运转。

（五）小麦收割期“烂场雨”

1. 发生的气象条件

夏收“烂场雨”：发生时段为5月下旬至6月上旬；一次降雨过程连续雨日≥5天，过程降水量在50 mm以上；或雨日3～4天，但过程雨量较大（至少有一个暴雨日）造成小麦倒伏或穗发芽。

2. 应对措施

（1）及时排涝防渍害，降低穗部湿度，天气转好及时抢收。

（2）科学安排收割晾晒，抓住晴好天气和降雨间隙的有利时机及时抢收。

四、气象服务内容

小麦主要发育期气象服务如表 3.4 所示。

表 3.4　小麦主要发育期气象服务内容

生育期	播种	出苗	分蘖	越冬期	拔节	抽穗开花	灌浆成熟
时段	10 月中旬—11 中旬	10 月下旬—11 中旬	11 月	12 月—2 月	3 月	4 月上中旬	5 月
适宜气象条件	1. 日平均气温 14～20 ℃ 2. 土壤相对湿度 80%左右	1. 日平均气温 10～20 ℃ 2. 土壤相对湿度 80%左右	日平均气温 6～13 ℃;日照充足,有利于分蘖	日平均气温 0 ℃左右,无强冷空气影响	日平均气温 10～15 ℃;日照充足	1. 日平均气温 18～20 ℃ 2. 天气晴朗	1. 日平均气温 20 ℃左右 2. 光照足,昼夜温差大 3. 收获期晴朗天气
不利气象因子	1. 日平均气温 12 ℃以下或 22 ℃以上 2. 播种期间出现干旱。	平均温度 22 ℃以上,秧苗弱小	1. 日平均气温低于 3 ℃,不利分蘖 2. 日平均气温高于 13 ℃,易造成冬前旺长	冬季气温若明显偏高,易造成旺长。后期易遭低温冻害	1. 日平均气温低于 10 ℃ 2. 长期阴雨	1. 日平均气温连续多天≤18 ℃ 2. 长期阴雨	5～7 天以上连阴雨影响收获且易发生霉烂
产量关键因素	基本苗		穗数	小穗数	结实粒		千粒重
主攻方向	顺利出苗		足冬前壮苗	根系发达	结实率高		籽粒饱满、适时收获
农事建议	适时播种	重施分蘖肥	加强田间管理	施拔节肥;利用晴好天气防治病虫害	利用晴好天气防治病虫害	及时收获,扬晒入仓	
农气服务产品	适宜播种期预报		小麦分蘖气温监测预警	小麦冻害监测预警	阴雨监测预警;病虫害发生发展气象条件监测预警	阴雨监测预警;病虫害发生发展气象条件监测预警	收割农用天气预报

第三节　玉米气象服务

一、地理分布

玉米在全省都有种植,主要品种有农大 108、鄂玉 10 号、鄂玉 18、鄂玉 16、华甜玉 1 号等。

二、农事活动气象指标

(一)玉米播种期(春玉米 4 月,夏玉米 6 月)

1. 适宜的气象条件

日平均气温稳定通过 12 ℃为始播指标;土壤相对湿度不低于 70%～85%。

2. 基本适宜的气象条件

日平均气温不低于 10 ℃,日最高气温不高于 35 ℃;土壤相对湿度不低于 60%。

3. 不适宜的气象条件

日平均气温低于 10 ℃或日最高气温高于 35 ℃;土壤相对湿度低于 60%。

(二)玉米中耕除草

1. 适宜的气象条件

天气晴朗,无风或微风,土壤相对湿度不低于 60%。

2. 基本适宜的气象条件

无降水,无大风,土壤相对湿度在 60%左右。

3. 不适宜的气象条件

有降水且导致泥泞,大风,土壤相对湿度低于 60%。

(三)玉米收获期

1. 适宜的气象条件

天气晴朗,无风或微风,气温正常。

2. 基本适宜的气象条件

无降水,无大风,日最高气温不高于 35 ℃。

3. 不适宜的气象条件

有降水且导致土壤泥泞,大风。

三、气象灾害指标

(一)春玉米播种期低温阴雨(4 月)

1. 发生的气象条件

在春玉米播种期间出现低温或倒春寒天气,使日平均气温低于 10 ℃,且伴随着长时期的阴雨。

2. 应对措施

当春玉米播种期遇到低温阴雨时,应及时整地理沟,降低地下水位。播种时采用薄膜覆盖;若遇降温强度较大的天气过程,应暂缓播种。

(二)玉米夏季水灾

1. 发生的气象条件

一旦发生强降水(过程雨量 80 mm 以上),且排水不畅时,出现玉米的夏季水灾。

2. 应对措施

当预测未来有强降水发生时,应通知有关农户及时整地理沟。

水灾后，应及时抢种秋玉米，选择一些早熟品种。

（三）玉米干旱

1. 发生的气象条件

播种期间干旱：播种时土壤相对湿度低于60%，播后长期无降水，种子难于发芽。

幼苗期间干旱：幼苗生长期间土壤相对湿度长期低于60%，导致玉米苗弱小。

抽雄期干旱：俗称“卡脖子旱”，在玉米抽雄期土壤相对湿度低于60%，导致玉米抽雄困难，或授粉不良，严重影响未来的产量。

灌浆期干旱：在玉米灌浆成熟时期，土壤相对湿度长期低于60%时，导致玉米百粒重下降，产量减少。

2. 应对措施

（1）选用抗旱性强的品种。

（2）深耕整地，增施磷、钾、硼、铜等矿质肥料，提高玉米的抗旱性。

（3）选择早熟品种，并争取早播种，早移栽。

（4）加强苗期管理，促进根系发育，适当控制地上部茎、叶的生长，使幼苗达到壮而不旺的壮苗要求。

（5）实现间作套种。

四、气象服务内容

春玉米、夏玉米各主要发育期气象服务如表3.5、3.6所示。

表3.5　春玉米主要发育期气象服务内容

生育期	播种	出苗	拔节	抽雄吐丝	灌浆成熟
时段	3月下旬—4月中旬	4月上中旬	5月下旬—6月上旬	6月中下旬	7月上旬—8月中旬
适宜气象条件	1. 日平均气温12～15 ℃ 2. 土壤相对湿度70%～85% 3. 播后3天无降水	1. 日平均气温10～20 ℃ 2. 土壤相对湿度70%～80% 3. 天气晴朗	1. 日平均气温18 ℃左右 2. 天气晴朗	1. 日平均气温20～30 ℃ 2. 土壤相对湿度70%～80% 3. 天气晴朗	1. 日平均气温20～30 ℃ 2. 光照足，昼夜温差大 3. 收获期天气晴朗
不利气象因子	1. 日平均气温低于10 ℃ 2. 土壤相对湿度低于60% 3. 阴雨天气	1. 平均气温低于10 ℃ 2. 连阴雨4～5天	低温阴雨	1. 日平均气温高于30 ℃ 2. 土壤相对湿度低于60% 3. 强降水引起的洪涝	1. 长时期连阴雨 2. 日平均气温高于30 ℃，最高气温高于35 ℃，易造成高温逼熟
产量关键因素	基本苗			结实率	百粒重
主攻方向	培育壮苗		适时移栽	顺利传花授粉	籽粒饱满、适时收获
农事建议	抓住晴好天气播种	合理管水，追肥拔草，防治病虫	避开大风、暴雨、高温	预防出现“卡脖子旱”	及时收获，扬晒入仓
农气服务产品	适宜播种期预报		干旱、暴雨、高温监测评估	干旱、高温监测评估	高温逼熟、收割农用天气预报

表 3.6 夏玉米主要发育期气象服务内容

生育期	播种	出苗	拔节	抽雄吐丝	灌浆成熟
时段	5 月下旬—6 月上旬	6 月上旬—6 月中旬	6 月下旬—7 月上旬	7 月下旬—8 月上旬	9 月
适宜气象条件	1. 日平均气温 15～20 ℃ 2. 土壤相对湿度 70%～80% 3. 播后 3 天无降水	1. 日平均气温 15～20 ℃ 2. 土壤相对湿度 70%～80%	1. 日平均气温 20 ℃左右 2. 土壤相对湿度 75%～85% 3. 晴雨相间	1. 日平均气温 20～30 ℃ 2. 土壤相对湿度 75%～85% 3. 晴雨相间	1. 日平均气温 20～30 ℃ 2. 光照足，昼夜温差大 3. 天气晴朗
不利气象因子	1. 日最高气温高于 35 ℃ 2. 土壤相对湿度低于 60% 3. 强降水引起的洪涝	1. 连阴雨 4～5 天 2. 土壤相对湿度低于 60% 3. 强降水引起的洪涝	1. 日平均气温高于 30 ℃ 2. 土壤相对湿度低于 60% 3. 强降水引起的洪涝	1. 日平均气温高于 30 ℃ 2. 土壤相对湿度低于 60%	长时期连阴雨
产量关键因素	基本苗			结实率	百粒重
主攻方向	培育壮苗			顺利传花授粉	籽粒饱满、适时收获
农事建议	抓住晴好天气播种	合理管水，追肥拔草，防治病虫	避开大风、暴雨、高温	预防出现“卡脖子旱”	及时收获，扬晒入仓
农气服务产品	适宜播种期预报		干旱、暴雨、高温监测评估	干旱、高温监测评估	高温逼熟、收割农用天气预报

第四节 棉花气象服务

一、地理分布

棉花的种植主要分布在荆州、襄阳、宜昌、黄冈、孝感、随州、荆门、天门等地。

二、农事活动气象指标

(一)棉花播种期(4 月上中旬)

1. 适宜的气象条件

(1)日平均气温稳定通过 12 ℃，5 cm 深地温达 15 ℃以上。

(2)多云间晴天，光照较充足，无风或微风。

(3)播后有 2～3 个晴好天气，土壤水分为田间持水量的 65%～80%。

2. 基本适宜的气象条件

(1)日平均气温稳定通过 10 ℃，5 cm 深地温达 12 ℃以上。

(2)播种期间天气为多云，播后没有 5 ℃以上的降温过程。

3. 不适宜的气象条件

(1)日平均气温在 10 ℃以下,5 cm 深地温在 12 ℃以下。

(2)播种当天有降水或播种后有 8～10 ℃的降温过程,或 4～5 天的低温阴雨天气。

(二)棉花采摘期(8—10 月)

1. 适宜的气象条件

(1)多云间晴天,光照较充足,无风或微风。

(2)有 2～3 个晴好天气,以利晾晒。

2. 基本适宜的气象条件

(1)天气为阴到多云。

(2)阴天有零星降水。

3. 不适宜的气象条件

(1)出现 5 mm 以上的降水。

(2)采摘后有 4～5 天的低温阴雨天气。

三、气象灾害指标

(一)棉苗阴湿害

1. 发生的气象条件

(1) 4 月中旬连续 5 天有降水,且 5 天内日平均气温全部低于 12 ℃,导致死苗断垄。

(2) 4 月下旬连续 5 天有降水,且 5 天内日平均气温全部低于 16 ℃,导致死苗断垄。

(3) 5—6 月中旬 10 ℃以上的积温小于 570 ℃·d,导致棉花迟发。

(4) 6 月平均气温低于 24 ℃,导致现蕾推迟。

2. 应对措施

(1) 开沟排涝排渍。棉花苗床四周要开沟吊床,沟深 30～35 cm。

(2) 合理调控温、湿度,提高棉苗的抗逆能力。

(二)棉苗蕾铃脱落

1. 发生的气象条件

(1) 土壤相对湿度小于 60%或大于 85%,由于缺水或水分过多,导致蕾铃大量脱落。

(2) 开花期出现大雨以上降水或 3 天以上连阴雨,花粉吸水破裂丧失生命力,使其不能正常授粉而脱落,雨越大、越猛、持续时间越长,幼铃脱落越严重。

(3) 开花期遇高温可造成蕾铃大量脱落,日平均气温在 30 ℃以下时,脱落较少;32 ℃以上脱落量增加;35 ℃以上时,严重脱落。

2. 应对措施

(1) 及时抗旱、排涝,保持土壤相对湿度为 70%～80%。

(2) 中耕松土,诱根下扎,使棉根系发达,增强吸水吸肥能力,减少脱落。

(3) 棉田盖草,防旱保墒。在蕾期或棉花封行前,进行棉田盖草保墒、防旱。

四、气象服务内容

棉花主要发育期气象服务如表 3.7 所示。

表 3.7　棉花主要发育期气象服务内容

生育期	播种	苗期	蕾期	花铃期	吐絮期
时段	4 月上中旬	4 月	6—7 月	7—8 月	8—9 月
适宜气象条件	1. 日均温稳定通过 12 ℃ 2. 5 cm 地温达 15 ℃ 3. 田间持水量以 65%～80%为宜	1. 日平均气温 20～30 ℃ 2. 土壤相对湿度 60%～80%	1. 日平均气温 22～30 ℃ 2. 日照充足 3. 土壤相对湿度 60%～80%	1. 日平均气温 22～30 ℃ 2. 土壤相对湿度 70%～80% 3. 晴天，风力小于 4 级	1. 日平均气温 20～30 ℃ 2. 日照充足 3. 土壤相对湿度 65%～80%
不利气象因子	1. 日平均气温10 ℃以下，5 cm 地温 12 ℃以下 2. 播种期间出现干旱 3. 播种后有 8～10 ℃的降温过程，或 4～5 天的低温阴雨天气	1. 日平均气温连续 3 天低于 10 ℃或连续 5 天低于 12 ℃低温阴雨，易引起死苗 2. 土壤相对湿度低于 60%	1. 日平均气温低于 19 ℃不能现蕾，达不到 20～22 ℃以上难以持续现蕾 2. 光照不足，果枝出现迟，现蕾期推迟	1. 遇 100 mm 强降水，冲刷花粉，受精不良，或者引起花铃脱落 2. 7、8 两月出现连续两旬旬平均气温 ≥30.0 ℃干旱高温，易引起花铃脱落 3. 土壤相对湿度低于 60%	1. 低于 20 ℃时吐絮不畅，低于 5 ℃时不能正常吐絮 2. 连续 5 天阴雨，日照时数不超过 10.0 小时，易引起僵瓣霉烂 3. 土壤相对湿度低于 60%
产量关键因素	基本苗		蕾铃数	落花落果	
主攻方向	顺利出苗		根系发达		
农事建议	适时播种		重施蕾肥	1. 加强田间管理，防治病虫害 2. 重施花铃肥	1. 防治病虫害 2. 利用晴好天气及时采摘
服务产品	播种期农用天气预报		1. 黄萎病预报 2. 高温热害预警报	连阴雨、黄萎病气象预报	收获期农用天气预报

第五节　油菜气象服务

一、地理分布

油菜产地主要分布在荆门、黄冈、荆州、孝感、宜昌、潜江、咸宁、黄石、武汉、天门、仙桃、襄阳、随州、恩施、鄂州等地。

二、农事活动气象指标

(一)油菜播种出苗

1. 适宜气象条件

(1)旬平均气温 20 ℃左右为宜。油菜种子发芽的最适温度为 25 ℃。日平均气温 16～20 ℃时 3～5 天即可出苗。

(2)无伏秋连旱,0～10 cm 土壤相对湿度 70%～80%较为适宜。

(3)播种期间天气为多云间晴天,光照较充足,无风或微风。

2. 不适宜的气象条件

(1)日平均气温低于 5 ℃或高于 37 ℃,不利于油菜发芽出苗;日平均气温低于 3 ℃,油菜停止生长。

(2)夏秋干旱少雨,8—10 月降水量较常年偏少 5 成以上(总雨量在 70 mm 以下),且 0～10 cm 土壤相对湿度低于 60%。

(3)播种期间出现连续 5 天或以上的阴雨过程,过程降水量在 40 mm 以上,且 10 cm 土壤湿度接近田间持水量。

(二)油菜收割

湖北省甘蓝型油菜在 5 月中旬左右收获。适宜的收获期在油菜终花后 25～30 天左右。全田有 2/3 的角果呈黄绿色,主轴中部角果呈枇杷色,全株仍有 1/3 角果显绿色时收获为宜。

1. 适宜气象条件

(1)收割前半个月降水偏少,0～10 cm 土壤相对湿度在 70%以下。

(2)收割期间天气以晴为主,当天降雨在 5 mm 以下。

(3)收割结束后天气晴朗,有 3～5 天温高光足的连晴天气。

(4)无风或微风。

2. 不适宜气象条件

(1)收割期间或收割结束后出现连续 3 天或以上连阴雨天气。

(2)瞬时最大风速≥17.2 m/s 的大风天气,容易导致油菜倒伏。

3. 适宜收获气象等级

收割气象等级共分 3 级:1 级为“不适宜”,2 级为“次适宜”,3 级为“适宜”。

当满足适宜气象条件 3 条以上,且无不利天气气候条件发生时,定为适宜收割气象等级;当发生两条不利条件时,定为不适宜收割气象等级,建议延迟或提前收割;不满足适宜、不适宜的气象条件,为次适宜收割气象等级,建议采取适当措施防范。

三、气象灾害指标

(一)播种及苗期连阴雨

1. 发生的气象条件

连续 5 天以上的阴雨天气过程(日降水量≥0.1 mm,不包括雾、露、霜量;期间允许 1 天无降水或有微量降水,但该日日照时数<2 小时)。

当连阴雨发生在油菜播种—出苗期和幼苗生长时期,将影响播种的进度、质量和苗情,雨量较大时还容易形成渍害，出现“黄瘦弱”苗。

2. 应对措施

(1)培育抗逆性较强的品种。

(2)根据天气预报，科学调整播种期。

(3)阴雨天气过程后要及时开沟排渍，降低地下水位。

(二)油菜冻害

1. 发生的气象条件

油菜苗期遇－13～－5 ℃的低温时，叶片受冻害，初呈烫伤状，最后枯萎死亡；当气温为－5 ℃，油菜细胞间隙内水分结冰，使叶片组织受冻死亡。

油菜早期现蕾抽薹，抗寒力最弱，只要气温在0 ℃以下时，就会出现冻害。冻害严重时，即使能开花，也会结实不良。开花期气温在10 ℃以下，开花数量显著减少；5 ℃以下，开花停止，并易导致花果大量脱落，产生分段结实现象。花角期若遇0 ℃以下低温，可受冻致死。

2. 应对措施

(1)适期播种移栽，防治旺长。

(2)合理施用氮肥，增施磷钾肥。

(3)喷施多效唑。

(4)摘除早薹。

(三)油菜春季连阴雨

1. 发生的气象条件

春季连续出现4日或以上日雨量大于0.1 mm的天气过程为连阴雨，连续4～6天为轻度，连续7～9天为中度，连续10天以上则为重度。春季连阴雨对油菜结荚成熟收获影响较大，一是诱发油菜菌核病；二是不利于油菜开花结荚，角果发育受阻。

2. 应对措施

(1)掌握天气气候的演变规律，安排农事活动，使收获等关键农事活动尽量避免连阴雨常出现的时段。

(2)如遇连阴雨油菜田应及时清沟、排水。

(四)油菜成熟期“烂场雨”

1. 发生的气象条件

油菜成熟时遇到连阴雨，导致角果发芽霉烂，称为夏收“烂场雨”。发生时段为5月上中旬；一次降雨过程连续雨日≥5天，过程降水量在50 mm以上；或雨日3～4天，但过程雨量较大(至少有一个暴雨日)造成油菜倒伏或角果发芽。

2. 应对措施

(1)及时排涝防渍害。

(2)抓紧有利天气及时抢收。

四、气象服务内容

油菜主要发育期气象服务如表 3.8 所示。

表 3.8　油菜主要发育期气象服务内容

生育期	播种	出苗	蕾薹	开花	灌浆成熟
时段	9 月中旬—10 月上中旬	10 月下旬—12 月	2—3 月	3—4 月	4—5 月
适宜气象条件	1. 日平均气温 16～20 ℃时 3～5 天可出苗，最适宜温度 25 ℃ 2. 土壤相对湿度 70%～80%左右	1. 日平均气温 5～10 ℃ 2. 土壤相对湿度 80%左右	日平均气温 6～13 ℃；日照充足，有利于现蕾抽薹	日平均气温 12～20 ℃，无强冷空气影响	1. 日平均气温 20 ℃左右 2. 光照足，昼夜温差大 3. 收获期要求晴朗天气
不利气象因子	1. 日平均气温 5 ℃以下或 37 ℃以上 2. 播种期间出现干旱 3. 播种期出现连续 5 天以上阴雨天气	平均气温长期在 10 ℃以上，会出现旺长现象	1. 日平均气温低于 3 ℃，对抽薹有不利影响，日均温低于 0 ℃，叶片就受冻害，甚至裂薹 2. 土壤相对湿度低于 60%，会出现干旱	1. 日平均气温降至 10 ℃时，开花明显减少；5 ℃以下时，开花停止；若降至 0 ℃以下，花蕾受冻害，花朵大量脱落，出现分段结实现象 2. 若遇连阴雨，易造成菌核病发生	5～7 天以上连阴雨影响收获且易发生霉烂
产量关键因素	基本苗			角果数	千粒重
主攻方向	顺利出苗			防治病虫害	增加千粒重
农事建议	适时播种		重施蕾薹肥	加强田间管理；遇连阴雨时要清沟排渍；利用晴好天气防治病虫害	利用晴好天气及时收割、晾晒
农气服务产品	适宜播种期预报		现蕾开花气象条件监测预警；病虫害发生气象条件预报	病虫害发生气象条件预报；日平均气温低于 5℃天气监测预警	收割、晾晒农用天气预报

第六节　蔬菜气象服务

一、农事活动气象指标

（一）露天黄瓜

1. 育苗期

(1)适宜的气象条件：平均气温 15～24 ℃。

(2)基本适宜的气象条件:平均气温 12～15 ℃,或 24～28 ℃。

(3)不适宜的气象条件:平均气温≤12 ℃或≥28 ℃。

2. 生长期

(1)适宜的气象条件:平均气温 20～25 ℃。

(2)基本适宜的气象条件:平均气温 18～20 ℃,或 25～30 ℃。

(3)不适宜的气象条件:平均气温低于 18 ℃或高于 30 ℃。

3. 贮藏期

(1)适宜的气象条件:气温 10～14 ℃,相对湿度 70%～75%。

(2)基本适宜的气象条件:气温 8～10 ℃,或 15～25 ℃。

(3)不适宜的气象条件:平均气温低于 8 ℃,或平均气温高于 25 ℃。

(二)番茄

1. 育苗期

(1)适宜的气象条件:平均气温 14～23 ℃。

(2)基本适宜的气象条件:平均气温 12～14 ℃,或 23～28 ℃。

(3)不适宜的气象条件:平均气温低于 12 ℃,或高于 28 ℃。

2. 营养生长期

(1)适宜的气象条件:平均气温 20～25 ℃。

(2)基本适宜的气象条件:平均气温 15～20 ℃,或 25～30 ℃。

(3)不适宜的气象条件:平均气温低于 15 ℃或高于 30 ℃。

3. 果实发育期

(1)适宜的气象条件:平均气温 25～28 ℃。

(2)基本适宜的气象条件:平均气温 18～25 ℃,或 28～32 ℃。

(3)不适宜的气象条件:平均气温高于 32 ℃,或低于 18 ℃均易引起落花落果。

(三)茄子

1. 育苗、生长期

(1)适宜的气象条件:平均气温 20～26 ℃。

(2)基本适宜的气象条件:平均气温 18～20 ℃,或 26～28 ℃。

(3)不适宜的气象条件:平均气温低于 18 ℃或高于 28 ℃。

2. 结果期

(1)适宜的气象条件:平均气温 25～30 ℃,光照充足。

(2)基本适宜的气象条件:平均气温 20～25 ℃,或 30～33 ℃。

(3)不适宜的气象条件:平均气温低于 20 ℃或高于 33 ℃。

二、农业气象灾害指标

(一)黄瓜

1. 冷害

(1)发生的气象条件:苗期日平均气温小于 12 ℃时有可能遭遇冷害,生成畸形瓜,幼苗突然遇到 0～5 ℃的低温时,细胞组织会受到伤害,造成植株死亡。

开花结果期遇 5～10 ℃低温生长缓慢，有遭受冷害的可能，遇 0～5 ℃低温将遭受冷害，生长延迟。低温持续 2 天以上，各生殖器官都会出现冷害症状。

(2)应对措施

①低温锻炼，提高植株的抗寒能力。在种子萌动时将种子放在 0～1 ℃温度下 3～4 小时，再用凉水解冻重新催芽；实行大温差育苗；秧苗生长期要把温度控制在正常适温的下限，严防秧苗旺长；定植后要重视培育健壮植株。

②重视土壤水分管理。冬季定植前先浇足底水，待地温回升、天气晴好时再行点水定植，缓苗后应适当控水壮秧；冬季浇水以膜下小水勤浇为原则，严寒期和持续降温阴雪天气避免浇水，做到宁干勿湿。严禁冬季河水直接浇灌。

③加强保温防寒措施。包括增加草帘数量；加盖防寒膜；在大棚内张挂二层幕或搭临时小弓棚；密封大棚；夜间燃放烟雾剂，以提高植株地上部的抗寒能力。

④用地热线或普通灯泡进行苗床加温。

2. 热害

(1)发生的气象条件：气温高于 35 ℃，黄瓜的生长发育受阻，植株早衰，畸形瓜增多。

(2)应对措施及时通风降温或适当放下部分草帘遮挡强烈阳光的照射，必要时棚面覆盖遮阳网或对棚面喷洒清水降温。

(二)番茄

1. 低温冷害

(1)发生的气象条件：气温低于 15 ℃会影响番茄生长，并造成落花落果；气温低于 10 ℃会发生“花而不实”的寒害现象；长时间处于 5 ℃以下便停止生长，植株萎缩；若气温在－1～3 ℃，植株将被冻死。

(2)应对措施

①定植前按秧苗要求的适宜温度下限进行短时低温炼苗数次。

②对温棚进行多层覆盖保温，如双层薄膜覆盖、覆盖纸被和草帘等。

③外界气温较低时还可临时加温。

2. 高温热害

(1)发生的气象条件：高温热害多发生于秋末冬初或早春连续晴暖天气。外界基础气温较高的中午前后，棚内温度超过 40 ℃时番茄停止生长，高达 45 ℃时，茎叶发生日灼现象，植株只开花不结果或大量落花落果等。

(2)应对措施：及时通风降温或适当放下部分草帘遮挡强烈阳光的照射，必要时棚面覆盖遮阳网或对棚面喷洒清水降温。

3. 弱光阴害

(1)发生的气象条件：弱光阴害多发生于冬春连续阴雨雪天，自然光照缺乏。番茄生长期若光照不足，则生育缓慢，落花增多。如在弱光条件下温度又较高，则花粉量少，花粉发芽率降低，雌蕊的花柱发育不良，受精能力下降，未受精花会脱落，且易出现果腐病。

(2)应对措施：尽可能改善温棚内的光照条件，可通过适当加大行株距、挂置反光幕、采用无滴棚膜、适时揭盖草苫、进行立体栽培等，或采用人工补充光照。

(三)茄子

1. 低温冷害

(1)发生的气象条件:气温在 8 ℃以下植株停止生长,在 18 ℃左右根的生理机能下降。在低温情况下,易诱导低温型病害发生,导致落花、落叶和落果。

(2)应对措施:选育早熟或耐低温品种;科学选择播种期,适时播种和移栽;采用双层膜或三层膜进行覆盖,提高苗床或棚室地温,防止落花、落叶和落果。

2. 高温热害

(1)发生的气象条件:气温高于 30 ℃,茄子短花柱花较多,结实率低。

(2)应对措施:及时通风降温或适当放下部分草帘遮挡强烈阳光的照射,必要时棚面覆盖遮阳网或对棚面喷洒清水降温。

(四)设施蔬菜大棚灾害

1. 雪压

(1)发生的气象条件

当积雪厚度达到 8 cm 以上,简易大棚收到不利影响;积雪厚度达到 10 cm 以上,一般大棚可能倒棚;积雪厚度达到 20 cm 左右,大棚垮塌严重。

(2)应对措施

及时清除设施大棚棚顶积雪,避免积压;加强设施大棚检修工作,及时加固大棚,解除隐患。

2. 大风

(1)发生的气象条件

发生 6 级以上大风造成大棚损坏或垮塌,从而对设施蔬菜造成一定威胁。

(2)应对措施

加强设施大棚检修工作,及时加固大棚,解除隐患。

第七节　柑橘气象服务

一、地理分布

秭归、兴山、巴东等地为甜橙产区;宜都、长阳、枝江、当阳、东宝、松滋等地为宽皮柑橘产区;丹江口、郧县、阳新、赤壁、崇阳、通城、武穴、蕲春等地为温州蜜柑产区。

二、农事活动气象指标

(一)柑橘采摘

1. 适宜的气象条件:当天及未来两天内天气晴好。

2. 基本适宜的气象条件:当天及未来两天内以多云到阴天为主,或零星小雨。

3. 不适宜的气象条件:当天及未来两天小雨以上天气,或有连阴雨天气。

(二)施肥

1. 适宜的气象条件:墒情较好,小到中雨后最适宜。

2. 基本适宜的气象条件:墒情较好,施肥后无暴雨。

3. 不适宜的气象条件:前期干旱,后期大到暴雨。

（三）喷施农药

1. 适宜的气象条件：当日及次日无雨，风力 3～4 级，最高气温 35 ℃以下。

2. 基本适宜的气象条件：当日及次日阴天或零星小雨。

3. 不适宜的气象条件：当日及次日有 5 mm 以上降水。

三、农业气象灾害指标

（一）休眠至萌芽期低温冻害

1. 发生的气象条件

宽皮类柑橘：最低气温小于－7 ℃为轻度冻害，小于－9 ℃为中度冻害；小于－11 ℃为重度冻害。

甜橙类柑橘：最低气温小于－5 ℃为轻度冻害，小于－7 ℃为中度冻害；小于－9 ℃为重度冻害。

2. 应对措施

做好柑橘园抗寒防冻工作，遇低温可采用树冠下覆盖秸秆、涂白树干、培土壅蔸、熏烟及叶面喷施抑蒸剂等措施减少冻害发生，降低冻害损失。

（二）花期至幼果期高温热害

1. 发生的气象条件

日平均气温≥30 ℃或日最高气温≥35 ℃连续 3 天或以上时，柑橘会发生异常落花落果。空气相对湿度≤60%或旬雨量≤5 mm 时，会影响开花授粉，降低结实率，落花落果严重。

2. 应对措施

遇异常高温，可用草覆盖树盘，以减少土壤水分蒸发，减缓地温急剧上升，保护根系功能。

四、气象服务内容

柑橘主要发育期气象服务如表 3.9 所示。

表 3.9　柑橘主要发育期气象服务内容

生育期	越冬休眠期 （收果后—春芽开放）	开花至幼果期 （春梢抽发—第二次生理落果结束）	果实膨大期	着色至成熟采收期 （果实着色—休眠期）
时段	12 月—3 月中旬	3 月下旬—6 月上旬	6 月中旬—9 月上旬	9 月中旬—11 月底
不利气象条件及影响	宽皮类柑橘：最低气温小于－7 ℃出现冻害 甜橙类柑橘：最低气温小于－5 ℃出现冻害	1. 日平均气温≥30 ℃或日最高气温≥35 ℃且连续 3 天或以上时，柑橘会发生异常落花落果 2. 空气相对湿度≤60%或旬雨量≤5 mm 时，会影响开花授粉，降低结实率，落花落果严重 3. 强对流天气带来的短时强降水、大风、冰雹等会打落一些花果	1. 旬降雨量≤30 mm，柑橘果实生长发育就会受到抑制导致果小 2. 日最高气温在 35 ℃以上，加之强烈阳光暴晒，使果实出现灼伤 3. 强对流天气带来的短时强降水、大风、冰雹等会打落果实	1. 连阴雨天气，空气湿度过大，影响果实品质，且采下来的果实易腐烂，日照不足，不利于果实着色 2. 旬平均气温≥25 ℃，旬降雨量≥78.8 mm 时，或者雨后高温天气，容易发生裂果

续表

生育期	越冬休眠期（收果后—春芽开放）	开花至幼果期（春梢抽发—第二次生理落果结束）	果实膨大期	着色至成熟采收期（果实着色—休眠期）
主要农业气象灾害	低温冰害、雪灾	高温热害、气温突变、干旱、连阴雨、强对流天气	高温日灼、干旱、强对流天气、暴雨洪涝	阴雨寡照、雨后枯热、干旱
农事建议	做好柑橘园抗寒防冻工作，遇低温可采用树冠下覆盖秸秆、涂白树干、培土壅蔸、熏烟及叶面喷施抑蒸剂等措施减少冻害发生，降低冻害损失	1. 清沟排渍，促进春季地温回升，保证根系健壮生长，增强柑橘树体抗御能力 2. 如遇异常高温，叶面喷施磷酸二氢钾应急降温 3. 可用草覆盖树盘，以减少土壤水分蒸发，减缓地温急剧上升，保护根系功能	1. 强降水后应及时排水，注意防止水土冲刷，保持水土 2. 在夏秋高温少雨时节，采取适时灌溉、中耕松土，稻草覆盖树盘保湿保墒 3. 干旱天气进行叶面喷水，增加空气湿度，防止或减少因旱落果及久旱后突然下雨导致裂果	1. 注重果园旱灌涝排工作，保持果园土壤持水量相对稳定，以利果实正常生长，减轻裂果发生率 2. 加强柑橘果实后期控氮工作，促进着色、增糖减酸；采果前适度降低土壤持水量，有利于果汁浓缩，糖度提高，使果实风味浓厚
服务产品	低温冻害预警服务	高温热害、倒春寒、干旱、连阴雨预报服务	高温、干旱、暴雨、大风预报预警服务	柑橘采收、销售天气预报服务

第八节　茶叶气象服务

一、地理分布

湖北是全国茶叶生长优势区域，有鄂东北大别山优质绿茶区、鄂东南幕阜山名优早茶及边销茶区、鄂西武陵山和宜昌三峡富硒绿茶和宜红茶区、鄂西北秦巴山高香绿茶区等四大优势产区。

二、农用天气指标

春茶采收适宜天气：平均气温 15 ℃以上，多云无雨。

春茶采收不适宜天气：小雨以上降水。

三、农业气象灾害指标

（一）倒春寒

1. 发生的气象条件

茶叶对低温比较敏感，茶叶生长期内气温急剧下降到 2～4 ℃时，茶芽即遭受寒害，若气温降到－2 ℃，花芽就不能开放，降到－4～－5 ℃时，受其冻害而出现大部分死亡。

2. 应对措施

（1）选用抗寒品种、避免在山顶和风口种茶、营造防风林、铺草覆盖、灌水增湿、喷水洗霜、熏烟驱霜等。

(2)发生冻害的茶园,应采取适度修剪、加强肥培管理、预防病虫害等补救措施,让茶树尽快恢复生机。

(二)高温干旱

1. 发生的气象条件

当日平均气温达 30 ℃以上、最高气温超过 35 ℃且日平均相对湿度低于 60%、土壤含水量为田间最大持水量的 35%以下时,茶叶的生育就会受到限制。这种天气条件持续 8～10 天,茶叶就会受害。

2. 应对措施

在茶园周围营造防护林及遮阴树,高温期可降低叶温和气温,增大空气湿度,并且削弱光照强度,使茶叶持嫩性增强,从而使茶叶优质高产,同时落叶又可减少土表蒸发和径流,涵养水源。

四、气象服务内容

1. 冬季低温冻害预报。
2. 春季倒春寒天气预报。
3. 春茶开园采收期预报。

第九节　烟叶气象服务

一、地理分布

湖北烟叶产业集中分布在鄂西南、鄂西北山区的襄阳、十堰、神农架、宜昌、恩施等地。

二、农事活动气象指标

(一)烟草播种期(3 月上旬)

1. 适宜的气象条件

(1)播种期间苗床平均气温保持为 20～25 ℃,最低气温 15 ℃以上。

(2)播种采用大棚漂浮育苗,棚内通风良好,光照充足。

2. 基本适宜的气象条件

(1)播种期间苗床温度保持为 15～20 ℃。

(2)苗棚内光照足,通风;如光照不足,可采取人工补光措施。

3. 不适宜的气象条件

(1)苗床温度<15 ℃或者>35 ℃。

(2)苗棚内光照不足,通风不佳,湿度太大。

(二)烟草移栽期(5 月上旬)

1. 适宜的气象条件

(1)移栽期适宜平均气温 20～27 ℃,最低气温应在 13 ℃以上,地温 10 ℃以上。

(2)多云,光照不强,阴天为宜,田间无积水。

2. 基本适宜的气象条件

(1)日平均气温 13～20 ℃。

(2)晴天,田间无积水但土壤微湿。

3. 不适宜的气象条件

(1)平均气温<13 ℃或者>32 ℃。

(2)晴天,光照强,或者雨天,田间严重积水,土壤相对湿度 90%以上。

(三)烟叶成熟期(移栽后至 9 月中旬)

1. 适宜的气象条件

(1)日平均气温 22～28 ℃持续 30 天以上。

(2)月降水量 100～120 mm;并且前期雨水充足,土壤相对湿度 70%～90%,田间无积水。

(3)晴天为主,光照充足,日照时数 380 小时。

2. 基本适宜的气象条件

(1)日平均气温为 20～23 ℃。

(2)土壤相对湿度 60%以上,多晴少雨,轻旱。

3. 不适宜的气象条件

(1)日平均气温<17 ℃或者>35 ℃。

(2)连续 3 天以上的阴雨天气影响烟叶成熟和烘烤。

(3)降冰雹或风速大于等于 10 m/s,对成熟叶片造成危害。

三、气象灾害指标

(一)播种至苗期低温冻害

1. 发生的气象条件

苗棚最低温度<13 ℃,且延续 5 天以上。

2. 应对措施

(1)采用双层膜苗床,隔热保温。

(2)人工加热升温,如电热和水热均可。

(二)烟株大田期少雨干旱

1. 发生的气象条件

月雨量较常年偏少 8 成以上,且 10～20 cm 土壤相对湿度小于 60%。

2. 应对措施

(1)有条件的补水灌溉。

(2)水资源紧张区域宜采用滴灌。

(3)成熟的下部叶及时采收,减少水资源消耗和蒸发。

(三)旺长期渍涝灾害

1. 发生的气象条件

连续 5 天以上的阴雨天气过程(日降水量≥0.1 mm,不包括雾、露、霜量;期间允许 1 天无降水或有微量降水,但该日日照时数<2 小时)。

2. 应对措施

(1)起垄行向应根据山行地势设计,应与坡向平行,利于排水。

(2)深沟高垄,密切观察,随时人工助排。

(四)烟株旺长期冰雹

1. 发生的气象条件

冰雹直径大于 0.7 cm 可以成灾,大于 1 cm 灾性较重,在冰雹直径相同情况下,降雹密度越大,时间愈长,风力愈强,灾情越重。

2. 应对措施

(1)完善烟区冰雹预警设施建设。

(2)加强灾后烟田管理,减少病害发生。

(五)烟株成熟期多雨

1. 发生的气象条件

连续 3 天以上的阴雨天气,光照不足,气温偏低。

2. 应对措施

(1)挖深沟,助排水。

(2)变黄烟叶及时采收,室内先挂晾除湿再烤,降低青烟比例。

四、气象服务内容

烟叶主要发育期气象服务如表 3.10 所示。

表 3.10　烟叶主要发育期气象服务内容

生育期	播种期	苗期至移栽期	团棵期至打顶	旺长期	成熟采收期
时段	2—3 月	5 月	6 月	7 月	8—9 月
气象条件及其影响	气温 25～28 ℃,在低于 17 ℃和高于 35 ℃则生长受到抑制。最低气温在－2～－3 ℃时,烟株死亡	移栽要求日最低气温高于 5 ℃,日平均气温稳定通过 13～15 ℃,地温 10 ℃以上,最适温度 25～28 ℃。烟苗移栽时间:鄂北岗地平原:5 月上旬;山区:海拔 1000 m 以下在 5 月 5 日～5 月 15 日;1000 m 以上在 5 月 10 日～5 月 25 日	月降水量 80～100 mm	月降水量 150～200 mm	月降水量 100～120 mm;日平均气温 24 ℃,并持续 30 天以上;日照时数 380 小时
农事活动和建议	1. 早、晚关棚保温,晴天中午要通风。当棚内温度高于 32 ℃时及时开棚通风降温 2. 气温高的烟区适当控制施肥量,而气温低的烟区则可适当增加施肥量 3. 移栽前 15～20 天打开门窗炼苗、断水断肥,适应大田自然环境	移栽时应带水、带肥、带药、深栽。浇淋定根水,每株 1～1.5 kg,浇后覆土盖膜保持土壤水分,减少土壤水分蒸发。	1. 当土壤湿度低于 70% 时进行灌水;晴天灌溉应在下午 6 时后 2. 打顶抹芽宜在晴天进行		及时采收

续表

生育期	播种期	苗期至移栽期	团棵期至打顶	旺长期	成熟采收期
服务内容	1. 开展烟叶播种期气候趋势预测服务 2. 开展烟叶苗期低温冻害监测预报服务	1. 鄂西南苗期连阴雨监测预报 2. 鄂西北烟叶苗期干旱监测，适时进行人工增雨 3. 开展强对流天气的监测预报，适时人工防雹	1. 开展强对流天气的监测预报 2. 适时进行人工防雹作业	1. 开展干旱监测预报服务 2. 开展强对流天气的监测预报服务，适时进行人工防雹作业	1. 开展烟叶采收期的农用预报服务 2. 开展采收期及白肋烟晾制期连阴雨的监测预报服务

第十节　渔业气象服务

一、四大家鱼

(一)渔事活动气象指标

1. 人工催产期(4 月下旬—5 月上中旬)

(1)适宜的气象条件：天气晴好，水温 22～28 ℃，并能保持 6～7 天。

(2)基本适宜的气象条件：天气晴好，水温稳定在 18 ℃以上。

(3)不适宜的气象条件：有降雨天气过程或日平均气温降至 14 ℃以下，造成低温冷害；或天气连晴，日平均气温上升到 28 ℃以上，造成高温热害。

2. 繁殖孵化期(5 月上旬—6 月中旬)

(1)适宜的气象条件：水温 22～28 ℃，24 小时变温在 3 ℃以内。

(2)基本适宜的气象条件：水温 17～31 ℃，24 小时变温在 8 ℃以内。

(3)不适宜的气象条件：水温低于 17 ℃或高于 31 ℃，24 小时变温在 8 ℃以上。

(二)气象灾害指标

1. 低温冷害

(1)发生的气象条件：催产期有一次降温降雨天气过程，日平均气温下降至 14 ℃以下；繁殖孵化期水温连续 2 天低于 18 ℃。

(2)应对措施：合理安排鱼苗人工繁殖期，尽量避开降温降雨天气过程进行亲鱼催产和繁殖孵化，如已遭遇低温冷害，应采取玻璃温室或塑料大棚等保温增温措施。

2. 高温热害

(1)发生的气象条件：催产期或鱼苗繁殖孵化期连晴 2 天以上，日平均气温上升到 28 ℃以上。

(2)应对措施：合理安排鱼苗人工繁殖期，避开高温，如已遭遇高温危害，应立即采取水温调节措施，避免催产失败和孵化率下降造成损失。

3. 鱼病

(1)发生的气象条件：降水连续 2 个月偏少 4～5 成，水温 25 ℃以上易发生淡水鱼类出血病、肠炎；水温 28 ℃以上易发生烂鳃病等。

(2)应对措施：关注天气和水质变化，适时换水、撒药、防治鱼病发展蔓延。

4. 浮头泛塘

(1)发生的气象条件：

高温型：日平均气温在 28 ℃以上，最高气温大于 35 ℃，且相对湿度 70%以上。

急剧降温型：夏季白天最高气温 33 ℃以上，午后至傍晚出现雷雨，气温骤降 8 ℃以上，且雨量大于 4 mm，气压降至 1004 hPa 以下。

寡照型：全天日照少于 2 小时。

低压型：气压较月平均气压值低 2 hPa 以上。

(2)应对措施：加大鱼塘巡视力度，针对不同的发生类型，采取水温调节、人工增氧等措施，及早防止浮头泛塘发生。

(三)气象服务内容

繁殖孵化期(5 月初—6 月中旬)：人工繁殖孵化期预报。

泛塘气象预报(4—10 月)：生长期高温预警、溶解氧、浮头泛塘气象等级预报。

二、黄鳝

(一)渔事活动气象指标

1. 鳝苗投放期(6—7 月)

(1)适宜的气象条件：天气晴好，水温 20～25 ℃，且未来 4 天以上为晴好天气。

(2)基本适宜的气象条件：天气多云到阴，水温 17～20 ℃，未来 4 天无阴雨。

(3)不适宜的气象条件：当日有降温降水天气过程，水温低于 17 ℃，或天气晴好，出现 30 ℃以上的高温或未来 4 天为阴雨天气。

2. 一般生长期

(1)适宜的气象条件：水温 23～28 ℃，天气平稳。

(2)基本适宜的气象条件：水温在 15～23 ℃或 28～30 ℃之间。

(3)不适宜的气象条件：水温高于 30 ℃或低于 15 ℃。

3. 越冬期(11 月—次年 2 月)

(1)适宜的气象条件：气温降至 10 ℃以下，水温在 1 ℃以上，越冬池泥土湿润。

(2)不适宜的气象条件：气温大于 10 ℃，或气温低于 0 ℃，鱼池出现冰冻，或池水水位偏低、越冬池泥土偏干等。

(二)气象灾害指标

1. 投放期低温阴雨：6、7 月份，鳝鱼投放期，出现低温阴雨，水温低于 15 ℃，或连续 3 日降水，可能出现死苗现象。

2. 越冬期冻害：水温低于 0 ℃，鱼池出现冰冻。

(三)气象服务内容

投苗期(6 月中下旬—7 月上旬)：网箱养鳝投苗期气象条件预报。

三、小龙虾

(一)渔事活动气象指标

1. 繁殖孵化期(4 月中旬—5 月上旬)

(1)适宜的气象条件:水温 20～33 ℃,生殖蜕皮和产卵开始进行,孵化时水温在 35 ℃以下水温越高,孵化时间越短。

(2)基本适宜的气象条件:水温在 15～35 ℃之间。

(3)不适宜的气象条件:水温低于 15 ℃或者高于 35 ℃。

2. 苗种投放期(9—10 月或 4—5 月)

(1)适宜的气象条件:水温稳定通过 18 ℃之后的晴好天气早晨日出后、傍晚或阴天,水温差不超过 2 ℃。

(2)不适宜的气象条件:水温未达 18 ℃进行投放,或投放后出现 25 ℃以上高温。

3. 投食

(1)适宜的气象条件:水温 20～32 ℃、水质良好。

(2)不适宜的气象条件:阴雨天气,水质过差,或水温高于 33 ℃。

4. 捕捞期(6—7 月或 11—12 月)

(1)适宜的气象条件:6—7 月在凉爽的早晚进行捕捞,11—12 月在上午或下午捕捞。

(2)不适宜的气象条件:6—7 月在温度较高的中午或者 11—12 月在温度较低的夜间捕捞。

5. 越冬期

(1)适宜的气象条件:水温 16～18 ℃。

(2)基本适宜的气象条件:水温 10～18 ℃。

(3)不适宜的气象条件:水温低于 5 ℃亲虾死亡,低于 9 ℃成虾死亡。

(二)气象灾害指标

1. 高温热害

(1)发生的气象条件:夏季连续 3 天或以上出现 35 ℃以上晴热高温。

(2)应对措施:及时加注新水或在水面种植沉水植物和漂游植物。

2. 暴雨洪涝

(1)发生的气象条件:梅雨期或盛夏出现强对流或暴雨。

(2)应对措施:建好防逃墙,严防大风大雨冲垮田埂或漫塘,或因雷暴惊吓而逃虾。另一方面,要防止强对流伴随的低压导致虾类出现浮头现象,及时采取增氧措施。

(三)气象服务内容

1.繁殖孵化期(4 月中旬—5 月上旬)水温预报。

2.苗种投放期(9—10 月或 4—5 月)水温预报。

3.夏季高温天气预警。

4.暴雨洪涝灾害预警。

5.冬季水温、冻害预报。

四、河蟹

(一)渔事活动气象指标

1. 蟹苗投放期(12 月—次年 3 月)

(1)适宜的气象条件:取苗期有 3～5 天以上连续光照充足、温度较高的天气;蟹苗运回后 3～5 天以上的晴朗温暖天气能够使蟹苗有一个适应过程;温度 10～15 ℃。

(2)基本适宜的气象条件:天气多云,水温 8～15 ℃。

(3)不适宜的气象条件:阴雨天气,水温低于 8 ℃或高于 15 ℃

2. 脱壳期

(1)适宜的气象条件:水温 15～28 ℃,适宜水温 19～25 ℃。

(2)不适宜气象条件:水温 15 ℃以下,或 28 ℃以上。

3. 捕捞期(10—11 月)

水温 10～20 ℃,最适合捕捞。同时风向风速也影响捕捞量,以偏西风时捕捞量最大,风速小比风速大时捕捞效果好。

(二)主要气象灾害指标

1. 投苗期高温

(1)发生的气象条件:投苗期水温在 15 ℃以上,会导致蟹苗过早脱壳,成活率下降。

(2)应对措施:2 月底至 3 月期间趁水温未过高时放养蟹苗。

2. 投苗期低温

(1)发生的气象条件:水温低于 5 ℃的低温。

(2)应对措施:合理安排冬季蟹苗投放时间,避免低温冷害。

(三)气象服务内容

(1)蟹苗投放期水温预报、适宜投苗气象条件预报。

(2)捕捞期风向预报、适宜捕捞期气象条件预报。

(3)投苗期高温、低温预警报。

五、甲鱼(鳖)

(一)渔事活动气象指标

1. 生长期对水温的要求

水温 20～30 ℃是甲鱼生长的最佳温度范围,水温高于 20 ℃时甲鱼就开始摄食,摄食量随水温的升高而增加。当水温低于 5 ℃时,甲鱼开始死亡;当水温低于 15 ℃时,甲鱼开始进入冬眠;当水温在 25～30 ℃时,甲鱼摄食旺盛;当水温在高于 35 ℃时,甲鱼摄食一般或者不摄食。

2. 冬眠期对水温的要求

(1)适宜的气象条件:平均水温 20 ℃以下。

(2)不适宜的气象条件:平均水温高于 20 ℃。

(二)甲鱼病害水温指标

1. 水温指标

进入春季，当水温回升至18～25 ℃时，甲鱼容易出现氨中毒、钟形虫疾、红脖子病、腐皮病和水霉病等疾病。若治疗不及时，多数甲鱼则会继发感染鳃腺炎病。

2. 防治措施

(1)水温升至15 ℃以上时，更换池水1次，并降低水位。

(2)水温升至18 ℃以上时，全塘泼洒1次生石灰水，浓度视其水质和底质而定，通常浓度在35～70 ppm。

(3)水温升至22 ℃时，甲鱼开始觅食，用0.25 ppm菌特消毒杀菌。

(4)水温升至25 ℃时，连洒2天1 ppm硫酸铜、硫酸亚铁合剂(5：2)，然后连喂6天中华鳖病毒灵。

(5)1周后，根据该塘以往的病情，可再连喂6天中华鳖消肿散。

(三)甲鱼气象服务内容

1. 水温预报。

2. 病害气象条件预报。

六、乌龟

(一)渔事活动气象指标

1. 繁殖孵化期(5月上旬—8月上旬)

(1)适宜的气象条件：水温在18～35 ℃均可进行繁殖孵化。

(2)不适宜的气象条件：水温低于18 ℃或高于35 ℃。

2. 种苗放养(4月中旬—5月上旬)

(1)适宜的气象条件：水温稳定在20 ℃以上。

(2)不适宜的气象条件：水温低于20 ℃。

(二)气象灾害指标

1. 夏季高温病害

(1)发生的气象条件：天气晴朗，水温高于35 ℃。

(2)应对措施：在龟池上方搭设遮光网，或在龟池添放水浮莲来避光降温；适时根据水质好坏及时更换新水，用高锰酸钾对龟池进行消毒。严格保证饲料及时采食，及时投喂，谨防水质发生腐败。发生病害时及时诊断，对症下药。

(三)气象服务内容

(1)繁殖孵化期气象条件预报。

(2)种苗放养气象条件预报。

(3)夏季高温预警报。

第十一节 食用菌气象服务

气温是影响食用菌生长发育的重要环境因子之一。不同的食用菌有不同的极限气温和最适生长气温，同一种食用菌在其不同的生长发育阶段对气温的要求也是不同的。

水分不仅是食用菌细胞的重要组成部分，而且还是食用菌吸收营养物质以及进行代谢活动的基本溶剂。人工栽培中食用菌生长发育所需的水分绝大部来自培养料，一般培养料的含水量是60%左右，含水量太高或太低，都会使产量降低。对大多数食用菌来说，在菌丝体生长阶段，相对湿度要维持在60%～70%左右，在子实体发育阶段，相对湿度提高到80%～95%。菇房内的空气相对湿度若低于60%，平菇等子实体的生长就会停止，低于45%时，子实体不再分化，已分化的幼菇则枯萎死亡。但菇房的相对湿度也不宜超过96%，高湿易致病毒滋生。

食用菌不需要直射光线。大多数食用菌的菌丝体生长也不需要光照，但子实体的分化则必须有一定散射光，否则不能形成子实体或菇体生长畸形。不同食用菌对光照强度的需要也是有区别的，光照强度还会影响子实体色泽、菌柄长度和菌盖宽度的比例。

所有食用菌都是好氧性微生物。过高的CO_2浓度必然会影响食用菌的正常呼吸。一般菌丝体生长阶段对氧气的要求较低，但CO_2浓度过高也会使菇床表面只长满一层菌丝而无菇蕾。适量的CO_2浓度(0.034%～0.1%)对子实体的分化是必要的。子实体形成后，由于呼吸作用旺盛，对于氧的需求也就急剧增加，此时CO_2浓度若超过0.1%就可能对子实体的生长产生毒害作用。

一、低温型食用菌生长期气象指标

1. 香菇主要生长期气象指标

孢子萌发：潮湿环境下最适气温为22～26 ℃。

菌丝生长期：菌丝发育的气温范围为10～32 ℃，最适气温为24～28 ℃，在10 ℃以下或32 ℃以上生长不良。

香菇原基分化和子实体形成期：原基在8～21 ℃分化，10～12 ℃分化最好；子实体在5～24 ℃范围内生长发育，最适宜气温在8～20 ℃，要求昼夜温差在10～15 ℃。

香菇转色对小气候条件要求较高。要求气温22～25 ℃，空气湿度90%～95%。

适宜空气相对湿度是80%～90%，低于60%时子实体生长停滞，大于90%时菇体色泽较差，含水量高，质地疏松且烂菇蕾现象明显。菇蕾形成期间不能有直射光，光强以100 lx左右为宜，子实体生长阶段适宜光强为200～400 lx。若光强超过500 lx，菇体表现温度上升影响正常生长；光强超过1000 lx时子实体迅速失水，菇蕾很快萎缩。当菇房中的CO_2浓度大于0.1%时，都会出现菌柄长，开伞早、品质下降的现象；在CO_2浓度超过5%时，香菇会出现大量畸形子实体，甚至不结菇。

2. 平菇主要生长期气象指标

孢子形成期：气温范围12～20 ℃，最适气温24～28 ℃。

菌丝生长期：气温在3～35 ℃均可生长，在15～24 ℃生长最快，13～18 ℃条件下形成的子实体肥厚质优；培养料需保持60%～65%的水分，空气相对湿度最好控制在70%以下。

子实体形成期：子实体形成需要12～22 ℃，昼夜温差大，子实体生长发育快。适宜的空气相对湿度85%～90%，低于85%子实体发育缓慢，高于95%子实体易变色腐烂。

3. 金针菇主要生长期气象指标

孢子形成：气温在15～25 ℃时大量形成。

菌丝生长期：气温在3～34 ℃均可生长，最适气温23 ℃左右。4 ℃以下生长缓慢，耐低温能力强。气温高于34 ℃，菌丝死亡。培养基含水量65%～80%正常生长，最适空气相对湿度

70%左右。

子实体形成期：气温以 5～20 ℃为宜，原基分化成子实体最适气温 12～15 ℃，不超过 21 ℃。菇房空气相对湿度 85%～95%，低温时湿度适当高些，高温时湿度应低些。

4. 双孢菇主要生长期气象指标

菌丝生长期：气温在 5～33 ℃均可生长，最适气温 24 ℃左右，在最适气温下生长最快；5 ℃以下生长缓慢，气温高于 33 ℃，菌丝停止生长。培养基含水量保持在 60%左右，低于 50%，菌丝生长缓慢，不易形成子实体；高于 70%，生活能力差。菇房空气相对湿度保持在 70%左右。

子实体形成期：气温范围 4～23 ℃，最适气温 16 ℃左右。高于 19 ℃时，子实体生长速度快，但品质差；气温低于 12 ℃生长速度慢，菇大肥厚，但产量低。出菇期间，菇房空气相对湿度保持在 90%左右，超过 95%，通风不良，易发生杂菌虫害。

5. 猴头菇主要生长期气象指标

菌丝生长期：气温 6～30 ℃均可生长，以 25 ℃左右为最适宜。气温高于 35 ℃或低于 6 ℃，菌丝停止生长。

子实体形成期：气温 18～20 ℃均可形成，气温超过 25 ℃或低于 6 ℃，子实体完全停止生长。培养料含水量 65%～75%，超过 75%，菌丝生长缓慢；低于 40%，停止生长。猴头菇对空气湿度敏感，当空气相对湿度低于 70%，子实体失水表面干萎，生长慢产量低；空气相对湿度高于 95%，透气不良，子实体畸形，最适宜的空气相对湿度为 85%～95%。

6. 杏鲍菇主要生长期气象指标

菌丝生长期：适宜气温 20～26 ℃，培养料含水量 60%～65%。

子实体形成期：气温在 10 ℃～25 ℃之间均可生长，15 ℃～18 ℃为最佳；空气相对湿度以 85%～95%为宜。

7. 白灵菇主要生长期气象指标

菌丝生长期：气温范围 5～32 ℃，适宜气温在 22～25 ℃，5 ℃以下生长缓慢，35～37 ℃时菌丝停止生长。培养料含水量 60%～65%。

子实体形成期：原基分化为子实体适宜气温为 7～12 ℃；出菇生长气温范围为 3～22 ℃，最适宜气温 13～18 ℃。菇体生长发育空气相对湿度以 85%～90%为宜。

二、中温型食用菌生长期气象指标

1. 黑木耳主要生长期气象指标

孢子萌发期：气温在 22～32 ℃之间均能萌发，5～15 ℃时孢子实体仅产生少量孢子。气温在 36 ℃以上就不能产生孢子。

菌丝生长期：菌丝在 6～36 ℃均可生长，以 22～32 ℃最适宜。5 ℃以下、38 ℃以上受到抑制。段木和培养料含水量以 60%～70%为宜。

子实体形成期：菌丝在 15～27 ℃均可分化为子实体，以 20～24 ℃为最适宜。段木含水量以 70%～80%为宜，空气相对湿度保持在 90%～95%为宜，低于 80%子实体生长迟缓。

2. 鸡腿菇主要生长期气象指标

菌丝生长期：气温范围 3～35 ℃，适宜气温 22～27 ℃。适宜的培养料含水量为 60%～65%，培养室空气湿度为 70%左右。

子实体形成期：气温在 15～22 ℃之间均可生长，低于 8 ℃或高于 30 ℃，不易形成子实体。在 12～18 ℃的气温范围内，气温越低发育越慢，菇体结实、个头大；出菇时空气相对湿度应保持在 80%～90%。

3. 茶树菇主要生长期气象指标

菌丝生长期：适宜气温 23～28 ℃，超过 34 ℃停止生长。适宜的培养料含水量为 60～65%，培养室空气湿度控制在 70%以下。

子实体形成期：原基分化气温范围 12～26 ℃，适宜气温 18～24 ℃，较低或较高气温都会推迟原基分化。气温较低，子实体生长缓慢，但组织结实，菇形较大，质量好；气温较高，易开伞和形成长柄薄盖菇。空气相对湿度应保持在 80%～95%。

三、高温型食用菌生长期气象指标

草菇主要生长期气象指标

孢子萌发期：最适宜气温为 35～40 ℃，30 ℃萌发少量孢子，25 ℃以下、45 ℃以上不能产生孢子。

菌丝生长期：在 10～43 ℃条件下均能生长；30～39 ℃适宜，36 ℃最适。气温低于 10 ℃或高于 43 ℃，菌丝生长受到强烈抑制；5 ℃以下、45 ℃以上菌丝死亡。培养料含水量要求 70%～85%，室内空气相对湿度以 80%～95%最好。

子实体形成期：适宜气温是 27～31 ℃，长期低于 23 ℃子实体难以形成，21 ℃以下或高于 45 ℃，小菇蕾萎缩死亡。室内空气相对湿度以 80%～95%最好。

第十二节　板栗气象服务

一、生长期主要气象指标

板栗生长期主要气象服务指标如表 3.11 所示。

表 3.11　板栗生长期主要气温指标

生育期	下限气温(℃)	适宜气温(℃)	上限气温(℃)
萌芽期		13	
开花期	15	17～25	27
果实膨大期	16	20～22	35
板栗休眠期	−9～−10	0	

二、重要农事活动气象指标

(一)板栗开花期(5—6 月，开花过程约 10～15 天)

1. 适宜的气象条件

日平均气温在 17～25 ℃，无连阴雨，晴或多云，日照足。

2. 不适宜的气象条件

日平均气温在 15 ℃以下或 27 ℃以上，或极端最低气温低于 5 ℃，或一周以上连阴雨。

（二）果实膨大期（7—8 月）

1. 适宜的气象条件

日平均气温 20～22 ℃，月雨量 150～200 mm、月日照时数大于 400 小时。

2. 不适宜的气象条件

连续 15 天降水量小于 40 mm。

三、主要气象灾害指标

（一）板栗花期低温寡照

1. 发生的气象条件

日极端最低气温低于 5 ℃会导致花芽受冻，特别是雌花盛花期（5 月中下旬前后），若日平均气温比常年偏低 1～2 ℃，再遇上一周连阴雨，日日照时数小于 6 小时，直接影响授粉，导致板栗产量减产。

2. 应对措施

（1）板栗要种植在光照条件好的向阳坡为好。

（2）在开花期要合理增施有机肥料，提高板栗树体营养水平，促进雌花器官的发育，减少雌花的盲败率，增强板栗树的授粉受精能力。

（3）应采取引蜂入园、人工授粉或喷洒化学剂和增施硼肥等措施提高坐果率。

（二）果实膨大期伏旱

1. 发生的气象条件

若出现 15 天左右的伏旱，降水量小于 40 mm，会直接导致果实膨大受阻，果实小，单产降低。

2. 应对措施

采用喷灌或者滴灌的抗旱方法，有效解决干旱对板栗的影响。

（三）成熟前期连阴雨

1. 发生的气象条件

若遇一周以上的连阴雨天气，光照不足（日日照时数低于 6.5 小时），会引起板栗果实霉变，虫蚀率增加，光泽度下降，不利于果实储存和运输，影响当年板栗的品质。栗树不耐涝，特别是秋季连续积水 1～2 个月，根系开始腐烂，树体死亡，还会影响来年的产量。

2. 应对措施

（1）为了提高板栗的结果的品质和耐贮性，要合理选择树种。

（2）栽培地方以不易积水的地方为好。

（3）栗果成熟时，采收宜选择晴天，阴雨或雨后初晴或晨露未干时都不宜采收，否则易招致病菌寄生，并采用适当的贮藏方法如砂藏法等保持栗果的品质。

第十三节　生姜气象服务

生姜喜欢温暖、湿润的气候，耐寒和抗旱能力较弱，生长最适宜气温是 25～28 ℃，气温低于 20 ℃则发芽缓慢，遇霜植株会凋谢，受霜冻根茎就完全失去发芽能力。

一、生长期主要气象指标

生姜生长期主要气象指标如表 3.12 所示。

表 3.12　生姜生长期主要气象指标

生育期	下限气温(℃)	适宜气温(℃)	上限气温(℃)	适宜土壤相对湿度(%)
播种出苗期	10	22～25		65%～70%
幼苗期	17	20～25	35	70%～80%
旺盛生长期	15	20～28	35	70%～85%
成熟期	16	20～28	35	

二、重要农事活动气象指标

(一) 播种出苗期

1. 适宜的气象条件

平均气温 22～25 ℃,不耐强光,无连阴雨,土壤相对湿度 65%～70%。

2. 不适宜的气象条件

平均气温小于 10 ℃;或 4 天以上连阴雨;或土壤相对湿度 85%以上。

(二)幼苗期

1. 适宜的气象条件

适宜气温为 20～25 ℃;土壤相对湿度为 70%～80%;中强光,疏荫。

2. 不适宜的气象条件

气温大于 35 ℃或低于 17 ℃;或土壤相对湿度为 90%以上。

(三)旺盛生长期

1. 适宜的气象条件

适宜气温为 20～28 ℃,夜间 17～18 ℃,气温日较差 8 ℃以上;土壤相对湿度为 70%～85%;较强光照。

2. 不适宜的气象条件

气温高于 35 ℃或低于 17 ℃;或土壤相对湿度 90%以上或 60%以下。

三、主要气象灾害指标

(一)播种期低温连阴雨

1. 发生的气象条件

低于 15 ℃的低温,连续 5 天及 5 天以上。

(二)旺盛生长后期冻害

1. 发生的气象条件

在生长后期当日极端最低气温低于 0 ℃时,生姜易受冻害。

2. 应对措施

(1)可采用熏烟或喷施抗寒剂、保温剂等防御措施。

(2)冻害发生时,可采取清除积雪,松土增温。

(3)冻后采用合理施肥,加强管理恢复长势,减轻冻害危害。可采收的生姜,遇早霜冻时要及时收获。

第四章　专业专项气象服务

专业专项气象服务是气象部门为重大活动、重大工程和气象高敏感行业用户提供的一种专门的气象服务，其服务面涉及水文、交通、电力、旅游、城市气象、环境气象、公共卫生、重大活动、重大工程、重要时段气象保障服务等。

第一节　水文气象服务

湖北地处长江中游，素有“洪水走廊”之称，是长江流域防洪最险要的省份。另外，湖北是三峡、葛洲坝等大型水利枢纽所在地，省内湖泊水库众多，兴利避害实现水资源综合利用潜力巨大。因此，水文气象服务是湖北气象部门一项非常重要的工作。

一、三峡水库调度气象保障服务

（一）三峡工程概况

地处湖北宜昌的三峡工程是世界最大的水利枢纽工程，是治理和开发长江的关键性骨干工程，控制流域面积达 100 万 km^2，年平均径流量 4510 亿 m^3；正常蓄水位 175 m，汛期防洪限制水位 145 m，枯季消落最低水位 155 m；最大泄洪能力为 116110 m^3/s，可削减的洪峰流量达 27000～33000 m^3/s；三峡电站共安装 32 台单机容量为 70 万 kW 水轮发电机组和 2 台单机容量 5 万 kW 的电源电站机组，总装机容量 2250 万 kW，年最大发电能力约 1000 亿 kW·h，是世界上最大的水电站，其汛期满发流量约为 30000 m^3/s。

（二）服务需求

三峡工程气象保障服务的主要对象是三峡集团公司、长江水利委员会、湖北省防汛抗旱指挥部。三峡工程要完成长江防洪度汛、发电优化调度、船闸安全通航、枢纽安全生产，各项工作都需要气象提供相应的支撑保障，主要需求有：

1. 流域年度旱涝趋势预测。为三峡、葛洲坝水利枢纽全年防洪、发电、通航等调度方案和运行计划的编制提供降水趋势预测决策依据，预测年度三峡工程上游以及中下游降水的可能时空分布，分析年度上游、中游洪水产生的可能。

2. 流域关键期定量降水预报。当长江上游、中游流域可能出现大范围强降水或三峡水库处于非常调度时期，为三峡、葛洲坝防洪、发电、通航调度方式和运行计划的适时调整提供定量降水预报决策依据，重点需要三峡水库消落期、汛期、蓄水期强降水或连续性降水的时间、强度和落区预报。

3. 流域短期精细化降水预报。为三峡、葛洲坝水利枢纽实时调度提供长江上游各流域分区面雨量预报产品，提供暴雨中心的位置、强度和出现时间；提供金沙江流域雨季开始、结束时间。

4. 三峡、葛洲坝灾害性天气预警。为水库优化调度、发电正常外送、船闸安全通航等枢纽的安全生产，提供坝址暴雨、雷电、大风等强对流天气预警服务，提供高低温、雨雪冰冻以及大雾等高影响天气服务。

5. 实时气象信息保障。需要提供气象部门各类实时气象信息，保障通信网络的畅通，保障视频会商系统的正常运转，为三峡梯调专业气象台能正常工作提供支撑。

（三）服务内容

1. 气象信息实时共享服务

提供实时气象信息，并提供气象业务系统维护、升级和气象业务咨询、培训服务。提供的实时气象信息包括：

(1)欧亚范围常规气象站网的地面、高空实时资料。

(2)欧洲中心、日本、美国及中国数值天气预报产品。

(3)长江流域加密气象观测资料。

(4)有关雷达拼图资料以及国家卫星气象中心卫星云图资料。

(5)中长期预报所需相关资料(气候资料)及加工处理。

2. 长江流域气象预报预测服务

提供长江流域短期降水预报、中期降水预报、长期降水趋势预测等服务产品。

(1)短期降水预报(4 月 1 日—11 月 15 日)

提供时间：每天上午 09 时 30 分之前。

服务内容：长江流域、长江上游流域各分区、金沙江流域各分区 12 小时(08—20 时)、24 小时(08—08 时)、48 小时(08—08 时)、72 小时(08—08 时)面雨量预报。年内其他时间预报区域内可能有较强降水发生时应及时提供相同预报。

(2)中期降水预报(4 月 1 日—11 月 15 日)

提供时间：每天上午 10 时之前。

服务内容：长江流域未来 7 天逐日定量降水预报。

(3)长期降水趋势预测(见表 4.1)

表 4.1 长江流域长期降水趋势预测服务产品列表

预测对象	预测范围	预测时段	提供时间
年度降水趋势	160 站/长江流域/长江上游流域/金沙江流域/流域分区	年度/分月	上年
汛期(6—8 月)降水趋势	160 站/长江流域/长江上游流域/金沙江流域/流域分区	汛期/分月	当年 3 月
季度降水趋势	160 站/长江流域/长江上游流域/金沙江流域/流域分区	季度/分月	上季末月上旬
月度降水趋势	160 站/长江流域/长江上游流域/金沙江流域/流域分区	月度/分旬	上月上旬
任意时段(含延伸期)降水趋势	160 站/长江流域/长江上游流域/金沙江流域/流域分区	指定	—

续表

预测对象	预测范围	预测时段	提供时间
金沙江流域雨季开始时间	—	—	当年3月
金沙江流域雨季结束时间	—	—	当年8月
蓄水期(8—11月)降水趋势和降水总量	160站/长江流域/长江上游流域/金沙江流域/流域分区	蓄水期/分月	当年8月10日
消落期(4—6月)降水趋势和降水总量	160站/长江流域/长江上游流域/金沙江流域/流域分区	消落期/分月	当年3月10日

3. 三峡、葛洲坝灾害性天气预警

对三峡、葛洲坝枢纽周边出现的高影响灾害性天气，随时向相关单位和用户发布预警信息。预警关注的重点天气包括：

(1)强降雨：24小时降水量≥50 mm或1小时降水量≥20 mm。

(2)大风：极大风速≥10.8 m/s。

(3)雷电：有强雷电活动。

(4)冰雹：出现冰雹。

(5)大雾：能见度≤1000 m。

(6)高温：日最高气温≥35 ℃。

(7)低温：日最高气温≤5 ℃。

(8)雨雪冰冻：低温、雨、雪、冰冻等天气现象并发引起其他自然灾害。

4. 气象服务会商

根据天气形势变化或三峡水库调度服务的特殊需要，与三峡梯调通信中心适时开展以下类型水文气象联合会商：

(1)关键天气过程会商。

(2)关键季节气候会商。

(3)关键时期服务会商。

5. 气象服务总结

(1)每月3日提供上月长江流域天气分析和长江流域气候评价总结。

(2)2月15日提供上年度长江流域气候评价总结。

(3)10月15日提交本年度汛期预报服务工作总结。

(4)11—12月参加梯调中心组织的报汛工作总结会。

(四)服务要点

1. 熟悉长江上中游的自然地理和水文气象情况，熟练掌握长江上游岷沱江、嘉陵江、乌江、屏山—寸滩区间、三峡区间以及金沙江等流域降水特点，了解长江干流水利枢纽、支流大型水利工程的基本情况，了解各个时期流域大型水库蓄滞水特点和联合调度现状(见表4.2)。

2. 了解三峡、葛洲坝水利枢纽的调度方式，及时把握上游水库和主要控制站的实时水位及涨落趋势，及时向服务对象提供气象信息服务，做好长江防总防汛应急响应。

3. 熟练掌握三峡集团公司对长江上游强降水和枢纽灾害性天气预报服务要求，重点把握消落期、汛期、蓄水期等关键期对气象服务的要求：

(1)消落期重点做好汛前的第一场暴雨预报,服务水库提前下泄,要注意跟踪副高的强弱和移动,把握好雨带从华南向长江流域的移动时间转换。

(2)汛期主要做好上游流域面雨量大于 20 mm 的降水过程预报,关注将造成三峡入库流量短时内大幅变化的致洪暴雨,服务水库拦蓄洪水,天气系统上要特别把握好西南涡的生成、发展、移动、减弱。

(3)蓄水期重点做好主汛期后连续性降水过程和最后一场暴雨预报,服务三峡水库完成 175 m 蓄水目标,以利枯水期发电和下游供水,要特别注意“华西秋雨”的预报。

4. 做好三峡气象服务与中游防汛气象服务的结合,当长江上游、中游均已出现或将出现较强降水过程时,为降低上游、中游洪水遭遇带来的影响,服务三峡枢纽削错峰,需加强长江上游来水与洞庭湖来水、汉江来水的监测与预报服务。

5. 做好与服务对象的联络,跟踪了解需求,适时开展水文气象联合会商。

表 4.2　三峡水库逐月平均入库流量(m^3/s)

月份	多年平均值	1990—2002 年	2003—2013 年
1	4330	4540	4870
2	3960	4130	4320
3	4470	4810	5060
4	6720	6850	6760
5	11800	11700	10600
6	18600	17700	16400
7	30000	29800	27700
8	27800	27400	23100
9	26100	22300	22400
10	19100	16100	14200
11	10400	9120	8980
12	5980	5900	5730
平均	14300	13400	12600

二、长江中游防汛气象服务

(一)流域概况

长江河段湖北宜昌到江西湖口之间为长江中游。中游干流弯曲多、河床淤塞抬高,两岸地势低洼,支流来水量大,河道泄洪能力弱,特别是荆江河段水流不畅,冬季航道淤塞,夏季洪水成灾,素有“万里长江,险在荆江”之说,因而中游地段的防洪抗洪形势十分严峻。中游干流防汛的重点是运用好三峡工程拦蓄洪水,应对洞庭湖、鄱阳湖、汉江等区间洪水(见表 4.3)。

表 4.3　长江中游干流主要水文控制站控制运行信息表

站点	相关水位			历史信息			
	设防水位(m)	警戒水位(m)	保证水位(m)	最大流量(m^3/s)	发生时间	最高水位(m)	发生时间
宜昌	52.00	53.00	55.73	71100.00	1896-9-4	55.92	1896-9-4
沙市	42.00	43.00	45.00	54600.00	1981-7-19	45.22	1998-8-17
城陵矶	—	32.50	34.40	—	—	35.94	1998-8-17
汉川	28.00	29.00	31.69	—	—	32.09	1998-8-18
汉口	25.00	27.30	29.73	76100.00	1954-8-14	29.73	1954-8-18
湖口	—	18.00	21.68	28800.00	1955-6-23	22.59	1998-7-31

(二)服务需求

长江中游防汛气象服务的主要对象是长江防总、长江水利委员会、湖北省防汛抗旱指挥部。夏、秋两季是中游干流出现洪水的关键时期，相关部门运用三峡工程拦蓄上游来水减轻中游防汛压力，或启用分蓄洪工程，需要上游、中游的降水预报来提供决策依据。其主要气象服务需求如下：

1. 流域长期降水趋势预测。为年度和汛期三峡水库、蓄滞洪区等重要防洪工程调度运用计划的编制和调整，提供降水趋势预测决策依据，预测年度和汛期长江上游以及中下游降水的可能时空分布，分析上游洪水或中游洪水产生的可能。

2. 流域关键时期定量降水预报。当长江上游、中游流域可能出现大范围强降水，中游干流某一主要控制站水位可能将达到警戒水位以上时，需要气象部门提供流域定量降水预报，以供决策选择合适的防洪调度方案应对险情。重点需要对长江上游流域以及洞庭湖、鄱阳湖、沮漳河、汉江等中游重要支流的强降水或连续性降水的时间、强度和落区进行预报。

(三)服务内容

1. 气象雨情监测服务

(1)长江流域气象实时雨情(4—11 月)

提供时间：每天上午。

服务内容：前一日 08 时—当日 08 时长江流域实时雨情。

(2)长江流域重大过程气象雨情

提供时间：不定时。

服务内容：长江流域重大过程累计雨情。以长江流域雨情快报形式提供。

2. 长江流域降水预报预测服务

提供长江流域短期降水预报、中期降水预报、长期降水趋势预测等服务产品。

(1)短期降水预报(4—11 月)

提供时间：每天上午。

服务内容：长江流域各分区 12 小时(08—20 时)、24 小时(08—08 时)、48 小时(08—08 时)、72 小时(08—08 时)面雨量预报。

(2)中期降水预报(4—11 月)

提供时间:每天上午。

服务内容:长江流域未来 7 天逐日定量降水预报。

(3)长期降水趋势预测

提供时间:长江防总指挥长会议前。

服务内容:年度旱涝趋势预测、汛期降水趋势预测。

(四)服务要点

1. 熟悉长江中上游的自然地理和水文气象情况,熟悉流域内降水和洪水的发生及变化特点;了解长江中上游各主要支流的地理范围、集水面积及其对长江中游干流洪水组成的影响情况;掌握长江中游干流的防洪标准和主要测站的防汛特征值,了解防汛条例、方案及气象服务规定和办法。

2. 了解三峡水库的调度方式和分蓄洪区调度启用影响,及时把握上游水库下泄流量和中游主要控制站的实时水位及涨落趋势,及时向服务对象提供气象信息服务,做好长江防总防汛应急响应。

3. 熟练掌握长江防总防洪调度对长江上游、中游强降水预报服务要求,重点考虑当长江上游、中游流域可能出现大范围强降水,上游或中游是分别出现单独洪水,还是有上游、中游洪水叠加形成洪峰的可能。天气系统重点关注西南涡、切变线的生消和移动。

4. 做好中游防汛气象服务与三峡气象服务的结合,当长江上游、中游均已出现或将出现较强降水过程时,为降低上游、中游洪水遭遇带来的影响,服务三峡枢纽削错峰,需加强长江上游来水与中游区间来水的监测与预报服务,特别是当中游干流水位预计将达或已达警戒水位,在做好上游降水预报的同时,要特别关注洞庭四水、鄱阳五河、沮漳河、汉江流域。

5. 当长江防总干流水位有接近分洪水位时,或者达到警戒水位有险情存在时,要加强后期上游和中游再次来水的预报,并随时准备做好分洪区防汛抢险的气象服务工作。

6. 适时与国家气象中心和四川、重庆、湖南、江西等气象台会商,联手做好长江中上游的汛期降水气候预测,及时补充订正。

三、汉江流域气象服务

(一)流域概况

汉江是长江最大的支流,流域面积 159000 km^2,全长 1577 km。丹江口以上称为上游,丹江口至钟祥皇庄水文站称为中游,钟祥皇庄水文站到汉口为下游。中下游流经江汉平原,河道婉蜒曲折逐步缩小,易出现洪涝灾害,特别是下游,不仅上、中游来水下泄困难,而且长江高水位时,易受长江洪水顶托形成险情。沿线建有汉江干支流堤防、丹江口水利枢纽、杜家台分洪工程以及中游民垸等防洪系统工程,其中位于流域上游的丹江口水利枢纽具防洪、发电、航运等综合功能,也是南水北调中线水源工程(见表 4.4)。

表 4.4 汉江中下游主要水文控制站控制运行信息表

站点	相关水位			历史信息			
	设防水位(m)	警戒水位(m)	保证水位(m)	最大流量(m^3/s)	发生时间	最高水位(m)	发生时间
襄阳	65.50	67.00	70.00	27000	1958-7-7	71.71	1935-7-7
宜城	56.50	57.50	59.30			59.19	1964-10
皇庄	47.0	48.00	50.62	26100	1983-10-8	50.62	1983-10-8
沙洋	40.80	40.80	44.50	21600	1983-10-8	44.50	1983-10-10
泽口		40.40	42.64				
岳口	36.90	37.90	40.62			40.62	1964-10-9
仙桃	34.10	35.10	36.20	14600	1964-10-9	36.24	1984-9-30
汉川	28.00	29.00	31.69			32.09	1998-8-19

(二)服务需求

汉江气象服务的主要服务对象是长江防总、湖北省防汛抗旱指挥部、汉江水利水电集团。汉江防洪度汛以及丹江口水利枢纽防洪、发电、通航、供水等综合优化调度,都需要气象提供相应的支撑保障,主要气象服务需求有:

1. 流域长期降水趋势预测。为年度和汛期丹江口水库的兴利运行计划、蓄滞洪区调度方案的编制和调整,提供降水趋势预测决策依据,预测年度和汛期汉江流域降水的可能时空分布,分析上游洪水或中下游洪水产生的可能。重点需要对汉江上游秋汛期雨量丰、枯的气候预测。

2. 流域关键时期定量降水预报。汛期防洪期间,当汉江上游、中游流域可能出现大范围强降水,或因长江洪水顶托,汉江干流某一主要控制站水位可能将达到一定高程,需要气象部门提供流域定量降水预报,以供湖北防指决策选择合适的防洪调度方案应对险情。汛末丹江口水库蓄水期间,也需要提供流域定量降水预报。

(三)服务内容

1. 气象雨情监测服务

主要提供汉江流域重大过程气象雨情。

提供时间:不定时。

服务内容:汉江流域重大过程累计雨情。

2. 汉江流域降水预报预测服务

提供汉江流域短期降水预报、中期降水预报、长期降水趋势预测等服务产品。

(1)短期降水预报

提供时间:不定时,遇重大过程。

服务内容:汉江流域 3 天面雨量预报。

(2)中期降水预报

提供时间:不定时,遇重大过程。

服务内容:汉江流域未来 7 天逐日定量降水预报。

(3)长期降水趋势预测

提供时间：汛前、8 月前后。

服务内容：年度旱涝趋势预测、汉江秋汛降水趋势预测。

（四）服务要点

1. 熟悉汉江的自然地理和水文气象情况，了解流域内降水和洪水的发生及变化特点；掌握丹江口水库和中下游控制站的防汛特征值。

2. 了解丹江口水库的调度方式和分蓄洪区调度启用影响，及时把握丹江口水库和中下游控制站的实时水位及涨落趋势，及时向服务对象提供气象信息服务，做好湖北省防汛抗旱指挥部的防汛应急响应。

3. 熟练掌握防洪调度对汉江强降水预报服务要求，重点考虑汉江下游洪水形成的可能。要特别注意汉江流域汛期开始和结束时间均较晚，秋汛明显。天气分析上大尺度关注西太平洋副热带高压、印缅槽、贝湖低槽，天气尺度注意西南涡和切变线的影响。

4. 做好汉江防汛与长江中游防汛气象服务的结合，当长江中游出现汛情，水位偏高时，注意做好汉江上游降水预报，服务丹江口水库削错峰；当汉江干流接近分洪水位时，做好后期汉江再次来水的预报，并随时准备做好分洪区防汛抢险的气象服务工作。

5. 做好与服务对象的联络，跟踪了解需求，做好关键天气过程的加密观测和及时会商。

四、大型水库气象服务

（一）大型水库概况

新中国成立以来，湖北省兴建了大型水库 57 座，中型水库 230 座，小型水库 5933 座，总蓄水能力居全国第一。这些水库分布在江汉平原周围的山区丘陵间的江河地段上，它们对控制山洪、拦蓄洪水、调峰削峰、减轻江汉平原的洪涝灾害，以及进行农田抗旱灌溉起着较大作用（见表 4.5）。不少水库还兼有发电、养殖、航运等效益。

表 4.5　湖北省主要大型水库概况

所在地	水库名	汛限水位（m）	所在地	水库名	汛限水位（m）
黄冈市	浮桥河水库	64.89	咸宁市	南川水库	102.00
	三河口水库	149.00		三湖连江水库	28.50
	金沙河水库	71.60		青山水库	122.30
	明山水库	93.00		陆水水库	55.00
	尾斗山水库	69.50	随州市	大洪山水库	174.00
	白莲河水库	103.00		吴山水库	190.00
	大同水库	122.00		黑屋湾水库	116.00
	花园坳水库	92.68		封江口水库	124.00
	龙坪水库	73.50		先觉庙水库	107.00
	天堂水库	296.00		天河口水库	185.00
	张家嘴水库	249.00		花山水库	237.00
	牛车河水库	76.00		徐家河水库	72.00

续表

所在地	水库名	汛限水位（m）	所在地	水库名	汛限水位（m）
黄石市	富水水库	57.00	孝感市	郑家河水库	100.30
	王英水库	70.00		观音岩水库	109.50
襄樊市	熊河水库	125.00	荆州市	洈水水库	93.00
	华阳河水库	144.19		太湖港水库	37.74
	云台山水库	163.00	武汉市	道观河水库	78.70
	西排子河水库	111.80		梅店水库	64.26
	三道河水库	152.40		夏家寺水库	49.90
	石门集水库	195.00	十堰市	丹江口水库	160.00
	红水河水库	117.00		霍河水库	337.50
	莺河一库	132.70		黄龙滩水库	247.00
	孟桥川水库	142.20	宜昌市	巩河水库	134.00
荆门市	温峡口水库	105.00		隔河岩水库	193.60
	漳河水库	122.60		西北口水库	322.00
	石门水库	90.00		高坝州水库	80.00
	惠亭山水库	84.75		三峡水库	145.00
	高关水库	118.00	恩施州	水布垭水库	391.80
	黄坡水库	76.00			

（二）服务需求

大型水库气象服务的主要服务对象是湖北省防汛抗旱指挥部和水库运营单位。大型水库共同的功能是防洪、发电、抗旱、供水，这些均与气象息息相关，主要气象服务需求有：

1. 库区关键时期强降水过程预报。在汛期提前预报出库区流域范围内较强降水，以利于提前开闸排水，腾出库容，防止或减少库区周围的渍涝损失；在汛期结束之前，及时报出最后一场较大降雨过程，以利于关闸蓄水，以备冬春防旱和航运、养殖；在库水位较高时，及时预报库区的明显降水，可及时控制闸门和泄量，以减少洪水对堤坝的压力。

2. 水库突发洪水气象风险预警。当水库上游即将或已经出现暴雨，达到致灾临界雨量形成突发洪水，水库水位可能达到危险高程，需要及时提供暴雨诱发的水库突发洪水气象风险预警服务。

3. 提供人工增雨作业服务。为应对抗旱或增加水库蓄水量，在水库上游流域开展火箭增雨或飞机增雨作业。

（三）服务内容

1. 气象雨情监测服务

主要提供重大过程库区及其周边气象雨情。

提供时间：不定时。

服务内容：重大过程累计雨情。

2.库区关键时期强降水过程预报服务

提供时间:不定时,遇重大过程。

服务内容:汛期暴雨过程预报、汛末最后一场强降水过程预报。

3.水库突发洪水气象风险预警服务

提供时间:不定时,遇暴雨过程。

服务内容:暴雨预警信号。

4.水库上游人工增雨作业服务

提供时间:不定时,遇降水过程。

服务内容:火箭增雨或飞机增雨作业。

(四)服务要点

1. 熟悉水库控制流域降水季节分布特点和发生强降水的环流形势及影响系统。掌握各地区水库服务以下特点:

(1)鄂东南汛期开始早,降水量多,产水量大,盛夏有台风低压降水威胁。

(2)鄂东北较强的降水过程主要发生在梅雨锋区内。

(3)江汉平原水库防洪与长江中游防洪以及汉江中下游、"四湖"地区、荆江地区的防洪工作相呼应。

(4)鄂西南一般没有长期严重的干旱发生,但复杂地形下易发夏季突发性强降水,秋季属华西秋雨影响范围。

(5)鄂西北汛期开始、结束都偏晚,暴雨有明显的季节性,多发生在6—9月间夏秋季,秋汛比较明显。

2. 熟悉大型水库的分布位置及概况,掌握重点水库实时水位、蓄洪情况、防洪能力。

3. 了解水库下游的汛期及其支干流的流量和水位,注意水库下泄流量的变化并与水库下游洪量综合分析,及时提供降水预报,服务水库科学调度使之发挥削峰控流作用,减少或避免其下游洪水灾害发生。

4. 做好汛末最后一场大雨的预报,以便适时抓紧多蓄水,以备冬春发电、灌溉之用。

5. 梅雨期随时注意"副高"的动向,及时准确开展出梅前最后一场较大降雨预报服务,使水库在安全或允许的范围内尽量多蓄水,以利后期发电和抗旱。切实防止在降雨快结束时为了保证水库安全而盲目报降水过大或持续过长,而导致下泄过多加重下游洪涝和影响后期抗旱用水,同时应注意确保水库安全。

6. 主汛期的夏秋间常有突发性强降水发生,在山区容易引起山洪暴发影响水库安全,应加强短临监测预警,做好暴雨诱发的水库突发洪水气象风险预警服务。

7. 适时做好人工增雨作业服务。

五、主要湖泊气象服务

(一)湖泊概况

湖北素有"千湖之省"的美称,湖泊数量全国第一。目前全省面积大于0.1 km^2 的湖泊有958个,其中大于1 km^2 以上的湖泊有217个,主要湖泊分布在江汉平原和鄂东长江沿岸。洪湖、长湖、梁子湖、斧头湖、鲁湖是省内五大湖泊,表4.6为省内主要湖泊水位控制信息。

表 4.6　主要湖泊水位控制信息表

水位	洪湖	长湖	梁子湖	斧头湖	鲁湖
承雨面积(km^2)	5980	2265	2085	1238	415
堤顶高程(m)	28.00	34.50	23.20	25.00	23.50
设防水位(m)	25.50	31.50	19.00	21.50	21.50
警戒水位(m)	—	32.50	20.50	22.80	21.80
保证水位(m)	26.97	33.00	21.36	23.94	22.43

(二)服务需求

湖泊气象服务的主要服务对象是湖北省防汛抗旱指挥部和地方政府。湖泊的主要功能是防洪和蓄水,需要提供以下气象服务:

1. 湖区关键时期强降水过程预报。在汛期提前预报出有关湖区流域范围内较强降水,以利于提前开闸排水,防止或减少湖区周围的渍涝损失;在汛情结束之前,及时报出最后一场较大降雨过程,以利于关闸蓄水,以备冬春防旱和航运、养殖之用;在江河水位较高时,及时预报有关湖区的明显降水,可及时控制闸门和泄量,减少洪水对江堤的压力。

2. 湖区中小河流洪水气象风险预警。预计湖区流域范围内短期内有强降水过程,并且在可能诱发或已经发生中小河流洪水,为应对湖区可能出现渍涝灾害,需要提供暴雨诱发的湖区中小河流洪水气象风险预警服务。

3. 人工增雨。为应对抗旱或增加湖泊蓄水量,在湖区及上游中小河流开展火箭增雨作业或飞机增雨作业。

(三)服务内容

1. 气象雨情监测服务

主要提供重大过程湖区及其周边气象雨情。

提供时间:不定时。

服务内容:重大过程累计雨情。

2. 湖区关键时期强降水过程预报服务

提供时间:不定时,遇重大过程。

服务内容:汛期暴雨过程预报、汛末最后一场强降水过程预报。

3. 湖区中小河流洪水气象风险预警服务

提供时间:不定时,遇暴雨过程。

服务内容:暴雨预警信号。

4. 湖区人工增雨作业服务

提供时间:不定时,遇降水过程。

服务内容:火箭增雨或飞机增雨作业。

(四)服务要点

1. 熟悉各湖泊的防汛特征值,如不同时段的设防水位、警戒水位、保证水位等。

2. 随时注意掌握湖区主要控制站的实时水位及涨落趋势。

3. 湖泊气象服务关注的天气与江汉平原、鄂东水库关注类型相似。

4. 湖泊水位一旦达到危险水位，即密切监视和具体预报湖区及其上下游降水变化，及时提供实时雨情和降水过程预报，并综合考虑上游来水及湖泊支流的顶托作用。

5. 当湖泊水位接近最高洪水位时，还应加强对风力的分析预报，及时报出3～4级以上的风力，以防风浪破坏湖堤。

6. 因湖区低洼，汛期遇暴雨形成的中小河流洪水汇集入湖后难以排泄，容易形成湖区渍涝，需加强短临监测预警，做好暴雨诱发的湖区中小河流洪水气象风险预警服务。

7. 做好汛末最后一场大雨的预报，以便关闸蓄水。

8. 适时做好人工增雨服务。

第二节　电力气象服务

一、电力气象灾害特征与影响

（一）灾害特征与影响

电力行业是气象高敏感行业。发电、输配电、电力调度等多个环节均与气象条件有关，突发灾害如果破坏其中某个环节，将会打破电能输送和使用的平衡关系，进而影响电力系统的安全运行。对电力行业影响较大的主要气象灾害有电线覆冰、雷电、大风、暴雨、暴雪、高温、大雾等，电力部门迫切需要准确、及时、针对性强的气象服务。

1. 气温

气温过低、过高均造成电力负荷加大，影响电力负荷调度（见表4.7）。长期低温雨雪易造成线路覆冰，导线负载加重，严重时可导致断线、倒塔。气温高导线接点发热，易造成导线“弧闪”。

表4.7　气温对电力的影响

气温级别	对电力的影响	影响程度
5 ℃＜T＜25 ℃	对电力调度和电力设施基本无明显的影响	基本无影响
35 ℃＞T≥30 ℃或0 ℃＜T＜5 ℃	增加用电负荷	有一定影响
T≥35 ℃或T＜0 ℃	明显增加用电负荷，影响电力设施安全运转	有较大影响

2. 大风

大风会对电力设施安全造成影响。风刮起的尘土污染磁瓶，雾天时可能产生“污闪”，导致断线停电；5～6级的风摇动树枝碰撞电线，或者使电线舞动，造成电压不稳和漏电现象；7级及以上的大风（龙卷风）会吹倒电杆或刮倒树木压断电线，造成断线停电（见表4.8）。

表4.8　大风对电力的影响

大风级别	对电力的影响	影响程度
3级以下	基本无影响	基本无影响
4～5级大风	可引起导线摇摆甚至舞动，易造成次导线间的鞭击，损坏绝缘	稍有影响
5～6级大风	摇动树枝碰撞电线，或者使电线舞动，造成电压不稳和漏电现象	有一定影响

续表

大风级别	对电力的影响	影响程度
7～8 级大风	大于 7～8 级的大风会吹倒电杆，刮倒树木，压在电线上造成断线，产生停电	有较大影响
龙卷风和风暴	会刮倒线路杆塔	有严重影响

3. 雷暴

主要危害高压线路，烧毁变压器，击破磁瓶，或者使电线对地放电，造成短路而跳闸（见表 4.9）。

表 4.9 雷暴对电力的影响

级别	对电力的影响	影响程度
雷暴	可能造成电力设施被击	有影响
强雷暴	容易造成电力设施被击毁	有较大影响

4. 降水

降雪遇持续低温天气易造成输电线路倒塔、断线；冻雨覆盖在电线表面，导致绝缘击穿；降雨强度较大时，形成“雨株”，导致线路短路跳闸；强降水引发的洪涝冲毁塔杆基础，造成边坡塌方（见表 4.10）。

表 4.10 降水对电力的影响

雨量级别	对电力的影响	影响程度
毛毛雨、小雨、小雨到中雨	降低了电力设施的绝缘性能，容易产生导电现象	稍有影响
大雨到暴雨	易引起积水，浸泡电器；导致线路短路等	有较大影响
大暴雨	易引起城市内涝及山洪，电线倒杆，造成大范围电力设施损毁、停电	有严重影响

5. 降雪、电线覆冰

容易造成电线舞动、倒塔、断线、跳闸等（见表 4.11）。

表 4.11 降雪（电线覆冰）对电力的影响

降雪级别	对电力的影响	影响程度
小雪到中雪	降雪时，气温 0 ℃上下容易造成线路覆冰，雪天取暖影响电力调度	稍有影响
大雪	积雪压断线路附近树枝影响线路而跳闸，取暖影响电力调度	有较大影响
暴雪	容易造成电力线路覆冰、舞动、跳闸	有严重影响

6. 浓雾

浓雾天气，由于大量水汽附着在高压线或变压器上，容易产生“雾闪”现象，引起磁瓶爆炸，可造成停电，影响电力传输和电力供应。

7. 其他

相对湿度过大，易造成导线和绝缘子短路。沙尘天气，绝缘子积灰，湿度增大时，易产生“污闪”。

二、电力气象服务产品与服务内容(见表4.12)

1. 短时预警

湖北省各地市突发性、灾害性天气警报，0～6小时短时预报。

2. 电力调度短期气象要素预报

(1)电网管辖区域(华中五省、重庆)主要城市0～72小时预报，包括降水、气温、风向、风速、相对湿度共五个要素的逐小时预报、极值预报；气温、相对湿度平均值预报，体感温度预报等。

(2)电网管辖区域水电站流域24、48小时面雨量预报。

(3)水库流域集水区降雨量、面雨量预报。

3. 中期预报及短期气候预测

(1)未来一周天气、气温、风向、风速预报。

(2)主要城市4～10天滚动预报。

(3)重要节日天气预报。

(4)旬天气预报，月、季、年等短期气候预测。

4. 实况观测资料

主要城市逐小时降水、温度、风向风速、湿度、大气压等实况资料。

5. 气象分析产品

(1)主要冷空气活动和降水过程天气总结，并对未来一周主要冷空气活动和降水过程给出预测。

(2)电网迎峰度夏、迎峰度冬期间天气分析及对电网影响较大的重要天气过程分析。

(3)气温、降水逐小时实况与预报对比分析。

(4)灾害性天气过程总结。

(5)临时性特殊天气的咨询服务。

表4.12　电力气象服务产品一览表

序号	服务产品	基本内容
1	短时临近天气预警	雷雨大风、暴雨、高温、大雪、暴雪、电线覆冰、低温、大雾等对电力调度及电网安全有影响的灾害性天气预警
2	短期天气预报	1. 短期要素预报：预报未来24小时主要城市逐小时气温、降水、风向风速精细化预报 2. 电网管辖区未来三天天气趋势预报 3. 电网管辖辖区未来72小时主要城市天气预报
3	专题预报服务	对电力调度、电网检修等有影响的转折性或持续性天气过程服务及建议
4	重要气象信息专报	对电力调度及电网设施有较大影响的重要天气过程预报服务及应对建议
5	电力情报分析	1. 上周天气回顾 2. 月、季、年电力气象情报分析 3. 电网迎峰度夏和迎峰度冬分析报告 4. 对电力调度与电网安全有重要影响的天气过程总结及灾情评估

续表

序号	服务产品	基本内容
6	中期天气预报	1. 公司辖区的分区或主要城市一周预报 2. 公司辖区未来五天滚动天气预报 3. 公司辖区分省或分区下旬预报
7	长期天气趋势预测	1. 电网管辖区月气候预测及建议 2. 电网管辖区季气候预测及建议 3. 电网管辖区年气候预测及建议
8	气象实况分析图	1. 主要城市逐小时气温实况与预报对比曲线 2. 主要城市逐 3 小时要素实况：气温、降水、相对湿度 3. 过去 24 小时各观测站点要素实况：气温、降水、风向风速 4. 雷达回波、卫星云图等分析图
9	气象敏感用电量条件指数预报	在用电量敏感期，根据用电需求服务系统计算气象敏感用电量条件指数，对照用电需求气象条件等级为电力调度服务

三、电力气象主要服务指标

1. 电力灾害性天气预警标准

电力气象灾害是指大气对电力系统的运行造成的直接或间接的损害，主要是指电线覆冰、雷电、大风、暴雨、暴雪、高温等所造成的灾害。根据湖北省地方标准“电力气象灾害等级”（DB42/T 881—2013）研究，湖北电力行业的灾害性天气预警等级分为四级，分别为Ⅰ级（特别严重）、Ⅱ级（严重）、Ⅲ级（较重）、Ⅳ级（一般），分别用红、橙、黄、蓝四种颜色标示（见表 4.13）。

表 4.13　电力行业灾害性天气预警等级划分及影响描述

预警等级	等级描述	颜色标示	影 响 程 度
Ⅰ级	特别严重	红	可能造成大范围破坏或停电
Ⅱ级	严重	橙	可能造成局部电网破坏或停电
Ⅲ级	较重	黄	可能造成个别设备或电源受损影响供电
Ⅳ级	一般	蓝	可能对电力供应带来风险

将湖北省划分为 5 个区：鄂西北、鄂西南、江汉平原、鄂东北和鄂东南。满足下列条件发布预警。

（1）Ⅰ级预警

当遇如下灾害性天气，且已经或者很有可能对电力行业造成特别严重的影响：

①电线覆冰：预计未来 24 小时内 3 个区绝大部分地区覆冰厚度大于等于 10 mm 以上，且可能持续。

②雷电：预计未来 2 小时内 3 个区绝大部分地区发生强烈雷电活动的可能性非常大，或者已经有强烈的雷电活动发生，且可能持续。

③大风：预计未来 6 小时内 2 个区绝大部分地区可能受大风影响，平均风力可达 12 级以上，或者阵风 13 级以上；或者已经受大风影响，平均风力为 12 级以上，或者阵风 13 级以上并

可能持续。

④暴雨：预计未来3小时内3个区绝大部分地区降雨量将达100 mm以上，或者已达100 mm以上且降雨可能持续。

⑤暴雪：预计未来6小时内3个区绝大部分地区降雪量将达15 mm以上，或者已达15 mm以上且降雪持续。

(2)Ⅱ级预警

当遇如下灾害性天气，且已经或者很有可能对电力行业造成严重的影响：

①电线覆冰：预计未来24小时内2个区大部分地区覆冰厚度大于等于10 mm以上，且可能持续。

②雷电：预计未来2小时内2个区大部分地区发生强烈雷电活动的可能性非常大，或者已经有强烈的雷电活动发生，且可能持续。

③大风：预计未来6小时内2个区大部分地区可能受大风影响，平均风力可达9级以上，或者阵风10级以上并可能持续

④暴雨：预计未来3小时内2个区大部分地区降雨量将达50 mm以上，或者已达50 mm以上且降雨可能持续。

⑤暴雪：预计未来6小时内2个区大部分地区降雪量将达15 mm以上，或者已达15 mm以上且降雪持续。

⑥高温：预计未来24小时内2个区大部分地区最高气温将升至40 ℃以上，并将持续。

(3)Ⅲ级预警

当遇如下灾害性天气，且已经或者很有可能对电力行业造成较重影响：

①电线覆冰：预计未来24小时内1个区半数以上覆冰厚度大于等于10 mm以上，且可能持续。

②雷电：预计未来2小时内1个区半数以上发生雷电活动的可能性很大，或者已经受雷电活动影响，且可能持续。

③大风：预计未来6小时内2个区大部分地区可能受大风影响，平均风力可达7级以上，或者阵风8级以上可能持续。

④暴雨：预计未来3小时内1个区半数以上降雨量将达50 mm以上，或者已达50 mm以上且降雨可能持续。

⑤暴雪：预计未来6小时内1个区半数以上降雪量将达10 mm以上，或者已达10 mm以上且降雪持续。

⑥高温：预计未来24小时内1个区半数以上最高气温将升至37 ℃以上，日最低气温29 ℃以上，并将持续。

(4)Ⅳ级预警

当遇如下灾害性天气，且已经或者很有可能对电力行业造成一般影响：

①电线覆冰：预计未来24小时内单站覆冰厚度大于等于5 mm以上，且可能持续。

②雷电：预计未来6小时内单站可能发生雷电活动，可能会造成雷电灾害事故。

③大风：预计未来6小时内1个区大部分地区可能受大风影响，平均风力可达7级以上，或者阵风8级以上并可能持续。

④暴雨：预计未来3小时内单站降雨量将达50 mm以上，或者已达50 mm以上且降雨可

能持续。

⑤暴雪：预计未来 6 小时内单站降雪量将达 10 mm 以上，或者已达 10 mm 以上且降雪持续。

⑥高温：预计未来 24 小时内单站最高气温将升至 36 ℃以上，日最低气温 28 ℃以上，并将持续。

(5)多种灾害性天气并发时的预警等级

当同时发生两种以上灾害性天气，且分别达到不同预警等级时，应按其中较高的预警等级划定。

2. 电力调度气象服务指标

(1)气象敏感负荷条件指数等级

根据气象行业标准"用电需求气象条件等级"(QX/T97—2008)研究，气象敏感负荷条件指数是指引起电力负荷增加量的主要气象要素及其综合条件指数。与气象敏感负荷量相对应的气象敏感负荷条件指数的级别及范围即气象敏感负荷条件指数等级。将其分为四个等级(一级～四级)，每一级的名称、强度解释、指数范围及表征颜色见表 4.14。

表 4.14 气象敏感负荷条件等级(MSLIG)的划分

级别	名称	强度解释	气象敏感负荷条件(指数范围)	表征颜色
一级	低敏感负荷指数	基本负荷，或低敏感负荷	[7.0,30.0]	蓝
二级	较高敏感负荷条件指数	较高敏感负荷	[−4.0,6.0]或[31.0,33.0]	黄
三级	高敏感负荷条件指数	高敏感负荷	[−17.0,−5.0]或[34.0,36.0]	橙
四级	尖峰敏感负荷条件指数	最高敏感负荷	≤−18.0 或≥37.0	红

气象敏感负荷条件指数(MSLI)的计算公式如下：

$$\mathrm{MSLI} = T + \frac{U-35}{15} - \frac{V-2.0}{3.0} \quad T \geqslant 35.0\ ℃$$

$$\mathrm{MSLI} = T + \frac{U-40}{15} - \frac{V-2.0}{3.0} \quad 25.0\ ℃ \leqslant T < 35.0\ ℃$$

$$\mathrm{MSLI} = T - \frac{V-2.0}{3.0} \quad 15.0\ ℃ \leqslant T < 25.0\ ℃$$

$$\mathrm{MSLI} = T - \frac{U-60}{30} - \frac{V-2.0}{3.0} \quad T < 15.0\ ℃$$

式中，MSLI 为任意时刻气象敏感负荷条件指数；T 为对应时刻气温(℃)；U 为对应时刻相对湿度(%)；V 为对应时刻风速(m/s)。

(2)气象敏感用电量条件指数等级

气象敏感用电量条件指数是指引起用电量增加的主要气象要素及其综合条件指数。与气象敏感用电量相对应的气象敏感用电量条件指数的级别及范围即气象敏感用电量条件指数等级。将其分为四个等级(一级～四级)，每一级的名称、强度解释、指数范围及表征颜色见表 4.15。

表 4.15　气象敏感用电量条件等级(MSPIG)的划分

级别	名称	强度解释	气象敏感用电量条件指数范围	表征颜色
一级	低敏感用电量条件指数	基本用电量，或低敏感用电量	[10.0,26.0]	蓝
二级	较高敏感用电量条件指数	较高敏感用电量	[−1.0,9.0]或[27.0,29.0]	黄
三级	高敏感用电量条件指数	高敏感用电量	[−14.0,−2.0]或[30.0,33.0]	橙
四级	尖峰敏感用电量条件指数	最高敏感用电量	≤−15.0 或≥34.0	红

气象敏感用电量条件指数(MSPI)的计算公式如下：

$$MSPI = \overline{T} + \frac{7.5}{T_{max} - T_{min}} + \frac{\overline{U} - 50}{15} - \frac{\overline{V} - 2.0}{3.0} \qquad \overline{T} \geqslant 31.0\ ℃$$

$$MSPI = \overline{T} + \frac{\overline{U} - 60}{15} - \frac{\overline{V} - 2.0}{3.0} \qquad 21.0\ ℃ \leqslant \overline{T} < 31.0\ ℃$$

$$MSPI = \overline{T} - \frac{\overline{V} - 2.0}{3.0} \qquad 11.0\ ℃ \leqslant \overline{T} < 21.0\ ℃$$

$$MSPI = \overline{T} - \frac{\overline{U} - 60}{30} - \frac{\overline{V} - 2.0}{3.0} \qquad \overline{T} < 11.0\ ℃$$

式中，MSPI 为日气象敏感用电量条件指数；$\overline{T}$ 为日平均气温(℃)；$\overline{U}$ 为日平均相对湿度(%)；$\overline{V}$ 为日平均风速(m/s)；T_{max}为日最高气温(℃)；T_{min}为日最低气温(℃)。

3. 专题服务

满足以下标准提供以下专题服务材料。

(1)暴雨：未来 24 小时及以上时间降雨≥50 mm。

(2)高温：未来 24 小时及以上时间最高气温 36～37 ℃以上。

(3)大风：未来 24 小时最大风速≥5～6 级。

(4)雨凇、雾凇、电线积冰：未来 24 小时及以上时间有雨凇、雾凇、电线积冰。

(5)暴雪：未来 24 小时降雪量≥6 mm。

(6)冰雹：未来 24 小时有冰雹(直径≥10 mm，砸坏电器电线)。

四、电力气象灾害防御对策

1. 冰雪天气时，加强化学融冰、人工消冰等措施。
2. 根据线塔经过地区风力评估，设计塔杆抗风强度，一般塔杆按抗 30 m/s 风力设计。
3. 根据冰灾评估，设计塔杆承载等级。50 万伏线路按 50 年一遇冰灾设计。
4. 根据雪强度评估，设计电力线路抗雪标准。
5. 高压线之间架设防舞器。
6. 加装避雷器、避雷针，加大地网改造。
7. 强降水时输电塔边坡加固。

第三节　交通气象服务

一、交通气象灾害特征与影响

（一）大风（包括横风、侧风等）

大风天气时，公路两旁的树木、护栏、电线杆容易被刮倒，从而影响交通安全。车辆在大风中行驶时，车身表面受到的风力不均，会造成车辆出现摆动，加上车子本身结构中存在的各种缝隙空间，快速流动的空气在不规则的车体中形成摩擦阻力，车速达到一定程度，车辆可出现摆尾情况，严重影响交通安全。侧风风速大于 6 级，容易造成车辆侧翻；风力大于 8 级时，除影响车辆行驶安全、航班起降外，集装箱码头的货物、船只也可能受损。

（二）低能见度

大雾天气会造成驾驶人员视程降低，影响车辆行驶安全。车速的降低同时也带来出行时间和行程延误的增加，直接影响道路的通行能力。特别是在交通流量较大的路段，公路设施实际通行能力的下降可能会导致较为严重的交通拥堵，且这种拥堵在部分路网发达、交通出行强度大的地区，会造成区域路网的运行阻塞、甚至瘫痪。根据我国交通运输部的有关统计，我国每年公路阻断事件中，大约有四分之一到三分之一是由大雾天气所致。另外，降水也可导致视程降低，中到大雨可使能见度低于 50 m，对行车安全带来极大的隐患。低能见度严重影响航运安全，导致船舶不能正常行驶。

（三）降水

一方面淌水、积水、雨滴及路面汽车溅散（常为脏水），使能见度降低，影响视程；另一方面由于路面潮湿，使刹车失灵，若判断不准，很容易造成交通事故发生。

强降水易造成山洪、滑坡、泥石流等次生或衍生灾害，严重影响公路交通安全。

（四）高温

高温天气驾驶员易产生疲劳感，气温在 35 ℃以上时，路面温度往往高达 60 ℃以上，容易引起车辆爆胎，造成公路交通事故。高温期间，容易产生铁路胀轨和火灾事故。应做好钢轨防胀和防火工作。

（五）雷暴

雷暴威胁交通设施、桥梁等安全。雷暴对航空运输影响巨大，对飞行安全构成极大威胁，雷暴云外围的上升下沉气流亦可造成飞机严重失控。

（六）冰雪

冰雪天气路面阻力小，附着系数低，车辆行驶容易出现打滑和侧滑而发生危险，影响公路、铁路交通安全。

（七）寒潮

寒潮伴随的大风、雨雪和降温天气会造成低能见度、地面结冰和路面积雪等现象，对公路、铁路交通和航运交通安全带来较大威胁。

二、交通气象服务产品与服务内容

(一)公路交通气象服务产品与服务内容

根据地方标准“湖北高速公路交通气象服务产品规范”(DB/T42 879—2013),湖北公路交通气象服务产品主要包括实况监测报警产品、预警预报产品、专项气象报告三大类(见表4.16)。

表 4.16　湖北省公路交通气象服务产品一览表

分类	产品名称	服务内容
实况监测报警产品	能见度、温度、风、降水实况监测产品	能见度、气温、路面温度、风向、风速、降水等实时监测信息和分级报警
预警预报产品	临近预警产品	低能见度、强风(横风)、强降水、高温(包括路面高温)、积雪、低温和冰冻等临近预警
	短时预报产品	低能见度、强风(横风)、强降水、高温(包括路面高温)、积雪、低温和冰冻等短时预报
	交通气象日报	交通气象·日报:当天 08 时至第二天 08 时的精细化预报,该预报关注对交通安全运营有影响的灾害性天气
	短期预报产品	短期分路段要素预报:预报未来 24 小时各路段的精细化预报,包括天气状况、最低最高气温、重大灾害性天气提醒
	交通气象指数预报产品	一般、恶劣、非常恶劣天气,包括能见度、降雨、积雪、大风、气温等重要指标阈值及应对措施
	周天气预报产品	交通气象·一周展望:一周交通气象预报,关注于重要天气过程的预测
	旬天气预报产品	下一旬天气预报
专项气象报告	重要气象信息专报	对公路交通有较大影响的重要天气过程预报及应对建议
	重要气象信息简报	公路交通有重要影响的天气过程后的汇总报告
	高速公路工程环境影响气象评价	公路交通工程环境影响气象评价产品
	高速公路气象灾害风险评估	公路交通气象灾害调查、评估
	高速公路气象灾害鉴定证明	因气象原因导致的公路交通事故鉴定证明

1. 实况监测报警产品

(1)能见度实况监测产品

高速公路沿线能见度实测数据。当能见度达到一定阈值,可能对交通运输安全造成影响时,进行报警提示。产品以图、表、Word 文档、TXT 文本等方式表示,包括出现时间、路段、能见度实时监测数据。

(2)温度(气温、路面温度)实况监测产品

高速公路沿线温度(气温、路面温度)实测数据。当气温、路面温度达到一定阈值,可能对交通运输安全造成影响时,进行报警提示。产品以图、表、Word 文档、TXT 文本等方式表示,包括出现时间、路段、实测温度数值。

(3)风实况监测产品

高速公路沿线风力、风向实测数据。当风力达到一定阈值,可能对交通运输安全造成影响时,进行报警提示。产品以图、表、Word 文档、TXT 文本等方式表示,包括出现时间、路段、实测风力等级以及对应风向。

(4)降水实况监测产品

高速公路沿线实测降水量数据。当降水量达到一定阈值,可能对交通运输安全造成影响时,进行报警提示。产品以图、表、Word 文档、TXT 文本等方式表示,包括出现时间、路段、实测降水量。

2. 预警预报产品

(1)临近预警产品

高速公路沿线未来 2 小时内可能出现的灾害天气预报产品。提前半小时滚动发布,包括灾害性天气种类、强度、落区、移动方向、可能的影响,提出相关对策建议。

(2)短时预报产品

高速公路沿线未来 6 小时内或 12 小时内可能出现的灾害性天气预报产品。提前 1 小时滚动发布,包括灾害性天气的种类、强度、影响区域、影响时间,提出相关对策建议。

(3)交通气象日报

高速公路沿线未来 24 小时分路段精细化天气预报产品。内容包括过去 24 小时实况、未来 24 小时天空状况预测,以及最高气温、最低气温、是否有大雾、道路结冰等灾害性天气发生,并提出相关对策建议。

(4)短期预报产品

高速公路沿线未来 3 天分路段天气预报产品。内容包括天空状况、最高气温、最低气温、风速、风向,是否有灾害性天气发生。

(5)交通气象指数预报产品

高速公路沿线未来 24 小时交通气象指数预报产品。内容包括交通气象指数等级、对策建议。

(6)周天气预报产品

高速公路沿线未来一周天气预报产品。内容包括天空状况、最高气温、最低气温、风速、风向,灾害性天气发生可能性分析。

(7)旬天气预报产品

高速公路沿线未来 10 天天气预报产品。内容包括天空状况、最高气温、最低气温、风速、风向,灾害性天气发生可能性分析。以 Word 文档、表格、TXT 文本等方式表示。

3. 专项气象报告

(1)重要气象信息专报

高速公路沿线有影响的重要天气过程预报产品以及重要时段(如春运、春节、国庆等)、重大活动的预报产品。内容包括天空状况、出现时段、过程强度、对交通影响分析、对策建议等。

(2)重要气象信息简报

造成高速公路沿线有重要影响的气象信息。内容包括天气过程描述、灾情评估、交通信息等。

(3)高速公路工程环境影响气象评价

高速公路工程建设对周边地区气象环境的影响进行评价。内容包括高速公路周边地区气候特点总结;结合当地生态环境、地质环境等相关因素,给出高速公路工程建设对周边地区气象环境的影响,以及运营过程中可能产生的局部影响,并提出科学的规避风险建议和意见。

(4)高速公路气象灾害风险评估

高速公路受气象灾害影响的风险评估。内容包括高速公路周边地区气象因素时空变化特点总结;分析大雾、道路结冰、雷暴等气象灾害对高速公路影响程度;结合当地水文、地形地貌、植被等相关因素,定量评估高速公路受气象灾害影响的风险,并提出科学的规避风险建议和意见。

(5)高速公路气象灾害鉴定证明

对发生在高速公路上的气象灾害程度进行鉴定。以高速公路沿线交通气象站及邻近自动气象站实时监测数据为基础,对发生在高速公路上的气象灾害程度进行鉴定。

(二)铁路气象服务产品与服务内容

参照地方标准"湖北高速公路交通气象服务产品规范"(DB/T42 879—2013)执行,具体见表 4.17。

表 4.17　湖北省铁路气象服务产品及服务内容一览表

分类	产品名称	服务内容
实况监测报警产品	气温、风、降水实况监测产品	气温、风向、风速、降水等实时监测信息和分级报警
预警预报产品	临近预警产品	强风(横风)、强降水、高温、积雪、低温和冰冻等临近预警
	短时预报产品	强风(横风)、强降水、高温、积雪、低温和冰冻等短时预报
	铁路气象日报	当天 08 时至第二天 08 时的精细化预报,关注对铁路安全运营有影响的灾害性天气。
	周天气预报产品	一周天气预报,关注重要天气过程预测
	旬天气预报产品	下一旬天气预报
专项气象报告	重要气象信息专报	对铁路交通有较大影响的重要天气过程预报及应对建议
	重要气象信息简报	铁路交通有重要影响的天气过程后的汇总报告
	高速铁路工程环境影响气象评价	高速铁路建设环境影响气象评价产品
	铁路气象灾害风险评估	铁路交通气象灾害调查、评估
	铁路气象灾害鉴定证明	因气象原因导致的铁路交通事故鉴定证明

（三）水上航运气象服务产品与服务内容

参照地方标准“湖北高速公路交通气象服务产品规范”（DB/T42 879—2013）执行，具体见表4.18。

表4.18　湖北省航运气象服务产品及服务内容一览表

分类	产品名称	服务内容
实况监测报警产品	能见度、风、降水实况监测产品	能见度、风向、风速、降水等实时监测信息和分级报警
预警预报产品	临近预警产品	4级以上的风、1000 m以下的能见度、强降水、低温冰冻等临近预警
	短时预报产品	4级以上的风、1000 m以下的能见度、强降水、低温冰冻等短时预报
	航运气象日报	08时—次日08时的精细化预报，包括云天状况、风向风力、能见度预报，关注对长江航运有影响的灾害性天气
	周天气预报产品	一周天气预报，关注重要天气过程预测
	旬天气预报产品	下一旬天气预报
专项气象报告	重要气象信息专报	对航运安全有较大影响的重要天气过程预报及应对建议
	重要气象信息简报	对航运安全造成重要影响的天气过程汇总报告
	航运气象灾害鉴定证明	因气象原因导致的航运事故鉴定证明

三、交通气象主要服务指标

（一）公路交通气象服务主要指标

根据“全国公路气象服务业务规范（试行）”，初步确定湖北省交通气象服务指标如下，并在以后的交通气象服务中不断修订、完善。

1. 能见度

能见度对公路（高速）交通影响等级划定见表4.19，在丘陵山地、水网密集区应特别关注局地性“团雾”对交通的不利影响。

表4.19　能见度（L）对（高速）公路影响等级划分

等级	划分标准	对（高速）公路交通运行的影响
1级	200 m<L≤1000 m	稍有影响
2级	100 m<L≤200 m	有一定影响
3级	50 m<L≤100 m	有较大影响
4级	L≤50 m	有严重影响

2. 降雨

降雨对公路交通影响的临界指标主要以降雨强度（含短时强降雨）及对能见度的影响情况作为划分，见表4.20。在关注降雨强度的同时，还要关注降雨过程总量，以预防因次生灾害引发的交通气象灾害。

表 4.20　降雨强度对(高速)公路影响的等级划分

等级	划分标准	对(高速)公路交通运行的影响
1 级	1 小时降雨强度 10.0～19.9 mm/h,或 1 分钟降雨强度 0.8～1.2 mm/min 且能见度降到 500 m 左右。	稍有影响
2 级	1 小时降雨强度 20.0～29.9 mm/h,或 1 分钟降雨强度 1.3～2.0 mm/min 且能见度降到 200 m 左右。	有一定影响
3 级	1 小时降雨强度 30.0～49.9 mm/h,或 1 分钟降雨强度 2.1～3.0 mm/min 且能见度降到 100～150 m。	有较大影响
4 级	1 小时降雨强度≥50.0 mm/h,或 1 分钟降雨强度>3.0 mm/min 且能见度降到<100 m。	有严重影响

注:当同时满足两个条件时,以较高一个级别划定之。

3. 路面高温

路面高温对公路交通影响的临界指标与等级划定见表 4.21。

表 4.21　路面温度(T)对(高速)公路影响的等级划分

等级	划分标准	对(高速)公路交通运行的影响
1 级	55 ℃≤T<62 ℃	稍有影响
2 级	62 ℃≤T<68 ℃	有一定影响
3 级	68 ℃≤T<72 ℃	有较大影响
4 级	T≥72 ℃	有严重影响

4. 风力

风力对公路交通影响的临界指标依据平均风的风力(风速)和阵风的风力(风速)对交通的影响进行划定,见表 4.22。

表 4.22　风力对(高速)公路的影响划分

等级	划分标准	对(高速)公路交通运行的影响
1 级	平均风 5～6 级(8.0～13.8 m/s)或阵风 7 级(13.9～17.1 m/s)。	稍有影响
2 级	平均风 7 级(13.9～17.1 m/s)或阵风 8 级(17.2～20.7 m/s)	有一定影响
3 级	平均风 8 级(17.2～20.7 m/s)或阵风 9 级～10 级(20.8～28.4 m/s)	有较大影响
4 级	平均风≥9 级(≥20.8 m/s)或阵风≥11 级(≥28.5 m/s)	有严重影响

注:当同时满足两个条件时,以较高一个级别划定之。

5. 降雪

降雪对公路交通影响的临界指标与等级划定见表 4.23。

表 4.23 降雪对(高速)公路影响的等级划分

等级	划分标准	对(高速)公路交通运行的影响
1 级	小雪或雨夹雪	稍有影响
2 级	中雪	有一定影响
3 级	大雪	有较大影响
4 级	暴雪	有严重影响

6. 积雪

积雪对公路交通影响的临界指标与等级划定见表 4.24。

表 4.24 积雪对公路(高速)影响的等级划分

等级	划分标准	对(高速)公路交通运行的影响
1 级	积雪厚度＜1.0 cm	稍有影响
2 级	1.0 cm≤积雪厚度＜3.0 cm	有一定影响
3 级	3.0 cm≤积雪厚度＜5.0 cm	有较大影响
4 级	积雪厚度≥5.0 cm	有严重影响

(二)高速铁路气象服务标准

根据 2014 年气象行业标准“高速铁路运行高影响天气条件等级”研究成果，高速铁路气象预警服务内容及分级指标如下：

1. 雷电对高速铁路运行影响的等级划分

雷电对高速铁路运行影响的等级划分见表 4.25。

表 4.25 雷电对高速铁路运行影响的等级划分

等级	防御状态	划分标准	影响程度与防范措施
0 级	正常行驶或解除警戒	无雷电	无影响，列车正常行驶
1 级	注意警戒	未来 15 分钟内发生雷电的可能性很大，或已经有雷电活动影响	有一定影响，建议按线路和列车性能分别限速运行
2 级	危急警戒	未来 15 分钟内发生雷电的可能性非常大，或已经有强烈雷电活动影响	有较大影响，建议按线路和列车性能分别限速运行

2. 大风对高速铁路运行影响的等级划分

大风对高速铁路运行影响的等级划分见表 4.26。

表 4.26 大风(平均风速 $\bar{V}$)对高速铁路运行影响的等级划分

等级	防御状态	划分标准	影响程度与防范措施
0 级	正常运行或解除警戒	$\bar{V}$≤15 m/s	无影响，列车正常行驶
1 级	注意警戒	15 m/s＜$\bar{V}$≤20 m/s	有一定影响，建议列车速度≤300 km/h
2 级	危急警戒	20 m/s＜$\bar{V}$≤25 m/s	有较大影响，建议列车速度≤200 km/h
3 级	特别危急警戒	25 m/s＜$\bar{V}$≤30 m/s	有严重影响，建议列车速度≤120 km/h
4 级	封锁警戒	$\bar{V}$＞30 m/s	有特别严重影响，严禁列车进入大风区

注：本表平均风速指 2 分钟平均风速。

3. 强降水对高速铁路运行影响的等级划分

强降水对高速铁路运行影响的等级划分见表 4.27。

表 4.27　强降水(1 小时降水量 R_1)对高速铁路运行影响的等级划分

等级	防御状态	划分标准	影响程度与防范措施
0 级	正常运行或解除警戒	R_1<16 mm	无影响,列车正常行驶
1 级	注意警戒	16 mm≤R_1<45 mm	有一定影响,建议列车速度≤200 km/h
2 级	危急警戒	45 mm≤R_1<60 mm	有较大影响,建议列车速度≤160 km/h(重点防洪地段≤120 km/h)
3 级	特别危急警戒	R_1≥60 mm	有严重影响,建议列车速度≤80 km/h(重点防洪地段≤45 km/h)

4. 降雪(积雪)对高速铁路运行影响的等级划分

降雪(积雪)对高速铁路运行影响的等级划分见表 4.28。

表 4.28　降雪(积雪,轨面积雪厚度 H)对高速铁路运行影响的等级划分

等级	防御状态	划分标准	影响程度与防范措施
0 级	正常运行或解除警戒	小雪,轨面开始有积雪覆盖	无影响,列车正常行驶
1 级	注意警戒	中雪,或 H<10 cm	有一定影响,建议列车速度≤250 km/h
2 级	危急警戒	大雪或暴雪,或 10 cm≤H<20 cm	有较大影响,建议列车速度≤200 km/h
3 级	特别危急警戒	大暴雪或特大暴雪,或 20 cm≤H<30 cm	有严重影响,建议列车速度≤120 km/h
4 级	封锁警戒	H≥30 cm	有特别严重影响,严禁列车进入积雪区

5. 低能见度对高速铁路运行影响的等级划分

因雾霾(沙尘暴)引起的低能见度对高速铁路运行影响的等级划分见表 4.29。

表 4.29　低能见度(L)对高速铁路运行影响的等级划分

等级	防御状态	划分标准	影响程度与防范措施
0 级	正常运行或解除警戒	L≥200 m	无影响,列车正常行驶
1 级	注意警戒	100 m≤L<200 m	有一定影响,建议列车速度≤200 km/h
2 级	危急警戒	50 m≤L<100 m	有较大影响,建议列车速度≤120 km/h
3 级	特别危急警戒	L<50 m	有严重影响,建议列车速度≤60 km/h

6. 气温对高速铁路运行影响的等级划分

气温对高速铁路运行影响的等级划分见表 4.30。

表 4.30　气温(T)对高速铁路运行影响的等级划分

等级	防御状态	划分标准	影响程度与防范措施
0 级	正常运行或解除警戒	T ≥−5 ℃	无影响,列车正常行驶
1 级	注意警戒	−15 ℃≤T<−5 ℃	有一定影响,建议按线路和列车性能分级限速运行

续表

等级	防御状态	划分标准	影响程度与防范措施
2 级	危急警戒	$-25\ ℃ \leqslant T < -15\ ℃$	有较大影响，建议按线路和列车性能分级限速运行
3 级	特别危急警戒	$-40\ ℃ \leqslant T < -25\ ℃$	有严重影响，建议按线路和列车性能分级限速运行
4 级	封锁警戒	$T < -40\ ℃$	有特别严重影响，建议列车停止运行

注：东北地区高速铁路执行“冬季时刻表”时应遵守冬季运行相关规定。

7. 冻雨对高速铁路运行影响的等级划分

因冻雨引起的电线积冰对高速铁路运行影响的等级划分见表 4.31。

表 4.31 因冻雨（电线积冰直径 D）引起的电线积冰对高速铁路运行影响的等级划分

等级	防御状态	划分标准	影响程度与防范措施
0 级	正常运行或解除警戒	$D < 35$ mm	无影响，列车正常行驶
1 级	注意警戒	35 mm $\leqslant D <$ 45 mm	有一定影响，建议列车速度≤200 km/h
2 级	危急警戒	45 mm $\leqslant D <$ 65 mm	有较大影响，建议列车速度≤120 km/h
3 级	特别危急警戒	65 mm $\leqslant D <$ 85 mm	有严重影响，建议列车速度≤60 km/h
4 级	封锁警戒	$D \geqslant$ 85 mm	有特别严重影响，严禁列车进入冻雨区

注：以电线积冰直径确定冻雨灾害程度，电线裸线直径为 26.8 mm。

8. 高速铁路运行综合天气条件等级划分原则

当有两种高影响天气出现时，应以其中限速最低的等级确定高速铁路运行天气条件等级。

当有三种及以上高影响天气出现时，应在其中限速最低的等级基础上提高一个等级（最高为封锁警戒）确定高速铁路运行天气条件等级。

（三）水上航运气象服务主要指标

1. 大风（寒潮大风、雷雨大风、龙卷风等）风力预警指标（见表 4.32）

表 4.32 航运气象大风预警指标

等级	划分标准	对航运安全的影响
1 级	平均风 4 级（5.5～7.9 m/s）或阵风 5 级（8.0～10.7 m/s）。	有一定影响
2 级	平均风 5 级（8.0～10.7 m/s）或阵风 6 级（10.8～13.8 m/s）。	有较大影响
3 级	平均风 6 级（10.8～13.8 m/s）或阵风 7 级（13.9～17.1 m/s）。	有严重影响，禁航

注：当同时满足两个条件时，以较高一个级别划定之。

2. 大雾预警指标

航运部门对大雾的一般要求：对于上行船只，能见度低于 500 m 时，应减速行驶或停航；对于下行船只，因行驶速度相对较快，当能见度低于 1000 m 时，应减速行驶或停航。湖北境内长江段受三峡大坝和葛洲坝工程影响，水流速度不快，落差不大，船只上行、下行差别不明显，故采用同样级别的大雾分级预警指标（见表 4.33）。

表 4.33　航运气象大雾预警指标

等级	划分标准	对航运安全的影响
1 级	800 m<L≤1000 m	稍有影响
2 级	600 m<L≤800 m	有一定影响
3 级	500 m<L≤600 m	有较大影响
4 级	L≤500 m	有严重影响,禁航

四、交通气象灾害防御对策

不同的交通气象灾害类型,不同的对象应采取不同的防御对策,出现冰冻、雨雪天气后,公安、交通运输部门通过公路沿线电子显示屏和车载电子显示等设备,实时显示限速值,并通过间断放行、分车型放行、警车带道、分流绕行等措施,科学组织交通,引导车辆有序通行,尽量不封路。因浓雾、积雪结冰以及交通事故导致无法通行,确需临时采取封路措施时,由省级公安机关协商交通运输部门和相邻省级公安机关决定,同时报公安部和交通运输部,提前协调相关地方、部门联勤联动,共同采取远端控制、近端分流、多点疏散等措施,严防发生省界道路拥堵。其他参考对策如表 4.34 所示。

表 4.34　湖北公路交通气象灾害防御对策

灾害种类	分级	针对交通部门	针对司乘人员	高速公路电子显示屏用语
高温	35～36 ℃	适当采取措施,降低路面温度	气温较高,容易使司机产生疲劳,请司机朋友注意适当休息。	高温天气请勿疲劳驾驶
			路面温度较高,容易产生爆胎事故,请司机朋友注意防范	气温高,容易爆胎,请慢行
	37～39 ℃	路面温度高,造成路面软化,应采取措施,降低路面温度	气温高,容易使司机产生疲劳,请司机朋友不要长时间开车	高温天气不宜长途行车
			路面温度高,很容易产生爆胎事故,请司机朋友注意防范	
	≥40 ℃	路面温度很高,造成路面软化,应采取措施,降低路面温度	路面温度很高,很容易产生爆胎事故,请司机朋友及时为汽车轮胎降温	
		路面温度很高,造成路面软化,路面不适宜重载车辆通行	气温很高,汽车发动机容易起火,请司机朋友不要长途行车	
			气温很高,极易使司机产生疲劳,请司机朋友注意休息	

续表

灾害种类	分级	针对交通部门	针对司乘人员	高速公路电子显示屏用语
大雾	500～1000 m	关注气象信息，关注能见度变化	雾天能见度较差，请谨慎驾驶，注意安全	前方有雾，减速慢行
			雾天能见度差，请减速慢行	大雾天气请开雾灯
			雾天能见度差，请加大车距，减速慢行	前方有大雾，请绕行
			雾天能见度差，注意不要急剧转向和急剧制动	
			雾天能见度差，雾中行车应低速行驶多鸣笛	
			雾天能见度差，司机反应变慢，请加大车距，避免交通事故发生	
			请司机朋友注意打开雾灯，减速慢行	
	200～500 m	强化出行信息发布，强化公路管控，保障收费站点通行	请司机朋友开启尾灯，时速在 80 km 以下，行车间距在 150 m 以上	
	100～200 m	强化出行信息发布，强化公路管控，保障收费站点通行	请司机朋友开启雾灯和尾灯，时速在 60 km 以下，行车间距在 100 m 以上	
	50～100 m	强化出行信息发布，强化公路管控，保障收费站点通行	请司机朋友开启雾灯和尾灯，时速在 40 km 以下，行车间距在 50 m 以上	
	＜50 m	有关部门可采取封闭高速公路措施	高速公路休息区休息或国道慢行	
路面状况	降雨有积水	提醒驾驶人员谨慎驾驶	路面有积水，不利高速行驶，请司乘人员合理安排行程	
			路面打滑，请司机朋友注意保持车距，不要急刹车	
			司机朋友应注意道路积水和交通阻塞，确保安全	路面湿滑，谨慎驾驶
			雨天，能见度差，请慢速行驶	
			强降雨天气，不利汽车行驶，请司机朋友停在安全地带	暴雨影响能见度，请慢行
	降雪有积雪	路面有积雪，交通部门应当进行道路巡查维护，做好道路清扫和积雪融化工作	下雪使能见度变差，道路湿滑，汽车应减速慢行	降雪影响能见度，请慢行 路面湿滑，减速慢行 路面湿滑，注意加大车距
			雪天路滑，请司机朋友注意加大行车间距	
			雪天路滑，请司机朋友注意不要急刹车	
		降雪量将达 15 mm 以上，高速公路应暂时封闭	雪天路滑，请司机朋友注意不要急转	
			路面有雪，驾驶人员小心驾驶，车辆应当采取防滑措施	
		做好防雪灾和防冻害的应急和抢救工作	路面积雪对交通有较大影响，请尽量减少高速行驶	

续表

灾害种类	分级	针对交通部门	针对司乘人员	高速公路电子显示屏用语
路面状况	路面有结冰	铲雪、撒盐及融雪剂，使用推雪板、草袋，司机应使用防滑链、冬季轮胎	路面有结冰，请慢速行驶	路面结冰，慢速行驶 路面结冰注意防滑
			道路有结冰，路面很滑，请不要超车行驶	
			道路有结冰，请不要急刹车	
			道路有结冰，请不要急转弯	
			道路有结冰，请不要急刹车，保持较大车距	
	路面有雪水混合物	清扫路面，提醒驾驶人员谨慎驾驶	路面很滑，请慢速行驶	
			路面很滑，请不要超车行驶	
			路面很滑，请不要急刹车	
			路面很滑，请不要急转弯	
			路面很滑，请不要急刹车，保持较大车距	
大风		加固路牌等	大风将使能见度降低，影响驾驶员的视线，请司机朋友注意减慢车速	风力较大，减速慢行 大风天气不适宜超车行驶 大风天气不适宜急转弯
			大风将对货车影响较大，请司机朋友把货物装载好，避免吹落或翻车	
			大风天气路面上可能出现杂物，请司机朋友小心驾驶	
			大风天气，不适宜露天作业，请尽量转到避风场所避风	
			大风对汽车的行驶速度有影响，请司机朋友小心驾驶	
			大风天气不适宜超车行驶	
			大风天气不适宜急转弯	
雷雨		提醒驾驶人员谨慎驾驶	电闪雷鸣时，应立即停止开车，尤其不能高速行驶	雷雨天气，注意预防雷电 雷雨时，应慢速行驶 雷雨天气请勿使用电子设备
			躲避雷雨时司乘人员应留在车内，千万不要下车避雨	
			不要把车辆停靠在大树下和高大建筑物旁，避免造成雷电反击	
			在车内躲避雷雨时车窗一定要全部关紧，不要把肢体伸出车外	
			尽量避免使用车内电子设备，以免造成损坏	
			收音机天线会吸收闪电，最好收起来	

第四节　旅游气象服务

一、旅游气象灾害特征与影响

（一）暴雨

发生在城市里的暴雨易出现城市内涝，造成车辆熄火陷入水中，给城市的游客交通出行带来很大的影响。而发生在山区的暴雨易诱发泥石流、崩塌、滑坡等次生地质灾害，阻塞道路，使行车交通出现中断，造成大量的游客滞留在景区。另外突然出现的山体崩塌、滑坡，还会损毁正在公路上行驶中的旅游大巴或自驾游小汽车，造成人员伤亡。且泥石流、山体崩塌、滑坡还会将景区的房屋树木冲毁，破坏旅游自然景观和室外旅游设施。

（二）高温热害

根据环境卫生学研究，夏季气温为 24 ℃时是人体感觉最舒适的温度，随着气温的升高，人体逐渐感觉不舒适，当日最高气温＞30 ℃时，人体感觉不太舒适，不太利于进行旅游活动，当日最高气温＞35 ℃时，可引起部分旅游者中暑，形成旅游灾害天气：当日最高气温＞37 ℃时，应停止旅游活动，否则，将引起更多的游客中暑，危及旅游者的生命。

（三）雷电

雷电容易击中室外运营的高空索道、大型游乐设施，威胁乘坐在上面的游客生命安全，会危害景区外面空旷地的游客人身安全，同时可能会击毁缺乏避雷保护措施的古树、古建筑、寺庙，使旅游自然景观资源遭到破坏。

（四）大雾

大雾影响户外景区和景点的能见度，同时影响游客出行行车安全，尤其是在山路上坡、下坡及转弯的地方，团雾很容易造成旅游大巴侧翻，导致事故发生。

（五）道路结冰

景区路面结冰，造成路面阻力小，附着系数低，易导致游客摔倒，影响旅游安全。

（六）降雪

降雪，尤其是暴雪，使路面出现积雪时，容易使行驶中的旅游车辆出现故障，无法行驶，暴雪也容易使在山区里旅游的游客行走困难，被厚厚的积雪覆盖出现生命危险。

（七）大风

大风容易使旅游景区的高空索道缆车、大型游乐设施在运行中出现危险，对游客的人身安全产生影响，还会造成房屋倒塌、高大建筑物受损、树枝折断，造成人员伤亡。

（八）紫外线

过强的紫外线照射皮肤时会引起血管扩张，出现红斑。长时间在室外游玩的游客会被过强的紫外线灼伤皮肤和眼睛。

二、湖北旅游气候

湖北拥有丰富的自然和人文旅游资源。省内山环水绕、江河纵横、湖泊密布，地貌复杂多样，造就了绚丽多姿的自然景观。全省适合旅游的时间较长，一般有 7～9 个月不等。多数地区旅游气候最佳舒适期为春季的 4—5 月和秋季的 9—10 月。

春季，湖北赏花旅游去处众多。春节前后可到武汉东湖梅园观赏梅花。3 月中下旬可到武汉大学、武汉植物园观赏樱花。3 月中旬—4 月上旬，可观赏桃花、梨花、油菜花。桃花主要观赏地有武汉左岭周庄及东西湖走马岭、荆门屈家岭、宜昌枝江安福寺镇；梨花主要观赏地有襄阳老河口、宜昌枝江百里洲；油菜花主要观赏地有江汉平原、鄂东南。“五一”前后可观赏杜鹃花，主要观赏地有黄冈麻城龟峰山、武汉黄陂云雾山。

夏季，以观赏荷花、漂流、避暑旅游为主。荷花观赏地主要有荆州洪湖和武汉东西湖东山农场。主要漂流项目有宜昌九畹溪漂流、十堰武当峡谷漂流、恩施清江闯滩漂流、荆门京山鸳鸯溪漂流、黄冈英山毕升大峡谷漂流等。避暑旅游佳地主要有宜昌五峰、恩施绿葱坡、神农架、咸宁九宫山等。

秋季，是湖北旅游的旺季。武汉黄鹤楼、恩施大峡谷、宜昌三峡、神农架、武当山向来都是湖北秋季旅游的首选地。秋季也是湖北观赏桂花、枫叶和银杏的好季节。桂花观赏地主要在咸宁市，游客在观赏桂花的同时还可领略万亩竹海风光。神农架枫叶也吸引不少游客前去观赏。随州、安陆的大片群落的银杏也是大批游客向往之地。

冬季，是湖北温泉旅游的最好季节。省内温泉众多，主要温泉有咸宁的龙佑温泉、嘉鱼的山湖温泉、孝感应城的汤池温泉。另外，神农架赏雪、观雾凇、滑雪每年吸引大量游客前往体验这一南方少有的冬季特色旅游项目。

三、旅游气象服务产品与服务内容

湖北省旅游气象服务产品主要有实况监测、气象灾害预警、景点精细化预报、旅游气象指数预报、旅游交通气象预报、特色旅游气象服务和专题服务材料等。服务产品通过电视、电话、网站、手机、电子显示屏等手段对外服务。随着旅游气象服务的深入，根据用户需求，还将逐步开发旅游气象灾害风险评估及旅游气候资源开发等评估类服务产品。具体服务内容见表 4.35。

表 4.35　湖北省旅游气象服务产品内容一览表

服务产品	服务内容
实况监测	降水、风向、风速、气温、相对湿度、能见度、路面温度、路面状况、紫外线、负氧离子浓度、实景视频等实时监测信息
气象灾害预警	大雾、暴雨、高温、道路结冻、雷电、暴雪、大风等气象灾害的实况报警和预警
重要旅游气象信息专报	重要天气过程预报及应对建议
重大节假日旅游气象专题服务	元旦、春节、清明、五一、中秋、国庆节等重大节假日旅游气象专题服务产品
重大旅游活动气象保障服务	省内举行的重大旅游活动提供气象保障服务产品
短时精细化天气预报	分景点的未来 3 小时和未来 12 小时天气现象、降水、最高最低气温、风向风速预报；根据需要可增加相对湿度、能见度预报
短期精细化天气预报	分景点的未来 72 小时内逐日上午、下午、夜晚的天气现象、降水、最高最低气温、风向风速预报

续表

服务产品	服务内容
中期天气预报	主要景点未来 7 天天气预报，包括天气实况、降水、最高最低气温
旅游气象一周趋势预测	重点关注一周内对旅游有影响的天气过程的预测
卫星遥感火点监测报告	卫星遥感监测林区火点监测报告
森林火险气象等级预报服务产品	森林防火期景区森林火险气象等级预报服务产品
地质灾害风险等级预报服务产品	地质灾害防范期(5—10 月)地质灾害风险等级预报服务产品
旅游交通气象预报	各主要景区的交通沿线短期天气预报
旅游气象指数预报	旅游指数、着衣指数、人体舒适度指数、感冒指数、紫外线指数、登山指数等
特色旅游气象服务	高山滑雪、温泉休闲度假游、特色景观(雨凇、雾凇、山花)气象服务
花期预报	预测樱花、杜鹃等观赏花的初花期、盛花期，为旅游者提供指导
旅游气象灾害风险评估	气象灾害对旅游影响的评估

四、旅游气象主要服务指标

2013 年中国气象局应急减灾与公共服务司发布了《山岳型风景区旅游气象服务业务建设指南的通知》。根据湖北省既有山岳型旅游又有都市休闲娱乐旅游的情况，各气象要素对不同的旅游型影响不同，参考山岳型旅游气象服务业务的参考规范，将旅游气象主要服务指标列出来(见表 4.36～4.41)，随着后期旅游气象服务及研究的深入，再进一步修改完善。

(一)暴雨

暴雨预警信号详见表 4.36。

表 4.36　暴雨对旅游安全影响

暴雨预警信号	划分标准	对旅游安全影响
蓝色	累计 12 小时雨量已达 50 mm 以上且降雨可能持续	有一定影响
黄色	累计 6 小时雨量已达 50 mm 以上且降雨可能持续	有影响，不出游
橙色	累计 3 小时雨量已达 50 mm 以上且降雨可能持续	有较大影响不出游，或选择无雨的线路出游
红色	累计 3 小时雨量已达 100 mm 以上且降雨可能持续	有很大影响不出游，或选择无雨的线路出游

(二)高温热害

高温热害的等级划分详见表 4.37。

表 4.37　高温热害对旅游安全影响等级划分

等级	划分标准	对旅游安全影响
1 级	当日最高气温＜24 ℃	人体感觉舒适，可以进行旅游
2 级	当日最高气温＞30 ℃	人体感觉不太舒适，不利于出游
3 级	当日最高气温＞35 ℃	可引起部分旅游者中暑，形成旅游灾害天气，不利于出游
4 级	当日最高气温＞37 ℃	可引起很多的游客中暑，停止旅游活动，否则将引起更多的游客中暑

（三）大雾

大雾能见度等级划分详见表 4.38。

表 4.38 能见度(L)对旅游交通安全影响等级划分

等级	划分标准	对旅游交通安全影响
1 级	200 m＜L≤1000 m	稍有影响
2 级	100 m＜L≤200 m	有一定影响
3 级	50 m＜L≤100 m	有较大影响
4 级	L≤50 m	有严重影响

（四）道路结冰

道路结冰预警信号详见表 4.39。

表 4.39 道路结冰对旅游交通安全影响

道路结冰预警信号	划分标准	对旅游交通安全影响
黄色	当路表温度低于 0 ℃，出现降水，12 小时内可能出现对交通有影响的道路结冰	有影响，注意安全
橙色	当路表温度低于 0 ℃，出现降水，6 小时内可能出现对交通有较大影响的道路结冰	有较大影响，不出游
红色	当路表温度低于 0 ℃，出现降水，2 小时内可能出现或者已经出现对交通有很大影响的道路结冰	有很大影响，不出游

（五）紫外线指数

根据紫外线指数预报业务服务暂行规定（中气预发〔2000〕11 号），紫外线指数等级见表 4.40。

表 4.40 紫外线指数等级划分及对人体健康影响

等级	紫外线指数划分标准	对人体健康影响
1 级	0,1,2	最弱，皮肤晒红 100～180 分钟安全，不需要采取防护措施
2 级	3,4	弱，皮肤晒红 60～100 分钟较安全，可以适当采取一定防护措施
3 级	5,6	中等，皮肤晒红 30～60 分钟有害，外出时戴好遮阳帽、太阳镜和太阳伞等，涂擦 SPF 指数大于 15 的防晒霜
4 级	7,8,9	强，皮肤晒红 20～40 分钟很有害，除上述措施外，上午十点至下午四点时段避免外出，或尽可能在遮阴处
5 级	10，或大于 10	很强，皮肤晒红小于 20 分钟极有害，尽可能不要在室外活动，必须外出时，要采取各种有效防护措施

（六）旅游指数

旅游指数详见表 4.41。

表 4.41 旅游指数等级划分及对旅游出行影响

等级	指数	对出游影响
1 级	≥7.0	适宜旅游,可以尽情地享受大自然的无限风光
2 级	5.0～7.0	较适宜旅游,可以尽情地享受大自然的无限风光
3 级	3.0～5.0	不太适宜旅游,尽量减少外出,一定要外出旅游者,应针对某些不利条件做好充分的准备、采取相应对策
4 级	≤3.0	不适宜旅游,减少外出

五、旅游气象灾害防御对策

气象灾害对游客旅游质量影响很大。因此,在重大灾害来临之前,要及时制作重大气象信息专报,向政府、旅游管理部门等相关单位发布,使其提前采取防御措施。灾害天气发生后,要随时发布预警信号,旅游部门根据天气情况,随时启动应急预案,采取相应的措施,保障游客的生命安全(见表 4.42)。

表 4.42 旅游气象灾害防御对策

灾害类型	气象部门	景区政府、旅游管理部门、旅游企业
暴雨	1. 提前制作重大气象信息专报给当地政府及各级旅游管理部门 2. 及时通过短信预警平台向旅游部门相关人员发布各级别的暴雨预警信号	1. 政府和旅游管理部门向相关的旅游企业发布通知,提前做好防范暴雨的安全工作,做好应急预防措施 2. 选择旅游线路,取消到暴雨发生地去旅游,合理安排出行时间 3. 及时将预警短信通过景区电子显示屏发布告诉广大游客,防范暴雨产生的洪涝、地质灾害对游客安全影响,将游客转移到安全地方
高温热害	1. 当日最高气温＞35 ℃时,及时通过短信预警平台向旅游部门相关人员发布高温预警 2. 当日最高气温＞37 ℃时,及时通过短信预警平台向旅游部门相关人员发布各级别高温预警信号	1. 旅游管理部门、旅游企业、酒店宾馆等单位按照职责落实防暑降温保障措施和供水供电医疗安全等应急措施 2. 及时将预警短信通过景区电子显示屏发布告诉广大游客,尽量避免在高温时段进行户外活动 3. 组织游客到森林中去避暑消夏游玩
雷电	及时通过短信预警平台向旅游部门相关人员发布各级别雷电预警信号	1. 及时将预警短信通过景区电子显示屏发布告诉广大游客,尽量避免雷雨时在户外活动 2. 不要站在树底下,组织游客到避雷场所躲避,不要靠近防雷装置 3. 雷雨时游客不要在窗户边上或空旷地用手机打电话 4. 高空索道、大型游乐设施停止运行
大雾	及时通过短信预警平台向旅游部门相关人员发布各级别大雾预警信号	1. 有关旅游部门切实履行职责,全面做好防雾准备工作 2. 驾驶人员雾天驾车行进中,必须打开防雾灯,密切关注路况,严格控制车速,保持适当车距 3. 自驾游小汽车在山区旅游时不熟悉路况,浓雾天不要出行

续表

灾害类型	气象部门	景区政府、旅游管理部门、旅游企业
道路结冰	及时通过短信预警平台向旅游部门相关人员发布各级别道路结冰预警信号	1. 有关旅游部门切实履行职责，全面做好防道路结冰准备工作 2. 驾驶人员驾车行进中谨慎驾驶，密切关注路况，尤其是在山区转弯地方，严格控制车速，保持适当车距 3. 车辆上路前要进行安全检查维护，采取防滑措施
降雪	1. 提前制作重大气象信息专报给当地政府及各级旅游管理部门 2. 及时通过短信预警平台向旅游部门相关人员发布各级别的暴雪预警信号	1. 政府和旅游管理部门向相关的旅游企业发布通知，提前做好防范降雪天气过程的安全工作，做好应急预防措施 2. 暴雪天气，驾驶员需谨慎开车，尽量减速慢行，避免急转弯；刹车切忌过急过死，以防侧滑 3. 及时将预警短信通过景区电子显示屏发布告诉来高山滑雪的游客，注意防寒防冻，注意安全 4. 雨雪天气尽量不要组织出游
大风	1. 提前制作重大气象信息专报给当地政府及各级旅游管理部门 2. 及时通过短信预警平台向旅游部门相关人员发布各级别的大风预警信号	1. 政府和旅游管理部门向相关的旅游企业发布通知，提前做好防范大风天气过程的安全工作，做好应急预防措施 2. 大风来临前，加固所有的户外游乐设施，避免损毁 3. 及时将预警短信通过景区电子显示屏发布告诉广大的游客，注意及时添衣保暖，以免感冒 4. 大风来临时停止高空索道、大型娱乐设施的运营
霾	及时通过短信预警平台向旅游部门相关人员发布各级别霾预警信号	1. 旅游管理部门和相关旅游企业切实履行职责，全面做好防霾准备工作 2. 及时将预警短信通过景区电子显示屏发布告诉广大的游客 3. 空气质量差，人员需加强防护 4. 游客尽量减少户外活动，老人、小孩和患有呼吸道疾病患者应当留在室内，外出戴上口罩 5. 驾驶人员在重度霾天驾车行进中，需谨慎驾驶

第五节 城市气象服务

气象部门多年研究表明，城市区域气候、气象条件与乡村地区有很大差别，有一些特殊的地方，这些特殊性使得城市对于气象要素的反应与乡村截然不同，具有“放大”气象灾害的作用。例如热岛效应使得高温热浪更易在城市发生。有研究表明城市的立体建筑和人类活动加强了热力与动力对流，使得城市发生局地暴雨的概率多于乡村。建筑物之间的狭管效应容易造成高空坠物，形成风灾。不同于地震等无法抗拒的自然灾难，这一类发生在城市区域，由于气象要素或其组合的异常，对城市居民的生命与健康、城市建筑与设施、各行各业生产与社会活动、城市资源与生态环境造成损害的事件属于城市气象灾害的范畴。

一、城市气候的基本特征

城市气候是指在大气候或区域气候的背景下，在城市化的进程中由于人口高度密集，特殊的城市下垫面，高强度的经济活动消耗大量能源，释放出有害气体与烟尘，以及其他人类活动的影响，改变了原有的区域气候状况，形成一种与城市周围乡村不同的局地气候。

城市气候既受所属区域大气候背景的影响，又反映了城市化后人类活动所产生的作用，集中体现在"五岛效应"。

（一）城市热岛效应与热岛环流

由于城市下垫面的特殊性质，城市人类活动释放大量的二氧化碳等温室气体，加上人为热源的影响，使城市气温明显高于郊区，这种现象称为城市热岛效应。国内外许多学者的研究表明，城市热岛强度夜间大于白天，日落以后城郊温差迅速增大，日出以后明显减小。

城市热岛效应不仅在近地面气温中有反映，而且对城市的边界层大气环流产生影响。由于城市热岛效应，市区中心空气受热不断上升，四周郊区相对较冷的空气向城区辐合补充，热岛中心上升的空气到一定高度又向四周郊区辐射下沉，形成一种局地的热岛环流。这种环流在晴朗少云，背景风场及其微弱的静稳天气条件下最为明显。虽然城市热岛效应夜间强于白天，但由于夜间郊区大气层结本身不稳定，有时还存在逆温层，所以夜间的上升气流不强；而白天郊区大气层结本身不稳定，流入城市后上升速度快，所以城市热岛环流白天要比夜间强，而且夜间的郊区风还具有阵性。

（二）干岛或湿岛

城市对空气湿度的影响比较复杂。由于下垫面多为建筑物和不透水地面，雨后径流系数大，蒸发和蒸腾量较小，进入大气的水汽量少，加上城市气温又比郊区高，通常城市空气的绝对湿度和相对湿度都要低于邻近的郊区。尤其是盛夏季节郊区农作物与林草植被生长茂密，城郊之间蒸散量的差值更大。城市由于建筑物密集和高低不一，下垫面的粗糙度大，加上热岛环流，机械湍流和热力湍流都要强于郊区，通过湍流垂直交换向上层输送的水汽量比郊区多。两种原因叠加导致城区近地面水汽压小于郊区，形成"城市干岛"。但到夜晚，风速减小，空气层结稳定，郊区气温下降更快，使饱和水汽压降低，大量水汽在地表凝成露水，使存留于低层空气的水汽减少，水汽压迅速降低。而城区因热岛效应影响，凝露量远比郊区少，夜间湍流也减弱，与上层空气的水汽交换量减少，使城区近地面的水汽压要高于郊区，从绝对湿度的角度又形成了"城市湿岛"现象。

（三）浑浊岛

投射到地表的太阳辐射可分为两部分：以平行光线方式射来的直接阳光成为直接辐射，穿过大气圈受空气分子、悬浮颗粒物和云滴散射向四面八方发出的称为散射辐射。在相同强度的太阳辐射下，混浊空气中的粒子散射要比干洁空气中的强度更大，而直接辐射却受到拦截和削弱。城市大气污染远比郊区严重，工业生产、交通运输和居民炉灶等排放的烟尘远比郊区多，又大多是吸水力很强的凝结核，在城市中垂直湍流的作用下有利于低云的发展。大量观测资料证明，城区低云量多于附近郊区，也使得城市的散射辐射比郊区强，直接辐射比郊区弱，大气浑浊度显著大于郊区，形成城市的"浑浊岛"效应。

（四）雨岛

城市“雨岛效应”是指城市及其下风向的降水比其他地方多。“雨岛效应”集中体现在汛期和暴雨时，城市暴雨频率域强度均明显高于郊区，呈现清晰的城市雨岛效应，而非汛期及年平均雨量分布上则无此现象。

城市雨岛形成的条件是在大气环流较弱，有利于在城区产生降水的大尺度天气形势下，由于城市热岛所产生的局地气流的辐合上升，有利于对流雨的发展；城市的下垫面粗糙度大，对移动滞缓的降雨系统有阻碍效应，使其移速更加缓慢，延长了城区降雨时间，再加上城区空气中凝结核多，其化学组分不同，粒径大小不一，当有较多大核（如硝酸盐等）存在时有促进暖云降水的作用。上述种种因素的影响，会“诱导”暴雨最大强度的落点位于市区及其下风方向，形成“城市雨岛”。

二、城市气象灾害特征与影响

对于脆弱的城市系统来说，气象灾害所带来的打击可能是致命的。由于城市的人口与建筑物高度密集，绿色植物的种类和数量都相对很少，城市居民的生存需要从系统外大量输入物质资源和能源才能维持，这使得城市生态系统对于外界的干扰十分敏感，一旦大气环境的异常程度超出城市系统的承受能力，城市气象灾害就会形成。目前对城市正常运行影响明显的气象灾害主要有以下几种：

（一）暴雨渍涝灾害

城市暴雨渍涝是常见的城市气象灾害。在城市高层建筑集中区，热岛环流有利于城市上空的热对流发展，易于引起暴雨出现。城市上空排放的大量的污染物，有利于凝结核的形成，使城市部分降水量相对郊区有所增加。近年来，随着城市规模的扩大和不透水地面的增大，城市暴雨造成的渍涝危害日益显著。

暴雨对城市安全运行易产生威胁。由于城市排水系统的某些问题，暴雨导致的洪水能冲毁道路、输电线路等设施，中断城市的运输、供水、供电等。由于城市特定的下垫面，汛期如果遇到暴雨、连阴雨，地势低洼、排水不畅地区，易发生渍涝灾害，使交通瘫痪，影响城市正常运转和市民正常生活，大量物资被浸泡受损，企业停产等。

（二）城市热害

随着全球变暖趋势的加剧和城市化进程的加快，城市的热岛效应和绿地减少，使城市高温现象越来越突出，湖北省主要表现为盛夏7、8月因副热带高压长期控制形成的高温闷热天气。这种灾害威胁到城市居民的身体健康，造成城市供水、供电紧张，并加剧城市光化学污染，严重影响到城市居民的生产、生活。

高温常加剧干旱和供水供电紧张，所造成的损失十分巨大。在持续高温天气形势下，单位、市民大量使用制冷设备，城市供电供水系统长时间超负荷用电，使停电事故增加，对重要会议、医院手术、市民生活及社会稳定等，均有很大影响。高温引起的供电事故严重影响了城市安全稳定和居民的生活。对现代化城市而言，断电意味着现代城市之灾，因为任何城市防灾工作供电的保障是不可缺少的。高温期间，城市用水量猛增，造成供水更加困难；持续的高温加剧蒸发量，使地下水位迅速下降，水库蓄水显著减少，加剧旱情。同时，地面高温使公路交通事故频发（车轮爆胎和司机疲劳）。

高温还对人体健康存在严重的影响。据统计，湖北省武汉市由于夏季高温热浪频率和强度的增加，导致夏季中暑人数大幅提升，而夏热的提前和延后也使得6月、9月的中暑人数有所增多；同时高温酷热还直接影响人们的心理和情绪，容易使人疲劳、烦躁和发怒，各类事故相对增多，甚至犯罪率也有上升。

（三）雾与霾

城市化带来雾与霾的增加是城市气候的另一个重要特征，雾和霾对城市的危害首先表现在对交通的影响上。浓雾或霾使能见度显著降低，容易发生交通事故，以致一有浓雾出现，高速公路就不得不关闭已成为惯例。

雾或霾出现时，地面风速一般较小，近地层气层稳定，不利于污染物的扩散、稀释，从而使空气污染更加严重直接影响人们的身体健康，甚至引起某些疾病（如呼吸系统疾病）的发病率和死亡率升高。同时浓雾中由于空气湿度大，且含有较多的污染物质，结露在输变电设备的表层，致使该设备绝缘能力迅速下降，当超过其抗污能力时，就会出现线路闪络、微机失控、开关跳闸，从而发生停电、断电故障，影响各行各业生产和人们生活用电，造成严重经济损失和政治影响。大雾还影响微波及卫星通信，使其信号锐减、杂音增大、通信质量下降。

（四）雷电灾害

雷电也是一种常见的城市气象灾害，它严重威胁城市安全和市民生命财产安全，直接影响着通信、供电、航空以及诸多古建筑的安全。

随着城市现代化发展，高层建筑和现代化通信设备的增多，城市对雷电灾害越来越敏感；又由于城市热岛强度的增大，城市对流性天气增多，雷暴日数也随之增多，造成的经济损失也呈增大趋势。与农村不同，城市由于高层建筑多且大都已安装避雷针，现在已很少发生直击雷致人死亡的事件，但雷电感应对电子仪器和通信设备的损害有增无减，已多次发生计算机系统、微波站和电视机被雷击损坏的事故。

（五）大风

由于建筑密集，城市里的风速通常要小于郊外。但当夹在成排高层建筑之间的街道与风向平行时会产生一种风廊效应，使局地的风速增大。城市高楼阳台上的杂物、玻璃和广场上的广告牌在大风天气有可能被刮落或刮倒，对行人的人身安全造成威胁。同时，建筑工地在大风天高层作业人员坠落的事故也时有发生。

（六）冰雹

城市的冰雹灾害虽然不像山区和山前地带那么频繁，但由于人口与经济密集，一旦发生，所造成的经济损失要比农村大得多。

（七）低温、冻雨、冰雪灾害

湖北省内城市由于市内取暖设备不完善和生命线系统抗低温设计标准偏低，一旦受损会给城市系统带来严重的影响和危害。冬季发生降雪天气时，可使交通瘫痪、通信中断，房屋、树木受损，以及市民摔倒骨折的事故。2008年1月中旬—2月上旬湖北省的持续低温雨雪冰冻灾害为50年来最严重。冻雨使大批高压线塔倒塌，造成大面积停电，电力系统故障又导致多条铁路干线牵引供电网和信号系统中断，使铁路运输系统瘫痪，电煤供应紧张又加剧了供电危机，形成恶性循环。受其影响，晚点甚至中断运行的列车数以千计。停电和管网冻冰还导致许多城市供水供气中断，严重影响城市居民的生活。

三、城市气象服务产品与服务内容

城市气象服务主要围绕城市运行、城市生活和城市防灾减灾工作进行，目前已经开展的城市气象服务中，节假日及重大活动气象服务、空气污染气象条件预报服务、各类健康环境生活气象指数服务等，在其他章节均有详细介绍，这里不再赘述。以下是独具城市特色的气象服务产品介绍。

（一）城市渍涝预报产品

每年主汛期，当预报有强降水天气出现时，由气象部门和水务部门根据降水强度、各城区排水情况，联合制作出可能出现渍水现象的城区范围。该产品通过电视、网站、应急平台向公众发布。

（二）流感发生预警指数预报产品

流感一年四季都会发生，但发生概率的时间分布却是不均匀的，影响这种“概率分布”的主要环境因素就是环境气象要素，气象部门通过研究气象条件对流感发生的影响程度，根据当日或前期气温、湿度、风速、天气现象、温度日较差等气象因素得出流感发生的概率，即为流感发生指数。

流感发生指数预报产品由气象部门定期向疾控部门发布，疾控部门根据流感发生指数的高低向相关医院、公众提出防御应对措施。

（三）城市火险气象等级

城市火险气象等级是指城市在发生火灾可能性大小的环境气象条件及其等级描述，它是根据每日的气温、湿度、（前期至当日）降水、风力对火险的相对贡献，以及物候订正值，确定城市每天的综合火险天气等级。

气象部门每天定时分别制作武汉市未来 24 小时城市火险气象等级预报，该产品通过电视、报纸、电话、门户网站、官方微博等播出或刊出。

（四）负氧离子浓度等级

负氧离子被誉为“空气中的维生素”，它主要是通过人的神经系统及血液循环能对人的机体生理活动产生影响，即空气中负氧离子浓度高，人们吸入后就能增加红细胞里的负离子浓度，促进血液循环，血液带氧量提高，改善肺的换气，增强人体免疫力。气象专家发现负氧离子浓度变化有一定的规律，并与气象条件关系密切。一般情况下，空气中负氧离子的浓度晴天比阴天多、夏季比冬季多、中午比早晚多；海滨、高山、森林及绿化带周围的负氧离子浓度高，可达到每立方厘米 2000 个左右，比城区高出 5～10 倍。发布空气负氧离子浓度气象指数后，市民可以通过空气负氧离子浓度指数预报选择浓度较高的地方进行“空气浴”，接受负氧离子的“洗礼”。

气象部门每天定时分别制作未来 24 小时负氧离子浓度指数预报，该产品通过电视、报纸、电话、门户网站、官方微博等播出或刊出。

四、城市气象主要服务指标

(一)城市渍涝预警服务指标

1级预警(红色预警)同时满足以下情形时启动:

降雨:1小时内降雨量≥45 mm,3小时内降雨量≥95 mm,日降雨量≥250 mm。

渍水:渍水面积占建成区面积的比例大于10%,持续时间超过24小时;或城市多处交通道路、居住区、学校等区域渍水深度大于0.5 m,持续时间超过6小时。

2级预警(橙色预警)同时满足以下情形时启动:

降雨:1小时内降雨量≥34 mm,3小时内降雨量≥65 mm,日降雨量≥200 mm。

渍水:渍水面积占建成区面积的比例大于5%,持续时间超过12小时;或城市多处交通道路、居住区、学校等区域渍水深度大于0.3 m,持续时间超过6小时。

3级预警(黄色预警)同时满足以下情形时启动:

降雨:1小时内降雨量≥20 mm,3小时内降雨量≥35 mm,日降雨量≥150 mm。

渍水:渍水面积占建成区面积的比例大于1%,持续时间超过6小时;或城市多处交通道路、居住区、学校等区域渍水深度大于0.3 m,持续时间超过3小时。

(二)流感发生预警指数预报服务指标

流感发生预警指数是基于监测点医院就诊的流感样病例就诊数占监测点就诊总人数百分比来确定的。流感样病例的判别标准为世界卫生组织和国家流感中心推荐的流感样病例定义:

流感样病例(Influenza-Like Illness):体温≥38 ℃,伴有咳嗽,或咽疼痛、全身疼痛等症状的急性呼吸道感染病例,简称为ILI。

流感样病例的就诊百分比(简称ILI%),即ILI% = ILI ÷ 监测门诊病例总数。

流感发生预警指数共分为5级,级数越高,流感发生概率就越高(见表4.43)

表4.43 流感发生预警指数服务指标体系

流感发生预警等级	1级 无应急阶段	2级 蓝色预警	3级 黄色预警	4级 橙色预警	5级 红色预警
ILI%	≤2	2～5	5～8	8～10.00	>10.00

(三) 城市火险气象等级服务指标

详见国家标准“城市火险气象等级”(GB/T 20487—2006)。

五、城市气象灾害防御对策

(一)因地制宜,制定城市气象防灾减灾规划

根据城市主要气象灾种、特点及其规律,制定具有针对性、适合本地特点的气象防灾减灾规划,并纳入城市总体规划和城市减灾规划,对暴雨、雨雪冰冻、雾霾等重大灾种应建立预案。

(二)加强工程性防御措施,提高城市承灾能力

加强工程性防御措施是减轻城市气象灾害的重要的方面。如根据当地城市的实际情况,

以千年一遇、百年一遇的防洪标准修筑加固沿江、沿湖、沿海堤坝和挡潮闸等；以5～50年一遇的标准修建扩建城市排水系统、营造防风林带等等。

（三）重视建筑设计，充分考虑气象条件

城市发展首先要选择灾害性天气相对少的地区，同时要考虑所选择地区灾害性天气的最剧烈程度，以便根据最大破坏力来设计高楼、港口、码头、机场等重要设施，以避免气象灾害发生。

（四）加强雷电防避，减轻雷击灾害

对高层建筑、工业烟囱、水塔、重要物资仓库、易燃易爆化工企业、油库、露天堆场、供变电设备、程控电话广播通信设备、电视卫星接收设备、计算机房、安全报警系统等设施，必须按照有关防雷技术规范安装相应的防雷装置，并定期进行检测，确保防雷装置可靠有效。

（五）削弱夏季"城市热岛"强度，减轻城市高温危害

城市高温灾害的严重程度与城市"热岛效应"有密切关系。因此，要尽可能采取措施削弱热岛效应以降低城市高温。一要扩大城市绿地覆盖率，绿树有遮阳蔽荫效应，绿地的蒸腾作用可耗去大量潜热，另外也能改善空气质量；二要减少人为热和温室气体的排放量，要调整能源结构，减少煤炭、燃料油用量，大力发展太阳能、风能、水力能利用；三要增加城区水域面积和喷水、洒水设施，以增加蒸发耗去热量来降低城市下垫面温度。

（六）开展人工消雾、人工增雨作业，减轻城市雾霾的危害

在城市的机场、港口、码头等重要交通地区应安装消雾装置，必要时实施人工消雾作业，尽量减轻大雾危害。同时加强对城市雾、霾的监测与研究，适时实施人工降雨作业达到净化空气的目的。

第六节　环境气象服务

一、空气污染气象条件预报服务

近年来，我国空气污染日益严重，霾、沙尘天气频繁出现。我省每年冬春季节和夏收作物收获期易发霾天气，已严重影响到人民群众的健康，受到各级政府和气象部门的高度关注。党中央、国务院及地方政府把改善空气质量、控制空气污染作为重要任务。2013年9月10日，国务院公布了《大气污染防治行动计划》，力争逐步消除重污染天气，全国空气质量明显改善。针对这种情况，气象部门也逐步建立和完善了空气污染气象条件预报预警业务标准、规范和流程；积极开展了开展空气污染气象条件预报预警服务业务。

（一）预报服务等级标准

从气象学角度出发，空气污染气象条件预报是对未来大气污染物的稀释、扩散、聚积和清除能力的预报。空气污染气象条件预报等级新标准划分为六级（见表4.44）。

表 4.44　空气污染气象条件预报等级

等级	评价	描　述
一级	好	非常有利于空气污染物稀释、扩散和清除
二级	较好	较有利于空气污染物稀释、扩散和清除
三级	一般	对空气污染物稀释、扩散和清除无明显影响
四级	较差	不利于空气污染物稀释、扩散和清除
五级	差	很不利于空气污染物稀释、扩散和清除
六级	极差	极不利于空气污染物稀释、扩散和清除

(二)预报服务用语

文字产品中预报用语应规范化和科学化。当空气污染气象条件达到一定等级和范围,需在天气预报、服务材料等产品中加以重点提示,空气污染气象条件预报应包括等级与相应评价,还可以对天气形势或污染实况和预测加以描述,并给出相关预防提示,必要时应及时发布相关气象灾害预警信号。

(三)服务内容

1. 公众服务

每日定时制作发布空气污染气象条件等级预报,适时发布预警信息,并通过电视、短信、网络等方式向社会公众传播。

2. 决策服务

如已发生或未来可能发生高影响的污染天气,需及时制作相关决策服务产品,报送省委、省政府及上级主管部门,并通过传真、E-mail、手机短信等方式发送至相关部门。

3. 应急气象服务

如已发生或未来可能发生重污染天气,需启动应急机制,及时制作发布污染情况分析报告,加强与环保部门会商联动,共同防御重污染天气影响。

(四)服务流程

加强空气污染实况监测,定时发布空气污染气象条件中短期预报产品,适时发布相关气象预警信息,根据需要,及时开展决策气象服务,如遇重污染天气,快速响应应急气象服务(见图4.1)。

(五)重污染天气预警

重污染天气预警信号分为三级,以黄色、橙色和红色表示,分别对应预报等级用语的中度污染天气、重度污染天气和极重污染天气。

1. 黄色预警信号

标准:预计未来 24 小时内可能出现满足下列条件之一并将持续或实况已达到下列条件之一并可能持续:

(1)空气污染气象条件预报等级达到三级及以上;并空气质量指数 AQI 级别达到四级及以上,或出现中度霾天气现象。

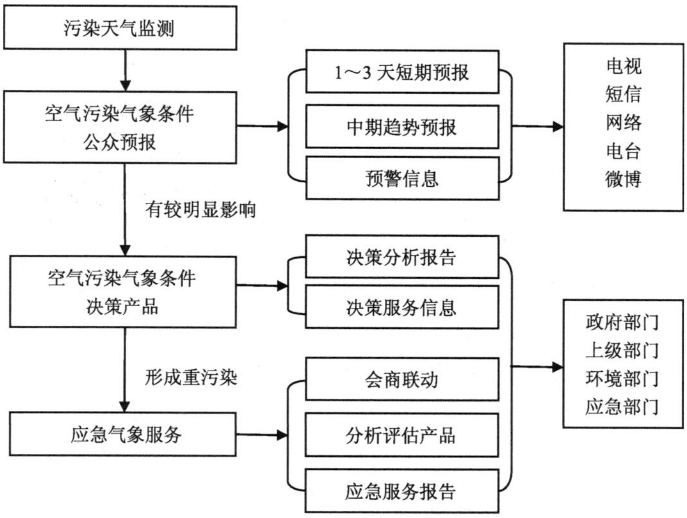

图 4.1　空气污染气象条件预报服务流程

(2)空气污染气象条件预报等级达到四级及以上;并空气质量指数 AQI 级别达到三级及以上,或出现中度霾天气现象。

预报用语:预计未来 24 小时内空气污染气象条件不利于空气污染物稀释、扩散和清除,将出现中度污染天气。

2. 橙色预警信号

标准:预计未来 24 小时内可能出现满足下列条件之一并将持续或实况已达到下列条件之一并可能持续:

(1)空气污染气象条件预报等级达到四级及以上;并空气质量指数 AQI 级别达到五级及以上,或出现重度霾天气现象。

(2)空气污染气象条件预报等级达到五级及以上;并空气质量指数 AQI 级别达到四级及以上,或出现重度霾天气现象。

预报用语:预计未来 24 小时内空气污染气象条件很不利于空气污染物稀释、扩散和清除,将出现重度污染天气。

3. 红色预警信号

标准:预计未来 24 小时内可能出现满足下列条件之一并将持续或实况已达到下列条件之一并可能持续:

(1)空气污染气象条件预报等级达到五级及以上;并空气质量指数 AQI 级别达到六级,或出现严重霾天气现象。

(2)空气污染气象条件预报等级达到六级;并空气质量指数 AQI 级别达到五级及以上,或出现严重霾天气现象。

预报用语:预计未来 24 小时内空气污染气象条件极不利于空气污染物稀释、扩散和清除,将出现极重污染天气。

二、健康环境气象预报服务

(一)气象环境与人体健康

气象环境与人体健康研究是一个多学科交叉合作研究的新领域,需要大气科学、环境科学和医学科学等多学科广泛深入的交叉合作研究方能取得显著成效的事业,同时还需要社会科学界和全社会的广泛关注。其研究的科学问题,目前主要涉及两个方面,其一是气象和气候变化与健康的关系,其二是大气污染与健康的关系。

环境气象应用研究与服务作为现代应用气象学发展的新领域,是气象科学创新的一个重要方面,越来越受到世界各国的重视,世界气象组织已经把环境气象列为二十一世纪全球气象科技发展的前沿领域,国务院也赋予中国气象局“管理全国城市环境气象服务”的职能。因此,开展环境气象的研究和对社会服务既是气象科技和信息服务产业化的持续发展,也是针对城市建设和社会发展中出现的新问题的研究,是气象部门义不容辞的责任。

近年,湖北省已先后开展了紫外线指数、空气质量预报、森林火险和城市火险、出行参考、保健参考等特色服务,开展了酸雨、大气成分和温室气体监测。环境与生活气象是一个新兴的研究课题,涉及多门学科,是一个跨学科的、综合性的项目,学科领域主要涉及气象学、天气学、城市气候学、环境污染、生态学、医学、交通等方面,而且随着城市发展,环境与生活气象所研究的内容将会随经济条件和基础科学的发展不断扩充和发展。

(二)健康环境气象服务产品

每月制作酸雨监测报告、大气成分监测报告及温室气体监测报告,提供省委省政府和相关部门作为决策参考。每日制作发布城市生活气象指数产品,预报时效为3天。服务产品见表4.45。

表4.45　湖北省环境气象指数预报服务产品一览表

分类	指数名称	每日气象指数取值说明	时段	级数	等级描述(1～5级)
保健气象	紫外线指数	10—14时逐时值最大	全年	5	最弱,弱,中等,强,很强
	人体舒适度	08—08时逐时值平均	全年	5	舒适,较舒适,不太舒适,不舒适,极不舒适
	炎(闷)热指数	08—08时逐时值最大	5—10月	5	舒适,微凉,较凉,很凉,寒冷
	中暑指数	08—08时逐时值最大	5—10月	5	不会中暑,不易中暑,可能中暑,易中暑,极易中暑
	空气干燥度指数	08—08时逐时值平均	全年	5	潮湿,湿,干湿适宜,干燥,极干燥
	着衣指数	08—08时逐时值平均	全年	8	夏装1～4,春秋装5～6,晚春初冬装7,冬装8
	感冒指数	08—08时逐时值最大	全年	5	不宜感冒,感冒几率低,较易感冒,易感冒,极易感冒
居家气象	晾晒指数	08—20时逐时值最大	全年	5	极适宜,适宜,基本适宜,不太适宜,不适宜
	霉变指数	08—08时逐时值平均	全年	5	不会霉变,不易霉变,可能霉变,易霉变,极易霉变
	空调开机指数	08—08时逐时值平均	全年	5	不需开机,极少开机,间断开机,持续开机,全天开机

续表

分类	指数名称	每日气象指数取值说明	时段	级数	等级描述(1～5级)
出行气象	洗车指数	08—08时逐时值最大	全年	5	优,较好,一般,较差,差
	雨伞指数	08—08时逐时值最大	全年	5	不必带伞,可不带伞,考虑带伞,最好带伞,一定带伞
	旅游气象条件指数	08—20时逐时值平均	全年	5	极适宜,适宜,基本适宜,不太适宜,不适宜
	登山指数	08—20时逐时值平均	全年	5	极适宜,适宜,基本适宜,不太适宜,不适宜
	晨练指数	05—10时逐时值平均	全年	5	极适宜,适宜,基本适宜,不太适宜,不适宜
	游泳气象指数	08—20时逐时值平均	全年	5	极适宜,适宜,基本适宜,不太适宜,不适宜
	商场客流量气象指数	08—20时逐时值平均	全年	5	较少,少,一般,较多,多
	交通(事故)气象指数	08—08时逐时值最大	全年	5	少,较少,一般,较多,最多
环境气象	空气污染气象条件指数	08—08时逐时值平均	全年	5	优,较好,一般,较差,差
	城市火险气象等级	08—08时逐时值最大	全年	5	低,较低,中等,高,极高
	森林火险气象等级	08—08时逐时值最大	全年	5	极低,低,中等,高,极高
饮食气象	饮料、啤酒气象指数	08—20时逐时值平均	全年	5	差,较差,一般,较好,优

第七节 公共卫生气象服务

公共卫生气象服务是指为公众在日常工作生活中由不良气象条件引发的生理与心理疾患,或由不良气象条件引发的突发公共卫生事件等提供气象服务信息,为民众的疾病防治、卫生保健和政府应急处置公共卫生事件提供服务。

一、开展条件

1. 应对已经发生的天气现象或天气预报的天气现象或气候事件对人体健康造成的不利影响。
2. 应对不良气象条件引发的突发公共卫生安全事件。
3. 应对自然灾害的卫生应急响应。
4. 应对其他可能影响公众健康,需要气象部门提供服务的突发事件。

二、服务流程

(一)气象部门制作

气象部门根据天气情况制作公共卫生事件预报预警信息,并报主管领导审核。

(二)卫生部门制作

卫生部门对预报预警信息进行分析,指出当前已经造成影响的范围、易感人群分布、人数、强度等,提出合理防范建议,报主管领导审核。

(三)会商,联合发布

气象部门与卫生部门进行必要会商,联合发布公共卫生气象预警信息,并联合署名。

(四)信息反馈

气象部门及时将最新天气信息包括天气、气温、风力等要素预报提供给卫生部门。卫生部门定期及时将最新气象相关疾病疫情(非职业性一氧化碳中毒、中暑、心脑血管疾病、呼吸道疾病、肠道和其他传染性疾病等)反馈给气象部门,公共卫生应急响应期间应根据服务需要,及时向气象部门反馈相关疫情。

(五)交流总结

建立气象部门和卫生部门分季度和年度交流总结制度,交流服务经验,提高服务水平。

三、服务内容

1. 突发自然灾害的卫生应急响应。
2. 突发化学中毒、核泄漏、化学工厂爆炸、危险化学品污染等引发的公共卫生安全问题。
3. 高温热浪对人体健康可能造成的影响。如持续高温条件下,积极应对高温中暑,流行性乙型脑炎、疟疾等传染性疾病以及肠道疾病、食物中毒、感染性腹泻等的预警。
4. 冬春季非职业性一氧化碳中毒事件。
5. 强冷空气及冬季大风、低温天气对心脑血管疾病、呼吸系统疾病的影响。
6. 沙尘暴或雾霾天气引起的沙尘、气溶胶等对人体健康影响。
7. 开展重点传染病气象流行病学的研究,分析重点传染病发生流行与气象因素的相关性和规律性,建立预警预报系统。
8. 开展气候变化对人体健康影响研究,重点是高温热浪、暴雨洪涝、大风、干旱、霾等极端天气和气候事件对湖北省气候变化敏感疾病发生率的影响,开发建立气候变化与健康预警系统。
9. 其他政府或社会需要开展的公共卫生气象服务。

四、服务方式

1. 传真、函件等向相关单位提供。
2. E-mail 或 QQ 等网络电子媒介向相关单位提供。
3. 报纸、电视、短信等方式向公众发布。

五、签发制度

气象部门重点在于把握对公共卫生敏感性天气的提前预报，对其影响范围、持续时间和强度的准确及时预报的审核把关。卫生部门重点在于对天气现象、气候事件可能影响的疾病的现状，可能发生发展情况以及应对措施进行分析和审核把关。公共卫生气象服务产品由气象部门和卫生部门联合发布。

第八节　重大活动气象保障服务

一、相关需求

大型运动会、博览会、文艺演出等重大社会活动经常在户外举办，对于天气状况的准确性和预报的精细化有更多、更高的要求，及时做好气象保障预案和人工消雨作业的各项准备工作，是保障重大活动成功举办的重要前提和基础。

二、服务内容

专题气象服务：根据用户或使用单位的客观需求，逐时滚动制作指定地区未来天空状况、气温、气压、风向风力、相对湿度、能见度等精细化气象要素预报（见表 4.46）。

表 4.46　重大活动专题气象服务一览表

活动类型	服务方式	关注重点
运动会	电话、传真、邮件等	天空状况、气温、气压、风、湿度、能见度等
博览会	电话、传真、邮件等	天空状况、气温、风、能见度等
大型文艺演出	电话、传真、短信等	天空状况、气温、气压、风、能见度等
省人大、政协会议	电话、传真等	天空状况、气温、风等

预警服务：对重大活动期间可能出现的高影响天气（大雾、大风、强对流、暴雨），随时向用户或使用单位发布相应预警信息。

气象条件分析与影响评估：开展重大活动气象条件分析，并针对灾害性天气对活动的可能影响进行评估，给出防范提示和对策建议。

现场服务：重大活动期间，根据天气情况，气象专家与气象服务应急保障车进驻重大活动现场，开展现场气象保障服务。

人工影响天气服务：认真落实人工影响天气作业的各项准备工作，根据天气情况，在用户或使用单位的要求下，布置人工影响天气作业，保障重大活动的顺利进行。

三、服务措施

1. 根据重大活动影响情况，成立相应的气象保障服务领导小组。

2. 了解重大活动气象服务用户和使用单位的需求，确定具体服务方案或实施计划，将任务层层分解、步步细化、落实到岗、落实到人。

3. 行政领导和业务人员严格执行带班、值班制度，气象台根据情况可强化 24 小时值班制度，切实落实岗位责任制；加强巡查，及时发现并解决气象业务系统存在的隐患问题，保证气象观测、通信、预报、服务等业务系统重大活动期间稳定可靠运行。

4. 根据气象服务方案提供专题气象服务、预警服务和气象条件分析与影响评估。

5. 必要时开展现场跟踪气象服务和实施人工影响天气作业。

6. 加强重大活动气象保障服务宣传，影视节目中适时增加重大活动气象服务内容、网站开辟专栏等。

第九节 重大工程气象保障服务

一、相关需求

大桥合龙、道路修建、管道铺设等重大工程对于各种气象要素有着不同的要求，从重大工程的设计、施工、投产、正常运行等各个环节都以气象服务作为重要基础和科学支撑。量化气象服务指标，提供专业化气象服务，保障重大工程顺利竣工。

二、服务内容

专题气象服务：根据用户或使用单位的客观需求，适时制作指定地区未来天空状况、气温、气压、风向风力、相对湿度、能见度等精细化气象要素预报（见表 4.47）。

表 4.47 重大工程专题气象服务一览表

工程类型	服务方式	关注重点
大桥合龙	电话、传真、邮件等	天空状况、气温、风、湿度、能见度等
道路修建	电话、传真、短信等	天空状况、气温、风、能见度等
管道铺设	电话、传真、短信等	天空状况、气温、风、能见度等
其他重大工程	电话、传真、邮件、短信等	天空状况、气温、气压、风、湿度、能见度等

预警服务：对重大工程期间可能出现的高影响天气（大雾、大风、强对流、暴雨），随时向用户或使用单位发布相应预警信息。

气象条件分析与影响评估：开展重大工程气象条件分析，并针对灾害性天气对工程的可能影响进行评估，给出防范提示和对策建议。

三、服务措施

1. 了解重大工程气象服务用户和使用单位的需求，确定具体服务方案或实施计划，将任务层层分解、步步落实、落实到岗、落实到人。

2. 根据气象服务方案提供专题气象服务、预警服务和气象条件分析与影响评估。

3. 必要时以用户需求作为研究对象，收集、整理和分析有关资料，建立天气预报模型，提供更加精细的气象预报。

4. 加强重大工程气象保障服务宣传，影视节目中适时增加重大工程气象服务内容、网站开辟专栏等。

第十节 重要时段气象保障服务

一、春节、“五一”、“十一”、元旦等节假日气象服务

(一)相关需求

节假日期间是旅游、交通运输、商业活动、用电用水用气的高峰期,及时准确地制作旅游景点、主要交通干线的天气状况(雨、雪、雾等)、气温、气压、相对湿度、风向风力和能见度等精细化气象要素预报,为相关部门提供科学依据和支撑,全力降低灾害性天气对人民群众生命和财产安全的不利影响,保障社会公众的安全顺利出行。

(二)服务内容

1. 短期天气预报:每日多时次(06 时、11 时、15 时)滚动发布未来 1～3 天天空状况、气温、风向风力等预报。

2. 中期天气预报:每日滚动发布未来 4～10 天天空状况、气温、风向风力等预报。

3. 短时临近预报:每日多时次(06 时、12 时、18 时)滚动发布未来 0～6 小时定量降水和灾害性天气(强降水、雷电、冰雹、大风等)落区预报。

4. 预警信号:适时发布台风、暴雨、暴雪、寒潮、大风、沙尘暴、高温、干旱、雷电、冰雹、霜冻、大雾、霾、道路结冰等气象灾害的预报预警。

5. 旅游景点预报:每日定时发布湖北省 13 个景点的未来 1～3 天逐 12 小时天空状况、逐 24 小时高低温等预报。

6. 交通气象预报:每日发布主要交通干线天空状况、气温、气压、风向风力、相对湿度等预报及雷电、雾、路面结冰等灾害性天气预警报。

7. 电力气象预报:每日发布重要电力站点天气状况、风向风力、气温等预报及暴雨,雷电、雾、道路结冰等灾害性天气预报预警。

8. 地质灾害预报:不定期与国土资源部门联合发布未来 24 小时省内地质灾害等级预报。

(三)服务措施

1. 提前与国家气象中心,省内地、市气象局进行天气会商,确定节日预报结论。

2. 召开新闻发布会,向公众媒体提供节日天气预报。

3. 通过手机短信、广播电视、网络等多种信息途径,适时滚动发布节日天气信息。

4. 加强与旅游、电力、水利、交通等相关部门的联系,全力做好节日气象服务。

5. 执行领导带班,安排 24 小时专人值班制度,保障通信联络畅通,做好突发事件的信息报送。

6. 提供省内旅游景点、交通、电力等专业预报服务。

二、春运气象服务

(一)相关需求

“春运”期间,各种灾害性天气(大雾,低温雨雪,大风等)频繁发生直接影响旅客的安全便捷出行。其中,低温雨雪天气导致道路结冰现象和大雾天气导致交通道路能见度降低对交通

运输影响尤其严重。切实做好各项春运气象服务工作，是保障“春运”期间交通运输安全的迫切需求和重要支撑。

（二）服务内容

1. 短期天气预报：每日多时次（06时、11时、15时）发布未来1～3天天空状况、气温、风向风力等预报。

2. 中期天气预报：每日定时发布未来4～10天天空状况、气温、风向风力等预报。

3. 预警信号：适时发布暴雪、寒潮、大风、雷电、冰雹、霜冻、大雾、霾、道路结冰等气象灾害预警信号。

4. 重大气象信息专报：不定时向上级部门发送湖北省未来重大天气过程趋势预测。

5. 交通气象预报：每日发布主要交通干线天空状况、气温、气压、风向风力、相对湿度等预报及道路结冰、雾、暴雪等灾害性天气预警。

6. 电力气象预报：每日发布华中区域重要电力站点天气状况、风向风力、高温、低温等预报及暴雨、雷电、雾、道路结冰等灾害性天气预报预警。

（三）服务措施

1. 召开“春运”动员大会，使广大职工充分认识春运气象服务重要性和所面临的严峻形势，加强预报的准确性和敏感性。

2. 成立“春运”气象服务保障小组，制定春运气象服务实施方案和应急预案，严格执行24小时值守班和领导带班制度。

3. 提前与国家气象中心，省内地、市气象局进行天气会商，确定节日预报结论。

4. 召开新闻发布会，向公众媒体提供春运天气趋势预报，了解气象服务需求，提高预报服务时效性、针对性和可用性。

5. 通过手机短信、广播电视、网络等多种信息途径，适时滚动发布“春运”气象服务信息，引导公众安全出行。

6. 加强与“春运”指挥部、交通运输（包括公路、铁路、民航和船运）等部门的沟通联系，全力做好春运气象服务工作。

7. 加强对灾情资料的收集、整理和分析，改进和完善预报中的不足之处。

三、中考、高考气象服务

（一）相关需求

中考、高考期间出行人员倍增，如发生暴雨、雷电、大风、大雾等天气，将直接影响考生和家长出行安全，也会造成交通堵塞，延误考生赶考时间。同时也要谨防高温天气给考生造成的身体不适。

（二）服务内容

1. 短期天气预报：每日多时次（06时、11时、15时）滚动发布未来3天天空状况、气温、风向风力等预报。

2. 中期天气预报：每天定时发布未来4～10天天空状况、气温、风向风力等预报。

3. 短时临近预报：每天多时次（06时、12时、18时）发布未来0～6小时定量降水和灾害性天气（强降水、雷电、冰雹、大风等）落区预报。

4. 预警信号:适时发布暴雨、大风、冰雹、雷电、大雾、高温等灾害性天气预警信号。

5. 专题气象服务:考前3～5天开始滚动发布未来3天天空状况、气温、气压、风向风力等气象要素预报。

6. 交通气象服务:发布主要交通干线未来3天天空状况、气温、气压、风向风力、相对湿度等预报及雷电、大雾等灾害性天气预警。

(三)服务措施

1. 提前与省内地市进行天气会商,确定中考、高考期间预报结论。

2. 通过气象服务平台以手机信息、广播电视、网络等多种信息手段,滚动发布考试期间天气预报。

3. 加强与教育、交通、通讯、新闻媒体等部门的合作,全力做好气象服务工作。

第五章　应急气象服务

本章在介绍应急气象服务基本特点、基本原则、基本要求的基础上，重点介绍气象灾害应急预案、应急响应及突发公共事件应急响应条件和任务，以提高气象灾害防范、处置能力，最大限度地减轻或者避免灾害造成人员伤亡、财产损失，为经济和社会发展提供有效保障。

第一节　应急气象服务概要

一、应急气象服务的基本特点

应急气象服务是为配合灾害应急处置而实施的气象监测、预报警报、评估、防范建议等气象服务，主要包括气象灾害应急预案启动、气象灾害应急响应、突发公共事件应急响应等。

突发公共事件，是指突然发生，造成或者可能造成严重社会危害，需要采取应急处置措施予以应对的自然灾害、事故灾难、公共卫生事件和社会安全事件。根据突发公共事件的种类，可以分为两大类，一类是针对气象灾害或因气象因素引发的水旱灾害、地质灾害、海洋灾害、森林草原火灾等灾害实施的应急气象服务，另一类是针对非气象重大灾害引起的，灾害的发展进程与气象相关或气象因子对救灾有影响的突发公共事件实施的应急气象服务。

根据气象灾害和突发公共事件发生、发展的速度、特性和种类，应急气象服务具有如下基本特点。

（一）时效性

由于突发自然灾害或公共事件产生、发展具有时间地点的不确定性，其发生时效短、突发性强。为了最大限度地减轻或避免突发事件造成的人员伤亡和财产损失，气象应急服务应具有很强的时效性，需要在灾害来临之前或灾害正在发生时，及时开展应急气象服务工作，尽可能降低灾害造成的损失。

（二）多样性

气象灾害及其次生灾害种类繁多且影响范围广，非气象灾害引起的突发公共事件也有不同的类型，由此造成的致灾机理不同、预见期不同，因而应急处置的方式不同，应急气象服务呈现出多样性和复杂性，需要在实际工作中分类处理，提高工作效率。

（三）前瞻性

为了正确分析和预估气象灾害及突发公共事件影响程度、持续时间、发展趋势等，尽可能给予应急救灾决策和准备以足够的时间，应急气象服务应尽量具有超前性，如开展灾害影响预估、灾害风险预警服务等，就是为了使应急气象服务具有前瞻性。

二、应急气象服务的基本原则

（一）以人为本、减小危害原则

把保障人民群众的生命财产安全作为首要任务和应急处置工作的出发点，全面加强应急气象服务体系建设，在最大程度上减少人民群众生命财产损失。

（二）预防为主、科学高效原则

努力提高气象灾害的预见期，提高预测、预报、预警和评估的准确性，制定科学、规范的分类应急预案，实行工程性和非工程性措施相结合，提高气象灾害监测预警能力和防御标准。充分利用现代科技手段，提高气象应急服务的现代化水平和应急处置能力。

（三）分级管理、属地为主原则

根据气象灾害和突发公共事件的范围、性质和对经济、社会和公众健康危害程度，气象应急服务实施分级管理。省级气象部门加强技术指导，灾害发生地气象部门配合人民政府负责本地区气象应急处置工作。

（四）依法规范、协调有序原则

依照法律法规和相关职责，建立完善科学、规范的气象灾害和突发公共事件应急处置工作机制，及时有效开展气象应急服务。加强各地区、各部门的信息沟通，做到资源共享，并建立协调配合机制，使应急气象服务工作更加规范有序、运转协调。

第二节　湖北省气象灾害应急预案

《湖北省气象灾害应急预案》于2010年4月22日经湖北省人民政府第52次常务会议审议通过，2010年12月21日以鄂政办发〔2010〕67号发布。

一、总则

（一）编制目的

建立健全气象灾害应急机制，提高气象灾害防范和应对能力，最大限度地减轻或者避免气象灾害造成人民生命财产损失，保障经济社会可持续发展。

（二）编制依据

本预案依据《中华人民共和国突发事件应对法》《中华人民共和国气象法》《气象灾害防御条例》《湖北省实施〈中华人民共和国气象法〉办法》《湖北省人工影响天气管理办法》《湖北省气象灾害预警信号发布与传播管理办法》《国家气象灾害应急预案》《湖北省突发事件总体应急预案》等编制。

（三）适用范围

本预案适用于湖北省范围内台风、暴雨、暴雪、寒潮、大风、低温、高温、干旱、雷电、冰雹、霜冻、冰冻、大雾、霾等气象灾害的防范和应对。

因气象因素引发水旱灾害、地质灾害、森林火灾、道路结冰等其他灾害的处置，适用有关应急预案的规定。

（四）工作原则

1. 以人为本，减少危害。把保障人民群众的生命财产安全作为首要任务，全面加强气象灾害应急体系建设，最大限度地减少灾害损失。

2. 预防为主，科学高效。充分利用现代科技手段，实行工程性和非工程性措施相结合，提高气象灾害监测预警能力和防御标准，做好各项应急准备，提高应急处置能力。

3. 依法规范，协调有序。依照法律法规和相关职责，加强各地、各部门之间的协调配合，规范气象灾害应对工作，做到资源共享、协调运转。

4. 军地协同，社会联动。发挥驻鄂部队、武警和民兵预备役部队的作用，在紧急情况下调动全社会力量，共同做好气象灾害应对工作。

5. 分级管理，属地为主。根据灾害造成或可能造成的危害和影响，对气象灾害实行分级管理。灾害发生地政府负责本行政区域气象灾害的防范应对工作。

二、组织体系及工作职责

（一）组织体系

1. 指挥机构

成立湖北省气象灾害应急指挥部，其组成如下：

指挥长：分管副省长。

副指挥长：省政府分管副秘书长、省气象局局长。

成员：省委宣传部，省发改委、省经信委、省教育厅、省公安厅、省民政厅、省财政厅、省国土资源厅、省环保厅、省住建厅、省交通运输厅、省水利厅、省农业厅、省林业厅、省商务厅、省卫生厅、省广电局、省工商局、省旅游局、省粮食局、省物价局、省安监局、省政府新闻办，省军区、武警湖北总队，省通信管理局、民航湖北监管局、省气象局、长江海事局、武汉铁路局、省电力公司等单位负责同志。

2. 办事机构

指挥部办公室设在省气象局，办公室主任由省气象局副局长兼任。必要时从成员单位抽调人员集中办公。

市、州、县政府成立相应的指挥机构和办事机构，在上级指挥部和本级政府的领导下，负责本行政区域内的气象灾害应对工作。

（二）工作职责

1. 指挥部职责

负责统一领导气象灾害应急工作；决定气象灾害防御和救灾重大事项；协调相关地区、有关部门开展应急处置工作；决定气象灾害应急响应启动与终止。

2. 指挥部办公室职责

负责落实指挥部的决定；向指挥部提出应急处置建议；修订完善应急预案；完成指挥部日常工作。

3. 成员单位职责

省委宣传部：主要负责指导省内新闻媒体、协调中央新闻媒体做好宣传报道工作，协调解决宣传报道中出现的问题，收集、跟踪境内舆情，做好舆论引导工作。

省发改委：主要负责建立健全重要应急物资监测网络、预警体系和应急物资生产、储备、调配体系，做好相关应急物资的储备、调拨和供应；协调安排防灾减灾基础设施建设。

省经信委：主要负责组织电力调配，保障电力供应；根据需要启动相关应急预案，调用应急药品和医疗器械，组织应急物资的生产和调运。

省教育厅：主要负责部署全省教育系统抗灾救灾工作，指导各地教育部门和学校抗灾救灾；组织开展校舍安全检查，根据灾情调整教学时间，确保师生安全。

省公安厅：主要负责监控各地治安状况，维护灾区社会治安秩序；组织疏导交通，适时采取交通管制措施；依法打击各类趁灾实施的违法犯罪行为；指挥调度应急救援力量，协助开展抢险救灾，救护受灾遇险群众。

省民政厅：主要负责掌握、发布气象灾害灾情信息，组织开展灾情核查、评估工作；组织灾害救助，申请、分配、管理救灾款物并监督使用；协助灾区政府转移安置灾民，做好灾民临时生活安排；组织协调因灾倒塌农房的恢复重建；指导和接受救灾捐赠。

省财政厅：主要负责抗灾救灾资金的筹措、拨付和监督检查。

省国土资源厅：主要负责由气象灾害引发的地质灾害监测预警工作，及时掌握各地发生的地质灾害情况；核实、上报险情或灾情，提出划定地质灾害危险区的意见；组织险情或灾情监测和评估，预测灾害发展趋势和潜在威胁，提出抢险救灾应急防范对策、措施，防止灾害进一步扩大。

省环保厅：主要负责对灾区环境污染情况进行监测、分析并提出处置方案；对可能存在较长时间环境影响的区域发出警告，提出控制措施；灾害得到控制后指导现场环境污染的消除。

省住建厅：主要负责组织检查市政公用行业生产经营企业采取防灾减灾措施，组织抢修队伍及时排除故障，防止供水供气事故发生；督促企业帮助和指导居民落实安全用水用气措施；组织检查建筑施工场所，责成施工单位在灾害期间停止室外施工，妥善安置建筑民工；会同有关部门对危房、临时建筑物、工地塔吊进行安全检查，及时疏散人员，防止倒塌伤人。

省交通运输厅：主要负责道路交通运输情况的监测，按照交通应急预案采取措施，保证道路交通畅通；负责所辖水域的交通管制和搜救工作；协调抗灾救灾人员、物资的运输；组织提供转移灾民所需的交通工具。

省水利厅：主要负责洪水的监测、预报和旱情的监测工作；组织水旱灾情核查和综合上报，掌握发布汛情旱情和防汛抗旱工作动态，商有关部门发布水旱灾情；组织实施江河湖库和水利工程防汛抗旱调度；加强全省水利、防洪工程的管理，督促及时修复水毁水利工程。

省农业厅：主要负责农作物和养殖业等因气象灾害引发的农业灾害监测，指导各地做好防灾减灾工作；掌握和核报农业受灾情况，分析气象灾害对农业生产的影响，提出措施建议；制定灾后补救措施，组织农民开展生产自救。

省林业厅：主要负责统计上报有关林业受灾信息，协助指导当地政府和林业主管部门做好防灾减灾工作。

省商务厅：主要负责组织灾区生活必需品的供应，组织粮、油、肉、蛋、菜等重要生活必需品的市场监测，及时报告监测情况；会同物价部门加强市场监管，平抑物价，维护市场稳定。

省卫生厅：主要负责组织医疗卫生机构组建救灾防病应急队伍，根据需要开展医疗救护和卫生防疫工作，对灾区卫生应急工作进行指导和援助。

省广电局：主要负责指导广播、电视等媒体及时播发气象信息，做好宣传报道工作。

省工商局：主要负责依法打击囤积、欺行霸市等违法经营行为，维护市场秩序；加强灾区流通领域商品质量监督管理，重点加强灾区食品、食用农产品以及灾后重建所需生产资料的市场管理；协助当地政府做好因灾受损市场内经营户临时经营场地安置工作；参与灾后市场重建的规划工作。

省旅游局：主要负责组织实施对因气象灾害滞留在景区的游客和工作人员的救援工作，及时向本行业传播气象灾害预警信息。

省粮食局：主要负责组织做好灾区粮食市场的调控和供应工作，确保灾民基本生活所需的粮、油供应。

省物价局：主要负责监测灾区主要生活必需品的市场价格情况，及时查处相互串通、哄抬物价、扰乱市场物价等违法行为。

省安监局：主要负责组织开展安全生产预防性检查，督促各生产经营单位落实各项安全措施；组织专业应急救援队伍，做好应对气象灾害的各项准备和实施工作。

省政府新闻办：主要负责组织指导应急新闻发布工作，收集、跟踪境外境内舆情，加强互联网新闻和舆情的监控、管理，做好舆论引导工作；负责协调外国及港澳台记者来鄂采访报道接待管理的相关事宜。

省军区：主要负责指挥、协调驻鄂部队、民兵预备役部队参与抢险救灾工作。

武警湖北总队：主要负责组织武警部队的抢险救灾行动，配合公安机关维护灾区社会秩序，保卫重要设施。

省通信管理局：主要负责协调和指导相关电信运营企业及时播发预警信息，组织灾区通信设施的抢修，保障通信畅通。

民航湖北监管局：主要负责机场气象灾害防范应对工作，情况严重时关闭机场，并组织协调机场、航空公司做好滞留旅客的安置、疏导、转运等工作。

省气象局：主要负责灾害性天气气候的监测、预警预报的制作和发布，及时发布气象服务信息；为省政府启动和终止应急预案、组织气象防灾减灾提供决策依据和建议；组织实施人工影响天气工作。

长江海事局：主要负责灾害性天气发生时长江干线水上船舶的防护引导，并组织对遇险船舶及人员的搜救。

武汉铁路局：主要负责抢修受灾铁路线路，制定运输方案，调配运力，快速疏导滞留旅客、运送救援人员和救灾物资，保障灾区铁路畅通。

省电力公司：主要负责电网系统和电力设施运行监测，做好电力设施抢修，保障城乡居民及生产安全有序用电，及时报告受灾影响和恢复情况。

（三）指挥机制

发生全省性大范围的气象灾害，并造成较大危害时，由省政府决定启动相应的应急指挥机制，统一领导和指挥气象灾害及其次生、衍生灾害的应急处置工作。

1. 台风、暴雨、干旱引发江河洪水、山洪、渍涝、干旱等水旱灾害，由省防汛抗旱指挥部负责指挥应对工作。

2. 暴雪、冰冻、低温、寒潮、高温，严重影响交通、电力、能源等正常运行，由省低温雨雪冰冻灾害应急指挥部和相关部门启动煤电油气运保障工作协调机制；严重影响通信、重要工业品保障、农业生产、城市运行、重大疫情等方面，由相关部门负责协调处置工作。

3. 气象灾害受灾群众生活救助工作，由省自然灾害救助应急指挥部组织实施。

对上述各种灾害，市、州、县政府要先期启动相应的应急指挥机制或建立应急指挥机制，启动相应级别的应急响应，组织做好防范应对工作。省政府有关部门进行指导。

大风、雷电、冰雹、霜冻、大雾、霾等灾害，由市、州、县政府启动相应的应急指挥机制，做好应急处置工作。

三、预防和应急准备

（一）气象灾害防御规划

在省政府领导下，由省气象局牵头，组织相关部门和单位分析研判省内气象灾害发生概率、可能发生灾害的最高等级及承灾体脆弱程度，开展气象灾害风险性评估，编制《气象灾害防御规划》，提出气象灾害防御措施。

（二）避难场所准备

市、州、县政府应加强应急避难场所建设，并设立场所及路线标志，制订完善紧急疏散办法和程序，确保处于危险区域的群众及时、安全躲避。

（三）应急队伍准备

各地、各有关部门要加强各类应急队伍建设，配备必要装备，提高应急处置能力。

（四）应急预案演练

在指挥部领导下，指挥部办公室定期组织各成员单位开展气象灾害应急演练。预案演练应立足于实战，强化应急意识，熟悉应急程序，检验应急机制，锻炼应急队伍，为修订和完善预案提供依据。

（五）应急宣传培训

宣传、教育等有关部门要制定应对气象灾害的宣传教育、培训规划；气象部门要编制应对气象灾害通俗读本，加强对应急管理人员、应急救援人员和公众的应急处置、专业知识和技能的培训。

政府机关、社会团体、企事业单位、村(居)委会负责对本单位、本地区的人员进行应急法律法规和防灾避险、自救互救等常识的宣传普及教育和技能培训。教育主管部门和学校应将气象灾害应急基础知识作为教学的重要内容，设置应急教育课程，普及防灾应急知识。广播、电视、报纸、互联网等新闻媒体，应广泛宣传公共安全、气象灾害、防灾救灾和自救互救知识，增强全民安全防范意识，提高公众应急能力。

四、监测预警

（一）监测预报

1. 监测预报体系建设

有关部门要按照职责分工，加强新一代天气雷达、气象卫星和水文等监测系统的建设，优化加密观测网站，完善监测网络，提高对气象灾害及其次生、衍生灾害的综合监测能力。建立和完善气象灾害预测预报体系，加强对灾害性天气事件的会商分析，做好灾害性、关键性、转折性重大天气预报和趋势预测。

2. 信息共享

气象部门及时发布气象灾害监测预报信息，并与公安、民政、国土资源、环保、交通运输、水利、农业、林业、卫生、安监、铁路、电力等相关部门建立相应的气象及气象次生、衍生灾害监测预报预警联动机制，实现相关灾情、险情等信息的实时共享。

3. 灾害普查

气象部门建立以社区、村镇为基础的气象灾害调查收集网络，组织气象灾害普查、风险评估和风险区划工作。

（二）预警信息发布

1. 发布制度

气象灾害预警信息发布遵循“归口管理、统一发布、快速传播”的原则，由气象部门负责制作并按预警级别分级发布，其他任何组织、个人不得制作和向社会发布气象灾害预警信息。

2. 预警级别

按照气象灾害的影响范围、严重性和紧急程度，气象灾害预警级别分为Ⅰ级（特别重大）、Ⅱ级（重大）、Ⅲ级（较大）、Ⅳ级（一般），分别用红、橙、黄、蓝四种颜色标示，Ⅰ级为最高级别。具体分级标准为：

（1）Ⅰ级预警

①台风：预计未来48小时将有强台风登陆并影响我省。

②暴雨：过去48小时10个以上县（市、区）出现250 mm以上降水，预计未来24小时上述地区仍将出现暴雨天气。

③暴雪：过去48小时50个以上县（市、区）降雪量达到10 mm以上，积雪深度达5 cm，且预计降雪将继续维持。

④低温、冰冻：出现以下情况之一，且预报雨雪天气持续的：

全省50个以上县（市、区）连续3天以上日平均气温≤0 ℃；或40个以上县（市、区）连续5天以上日平均气温≤0 ℃；或30个以上县（市、区）连续8天以上日平均气温≤0 ℃；或20个以上县（市、区）连续10天以上日平均气温≤0 ℃。

全省50个以上县（市、区）24小时内降雪量达5 mm以上；或40个以上县（市、区）24小时内降雪量达8 mm以上；或30个以上县（市、区）24小时内降雪量达12 mm以上；或20个以上县（市、区）24小时内降雪量达15 mm以上。

全省50个以上县（市、区）积雪深度5 cm以上；或40个以上县（市、区）积雪深度10 cm以上；或30个以上县（市、区）积雪深度15 cm以上；或20个以上县（市、区）积雪深度20 cm以上。

⑤干旱：50个以上县（市、区）综合气象干旱指数达到重旱等级并持续7天以上，且预计未来7天内持续。

⑥各种灾害性天气已对群众生产生活造成特别重大损失和影响，超出本市（州）处置能力，需要由省政府组织处置的，以及上述灾害已经启动Ⅱ级响应但仍可能持续发展或影响其他地区的。

（2）Ⅱ级预警

①台风：预计未来48小时将有台风登陆并影响我省。

②暴雨：过去48小时10个以上县（市、区）出现200 mm以上降水，预计未来24小时上述

地区仍将出现暴雨天气。

③暴雪:过去48小时30个以上县(市、区)降雪量达到10 mm以上,积雪深度达5 cm,且预计降雪将继续维持。

④寒潮:预计48小时40个以上县(市、区)平均气温下降14 ℃并伴有5级以上大风,最低气温降至2 ℃以下。

⑤低温、冰冻:出现以下情况之一,且预报雨雪天气持续的:

全省40个以上县(市、区)连续3天以上日平均气温≤0 ℃;或30个以上县(市、区)连续5天以上日平均气温≤0 ℃;或20个以上县(市、区)连续8天以上日平均气温≤0 ℃。

全省40个以上县(市、区)24小时内降雪量达5 mm以上;或30个以上县(市、区)24小时内降雪量达8 mm以上;或20个以上县(市、区)24小时内降雪量达12 mm以上。

全省40个以上县(市、区)积雪深度5 cm以上;或30个以上县(市、区)积雪深度10 cm以上;或20个以上县(市、区)积雪深度15 cm以上。

⑥高温:过去48小时30个以上县(市、区)连续5天日最高气温达37 ℃以上,且预计未来3天高温天气仍将持续。

⑦干旱:40个以上县(市、区)综合气象干旱指数达到重旱等级并持续7天以上,且预计未来7天内持续。

⑧灾害性天气已对群众生产生活造成重大损失和影响,以及上述灾害已经启动Ⅲ级响应但仍可能持续发展或影响其他地区的。

(3)Ⅲ级预警

①台风:预计未来48小时将有强热带风暴登陆并影响我省。

②暴雨:过去24小时15个以上县(市、区)出现100 mm以上降水,预计未来24小时上述地区仍将出现暴雨天气。

③暴雪:过去48小时20个以上县(市、区)降雪量达到10 mm以上,积雪深度达5 cm,且预计降雪将继续维持。

④寒潮:预计24小时20个以上县(市、区)平均气温下降12 ℃并伴有5级以上大风,最低气温降至5 ℃以下。

⑤大风:预计未来6小时大部地区可能受大风影响,平均风力达6～7级,或者阵风10级以上;或者大部地区已经受大风影响并造成严重灾害,并大风可能持续。

⑥低温、冰冻:出现以下情况之一,且预报雨雪天气持续的:

全省30个以上县(市、区)连续3天以上日平均气温≤0 ℃;或20个以上县(市、区)连续5天以上日平均气温≤0 ℃。

全省30个以上县(市、区)24小时内降雪量达5 mm以上;或20个以上县(市、区)24小时内降雪量达8 mm以上。

全省30个以上县(市、区)积雪深度5 cm以上;或20个以上县(市、区)积雪深度10 cm以上。

⑦高温:过去48小时20个以上县(市、区)连续3天日最高气温达37 ℃以上,且预计未来3天高温天气仍将持续。

⑧干旱:30个以上县(市、区)综合气象干旱指数达到重旱等级并持续7天以上,且预计未来7天内持续。

⑨大雾：所辖大部分地区已经出现或预计未来 24 小时将出现浓雾天气。

⑩各种灾害性天气已对群众生产生活造成较大损失和影响，以及上述灾害已经启动Ⅳ级响应但仍可能持续发展或影响其他地区的。

(4)Ⅳ级预警

①台风：预计未来 48 小时将有热带风暴登陆并影响我省。

②暴雨：预计未来 24 小时 15 个以上县(市、区)将出现 50 mm 以上降水，且有成片的大暴雨。

③暴雪：过去 48 小时 10 个以上县(市、区)降雪量达到 10 mm 以上，积雪深度达 5 cm，且预计降雪将继续维持。

④寒潮：预计未来 24 小时 40 个以上县(市、区)平均气温下降 10 ℃并伴有 5 级以上大风，最低气温降至 5 ℃以下。

⑤大风：预计未来 6 小时大部地区可能受大风影响，风力达 5～6 级，或者阵风 7 级以上；或者已经受大风影响并造成较大灾害，并大风可能持续。

⑥低温、冰冻：出现以下情况之一，且预报雨雪天气持续的：

全省 20 个以上县(市、区)连续 3 天以上日平均气温≤0 ℃。

全省 20 个以上县(市、区)24 小时内降雪量达 5 mm 以上。

全省 20 个以上县(市、区)积雪深度 5 cm 以上。

⑦高温：过去 48 小时 40 个以上县(市、区)出现 7 天最高气温达 35 ℃以上，且预计未来 3 天高温天气仍将持续。

⑧雷电：所辖大部分地区预计未来 2 小时内将有强雷电发生且可能持续。

⑨冰雹：所辖大部分地区已经出现冰雹，并产生较严重灾害。

⑩霜冻：所辖大部分地区已经出现或预计未来 24 小时将出现霜冻天气。

⑪大雾：所辖大部分地区已经出现或预计未来 24 小时将出现大雾天气。

⑫霾：所辖大部分地区已经出现或预计未来 24 小时将出现能见度小于 2000 m 的霾天气。

⑬各种灾害性天气已对群众生产生活造成一定损失和影响。

由于各种灾害在不同地区和不同行业造成影响程度差异较大，要根据实际情况，结合以上标准在充分评估的基础上，适时启动相应级别的灾害预警。

当同时发生两种以上气象灾害且分别达到不同预警级别时，按照各自预警级别分别预警。当同时发生两种以上气象灾害，且均没有达到预警标准，但可能或已经造成一定影响时，视情进行预警。

3. 发布内容

气象部门根据对各类气象灾害的发展态势，综合预评估分析确定预警级别。

气象灾害预警信息内容包括气象灾害的类别、预警级别、起始时间、可能影响范围、警示事项、应采取的措施和发布机关等。

4. 发布途径

建立和完善公共媒体、应急广播系统、卫星专用广播系统、无线电数据系统、移动通信群发系统、无线电数据系统、突发事件预警信息发布平台等多种手段互补的气象灾害预警信息发布系统，发布气象灾害预警信息。同时，通过广播、电视、报刊、互联网、手机短信、电子显示屏等相关媒体以及一切可利用的传播手段，及时向社会公众发布气象灾害预警信息。涉及可能引发次生、衍生灾害的预警信息通过有关信息共享平台向相关部门发布。

各地、各有关部门要在学校、机场、港口、车站、旅游景点等人员密集公共场所，高速公路、国道、省道等重要道路和易受气象灾害影响的桥梁、涵洞、弯道、坡路等重点路段，以及农牧区、山区等建立起畅通、有效的预警信息发布与传播渠道，扩大预警信息覆盖面。对老、幼、病、残、孕等特殊人群以及学校等特殊场所和警报盲区应当采取有针对性的发布方式。

气象部门组织实施人工影响天气作业前，要及时通知相关地方和部门，并根据具体情况提前通告。

（三）预警准备

各地、各部门要认真研究气象灾害预报预警信息，密切关注天气变化及灾害发展趋势，有关责任人员应立即上岗到位，认真分析、评估可能造成的影响和危害，尤其是对本地区、本部门风险隐患的影响情况，有针对性地提出预防和控制措施，落实应急队伍和物资，做好启动应急响应的各项准备工作。

五、应急处置

（一）信息报告

有关部门按职责收集和提供气象灾害发生、发展、损失以及防御等情况，及时向当地政府或相应的应急指挥机构报告。各地、各部门要按照有关规定逐级向上报告，特别重大、重大突发事件信息要在第一时间向省政府报告。

（二）分级响应

根据气象灾害预警级别和其他专项预案规定，指挥部办公室组织会商会议，进行研判，提出应急响应建议并报指挥部研究决定，Ⅰ级或Ⅱ级应急响应由指挥长决定启动，Ⅲ级或Ⅳ级应急响应由副指挥长决定启动。应急响应启动后，指挥部办公室立即通报各成员单位。各成员单位切实履行各自职责，开展应急处置工作。指挥部办公室负责应急工作的汇总，相关情况及时报告指挥部并向各成员单位进行通报。

（三）分部门响应

因气象灾害引发各类突发事件时，由有关预案牵头部门根据相关规定及时启动相应应急预案，实施相应的应急流程。

当发生台风灾害时，启动《湖北省防御台风灾害应急预案》；当发生洪涝、干旱灾害时，启动《湖北省防汛抗旱应急预案》。当发生低温雨雪冰冻灾害时，启动《湖北省低温雨雪冰冻灾害应急预案》。

当气象灾害造成群体性人员伤亡或可能导致突发公共卫生事件时，启动《湖北省突发事件医疗卫生救援应急预案》。当气象灾害造成地质灾害时，启动《湖北省突发地质灾害应急预案》。当气象灾害造成重大环境事件时，启动《湖北省突发环境事件应急预案》。当气象灾害造成水上船舶险情时，启动《湖北省水上搜救应急预案》。当气象灾害引发森林火灾时，启动《湖北省处置重特大森林火灾应急预案》。当气象灾害引发生产安全事故时，启动相关生产安全事故灾难应急预案。当气象灾害造成严重损失，需进行紧急生活救助时，启动《湖北省自然灾害救助应急预案》。当气象灾害引发城市洪涝、造成涉及农业生产事件、煤电油气运保障工作或重要工业品保障工作出现重大突发问题时，启动相关应急预案。

发改委、经信委、公安、民政、财政、交通运输、水利、商务、铁道、电力等有关部门或单位要按照相关预案，做好气象灾害应急防御和保障工作。新闻宣传、教育、科技、住建、广电、旅游、法制、保险等部门或单位做好相关行业领域协调、配合工作。驻鄂部队、武警部队以及民兵预备役部队等，协助地方政府做好抢险救援工作。

气象部门进入应急响应状态，加强天气监测、组织专题会商，根据灾害性天气发生发展情况随时更新预报预警并及时通报相关部门和单位，依据各地区、各部门的需求，提供专门气象应急保障服务。

（四）现场处置

气象灾害现场应急处置由灾害发生地政府或相应应急指挥机构统一组织，各部门依职责参与应急处置工作。包括组织营救、伤员救治、疏散撤离和妥善安置受到威胁的人员，及时上报灾情和人员伤亡情况，分配救援任务，协调各级各类救援队伍的行动，查明并及时组织力量消除次生、衍生灾害，组织公共设施的抢修和援助物资的接收与分配。

（五）社会力量动员与参与

气象灾害事发地政府或应急指挥机构可根据气象灾害事件的性质、危害程度和范围，调动社会力量参与气象灾害突发事件的处置，紧急情况下可依法征用、调用车辆、物资、人员等。

气象灾害事件发生后，灾区政府或相应应急指挥机构组织各方面力量抢救人员，组织基层单位和人员开展自救互救；邻近的市、州、县政府根据灾情组织和动员社会力量，对灾区提供救助。

鼓励自然人、法人或者其他组织按照《中华人民共和国公益事业捐赠法》等有关法律法规规定进行捐赠和援助。审计、监察部门对捐赠资金与物资的使用情况进行审计和监督。

（六）信息发布

气象灾害的信息发布应当及时、准确、客观、全面，灾情发布由有关部门按规定办理。

信息发布形式主要包括权威发布、提供新闻稿、组织报道、接受记者采访、举行新闻发布会等。

信息发布内容主要包括气象灾害种类及其次生、衍生灾害的监测和预警，因灾伤亡人员、经济损失、救援情况等。

（七）应急终止或解除

气象灾害得到有效处置后，经评估，短期内灾害影响不再扩大或已减轻，气象部门发布灾害预警降低或解除信息，启动应急响应的机构或部门降低应急响应级别或终止响应。

六、后期处置

（一）调查评估

灾害发生地政府或应急指挥机构应当组织有关部门对气象灾害造成的损失及气象灾害的起因、性质、影响等问题进行调查、评估与总结，分析气象灾害应对处置工作经验教训，提出改进措施。灾情核定由各级民政部门会同有关部门开展。应急响应结束后，灾害发生地政府或应急指挥机构应将调查评估结果与应急工作情况报送上级政府。特别重大灾害的调查评估结果与应急工作情况应逐级报至省政府。

（二）善后处置

气象灾害事件应急响应结束后，灾害发生地政府按照有关法律法规要求，做好灾后救助、卫生防疫、保险理赔、灾后重建等工作，保障灾区人民的基本生活。

（三）灾害保险

鼓励公民积极参加气象灾害事故保险。保险机构应当根据灾情，主动办理受灾人员和财产的保险理赔事项。保险监管机构依法做好灾区有关保险理赔和给付的监管。

（四）应急总结

应急响应工作结束后，指挥部应及时对灾害处置工作进行全面总结，分析应急经验教训，查找问题，提出解决问题的措施和建议，不断提高应急工作水平。

七、应急保障

各成员单位应按照职责分工和相关预案规定，做好应对气象灾害的人力、物力、财力保障，做好安全保卫、交通运输、医疗卫生、通信等工作，确保应急处置与救援工作的需要，确保灾区群众的基本生活需要，保障恢复重建工作的顺利进行。

（一）人力保障

省政府及有关部门根据本地区发生的气象灾害事件影响程度，动员社会团体、企事业单位、志愿者等各种社会力量参与应急救援工作。

充分发挥解放军、武警、预备役部队和民兵在处置气象灾害事件中的骨干和突击作用。

省政府有关部门应为专业应急救援人员购买人身意外伤害保险，配备必要的防护装备和器材，减少应急救援人员的人身风险。

（二）财力保障

省政府有关部门按照现行事权、财权划分和分级负担的原则，安排应急工作预备费和一定数量的日常工作经费，保障气象灾害事件应急工作的需要。对受气象灾害事件影响较大、财政困难的地区，由事发地政府或政府有关部门提出申请，上级财政适当给予补助，并视情况积极争取中央财政支持。

对受气象灾害事件影响较大的单位和个人，省政府有关部门应及时研究提出相应的救助政策，报省政府批准后实施。

省财政、审计部门应对财政应急保障资金的使用情况进行监督管理。

（三）物资保障

省政府有关部门按照职责分工，建立健全应急物资储备保障制度，完善重要应急物资的监管、生产、储备、调拨和紧急配送体系。对于气象灾害事件易发、多发地区的县（市、区）政府应当建立应急救援物资、生活必需品和应急处置装备的储备制度。

（四）通信保障

通信、广播电视等部门组织、指导协调全省气象灾害应急工作的通信和广播电视保障工作，负责重大气象信息的应急传播。

（五）基本生活保障

民政部门会同事发地政府做好受灾群众的基本生活保障工作，确保灾区群众有饭吃、有水喝、有衣穿、有住处。

(六)交通运输保障

交通运输、公安等部门保证紧急情况下应急交通工具的优先安排、优先调度、优先放行，确保运输安全和畅通。交通设施受损时，有关部门、单位或当地政府应迅速组织力量进行抢修。

第三节　湖北省气象灾害应急响应工作规程

为贯彻落实《中国气象局气象灾害应急预案》和《湖北省气象灾害应急预案》、中国气象局《重大突发事件信息报送标准和处理办法实施细则》，切实履行气象防灾减灾职责，确保气象灾害应急工作科学、有力、有序和有效地进行，最大限度预防和减轻气象灾害造成的人员伤亡和财产损失，制定本规程。本规程适用于湖北省气象部门内启动气象灾害应急响应工作。

一、组织机构与主要职责

(一)组织机构

1. 领导小组

湖北省气象局应急管理领导小组(以下简称领导小组)统一领导和指挥气象灾害的防范与应急处置，领导小组办公室(以下简称应急办)负责应急响应的综合协调，有关处室和直属单位、市(州)气象局、省直管市(区)气象局依据职责分工组织做好应急响应工作。

领导小组组长由省局主要负责人担任；副组长由省局分管业务、应急的负责人担任；成员由省局办公室、减灾处、观测处、预报处、计财处、人工影响天气办公室主要负责人，气象台、气候中心、保障中心、公众中心、服务中心、湖北分院、机关服务中心、防雷中心主要负责人组成。

2. 应急办

应急办主任由办公室主要负责人担任；副主任由减灾处、观测处、预报处主要负责人，以及办公室、减灾处分管应急工作负责人组成；成员由办公室、减灾处、观测处、预报处相关人员组成。

(二)主要职责

1. 领导小组主要职责

(1)统一领导全省气象部门应急工作。

(2)决定应急管理工作重大事项，审定气象灾害应急工作方案。

(3)指挥、督促全省各级气象部门开展应急响应工作。

(4)指挥、协调有关市(州、区)气象局的气象灾害应急处置工作，决定是否派出现场工作组。

(5)调度应急处置所需的人力、物力、财力、技术装备等资源。

(6)指挥处置气象灾害应急过程中其他重大突发事件。

(7)决定应急响应的启动和终止，签署湖北省气象局重大气象灾害应急响应命令。

2. 应急办主要职责

(1)落实领导小组的各项任务，统一组织、协调气象灾害应急响应处置工作。

(2)负责召集领导小组会议，向领导小组提出启动应急响应建议。

(3)收集和汇总各相关应急情况并向领导小组报告，编辑有关应急响应情况摘报，督促各单位的应急响应工作。

(4)负责组织编写气象灾害应急服务总结及评估报告。

(5)负责组织应急指令和相关信息内部传达。

(6)负责组织、协调、处理全省气象部门内部突发事件。

(7)负责组织省局的应急值守及日常值班工作。

(8)应急状态时，由应急办主任牵头处理应急日常工作；非应急状态时，由应急带班主任牵头处理应急日常工作。

(9)完成领导小组交办的其他任务。

3. 减灾处主要职责

(1)根据气象灾害预报预警情况，组织进行应急会商和综合研判。

(2)组织制作相关决策气象服务材料。

(3)组织开展公众气象服务和专业气象服务。

(4)负责灾情调查、收集及应急气象服务效益评估。

(5)按要求参加天气会商和应急工作会议。

(6)完成领导小组交办的其他任务。

4. 观测处主要职责

(1)负责组织各类气象观测资料的收集和传输。

(2)根据预报和服务需求，负责组织应急加密和移动观测及资料传输。

(3)负责组织气象装备的运行监控、维护、维修和调配。

(4)负责组织开展现场气象应急观测和通信保障任务。

(5)按要求参加天气会商和应急工作会议。

(6)完成领导小组交办的其他任务。

5. 预报处主要职责

(1)负责气象灾害应急相关预报、预警任务的落实。

(2)负责组织协调各类灾害性天气实况、预报、预警及气象灾害风险评估等信息的制作和发布。

(3)根据需要，向观测处提出应急加密和移动观测需求。

(4)组织协调应急响应期间天气预报或预测会商，组织重大灾害天气联防。

(5)按要求参加天气会商和应急工作会议。

(6)完成领导小组交办的其他任务。

6. 办公室主要职责

(1)负责协调落实中国气象局、省委省政府有关气象灾害应急工作指示精神。

(2)统一负责对内对外宣传报道。

(3)负责组织新闻发布和协调现场报道工作。

(4)负责组织应急科普宣传。

(5)按要求参加天气会商和应急工作会议。

(6)完成领导小组交办的其他任务。

7. 其他处室与直属单位主要职责

计财处、人事处根据实际需要或领导小组的要求，做好气象应急队伍组建、灾情调查和应急救灾及灾后重建的资金物资保障工作。气象台、气候中心、服务中心、资讯中心、防雷中心、人工影响天气办公室按照职责分工做好灾害监测、预报预警和气象服务工作。暴雨所做好科技支撑工作。保障中心做好信息与技术保障工作。公众中心做好新闻科普宣传、舆论引导和影视服务工作。湖北分院、机关服务中心做好水电、食宿、医疗等后勤保障工作。省局应急服务中心做好应急值守和信息传达等工作。在需要时，其他单位根据领导小组安排开展相关工作。

二、应急响应启动

（一）应急响应级别

气象灾害应急响应设为Ⅳ级、Ⅲ级、Ⅱ级、Ⅰ级（等级从低到高排列）四个级别，Ⅰ级为最高级别。原则上按照气象灾害种类分别启动不同应急响应，当遇同时发生两种以上气象灾害且适合不同启动级别时，按灾种最高级别启动应急响应。一般情况下，应急响应启动或变更的级别应从低级到高级逐级进行，必要时可根据气象灾害的发生和发展过程，越级调整应急响应级别。

（二）应急响应建议

应急带班主任从应急服务中心获知中国气象局或湖北省政府或相关部门启动应急指令、市州启动应急报告等信息后，应根据值班掌握的相关情况汇同应急办主任向领导小组组长或授权副组长报告；气象台、气候中心根据预测或监测，向减灾处报告可能出现达到应急响应标准的气象灾害，由减灾处负责人会同应急办主任向领导小组组长或授权副组长报告。

应急办主任按照领导小组组长或授权副组长意见组织召集领导小组会议。会议重点以湖北省气象灾害应急预案响应标准或上级部门应急响应命令为应急响应启动的参照标准，综合考虑预警信号、可能影响程度、临近实况监测、发生灾害范围、公众关注程度等多种因素，提出启动、调整应急响应的具体意见，包括启动应急响应种类、级别、范围，是否派出工作组以及其他应急事项等。

（三）应急响应命令签发

应急办主任根据领导小组会议意见，组织起草应急响应命令报领导小组组长或授权副组长签发。应急响应命令包括应急响应的启动、变更（含其种类、级别、范围及其他应急事项）。原则上，Ⅳ级和Ⅲ级应急响应命令由领导小组组长或授权的副组长签发，Ⅱ级和Ⅰ级应急响应命令由领导小组组长签发。

进入应急响应的市（州）、省直管市（区）气象局应按领导小组或当地政府相关要求，根据本地实际情况，原则上启动不低于湖北省气象局应急响应级别的应急响应。

三、应急响应

（一）应急响应原则

遵循分灾响应、分级负责、上下联动的原则，各有关单位按照预案及职责分工做好响应工作。

（二）应急响应要求

1. 启动应急响应命令后，应急办主任应立即组织向有关市（州）气象局、省直管市（区）气象局、直属单位和机关处室传达应急响应命令。

2. 领导小组和应急办全体成员在岗待命(手机全天保持 24 小时开通),全程跟踪气象灾害的发展、变化情况。必要时召集领导小组紧急会议,听取相关应急响应小组情况报告,研究部署具体应对措施,下达应急响应任务。领导小组组长、副组长轮流带班,随时签发向中国气象局、省委、省政府以及有关部门报送的重要材料。

(三)应急响应任务

1. 湖北省气象局相关处室应急响应任务

(1)值班信息报送

应急办在命令宣布后立即组织向中国气象局和省委省政府值班室报送应急响应命令,三小时内向中国气象局应急办上报未来三天的应急带班、值班人员名单和联系方式,并及时滚动上报有关信息直至应急响应命令解除。

(2)重大突发事件报告

办公室、减灾处、预报处、观测处、人工影响天气办公室按照职责分工,按照《中国气象局重大突发事件信息报送标准和处理办法实施细则》随时向中国气象局报送重大突发事件报告;办公室按照省委省政府相关规定,归口向省委、省政府报送重大突发事件报告。

(3)应急服务及综合研判

领导小组和应急办成员参加天气会商,了解天气形势。减灾处组织好应急气象服务工作;随时根据气象灾害及重大气象灾害预警信息,组织相关业务单位研究判断可能产生严重影响时,会同应急办主任向领导小组组长或授权副组长提出响应升级以及向有关市、县派出工作组建议。其他处室按照职责分工做好应急气象服务加密观测、滚动预报、应急通讯保障组织工作。

(4)对外宣传和新闻发布

办公室统一组织对外宣传口径,必要时请示领导小组组长或授权副组长审定。视情况,随时组织省局职责范围内的应急工作对外新闻发布等宣传事宜。

(5)应急工作督办

办公室随时检查、督促应急响应机构各部门工作,对于执行不力,延误响应等情况,随时提出处理意见并报领导小组组长或授权副组长审核。

(6)加密会商和加密观测

Ⅲ级应急响应期间,预报处每天 21:00 组织全省加密天气会商。Ⅱ级应急响应期间,预报处每天两次(10:30、21:00)组织全省加密天气会商;Ⅰ级应急响应期间,预报处每天三次(10:30、15:30 和 21:00)组织全省加密天气会商。天气形势复杂时,随时组织加密天气会商。观测处根据需要组织加密观测。人工影响天气办公室根据需要组织人工影响天气作业。

(7)内部情况通报

减灾处负责向领导小组组长或者副组长报告气象灾害动态,通过办公邮件和手机短信等方式向应急响应机构和部门负责人通报情况。Ⅱ级或Ⅰ级应急响应期间,办公室及时组织向中国气象局、省委、省政府、有关部门及领导小组报告重大气象灾害发展动态及预报服务工作情况;通过办公邮件和手机短信等方式向应急响应机构各部门负责人通报情况。

(8)应急工作情况报告

Ⅲ级及以上应急响应期间,减灾处负责每天 15:00 前将汇总的天气实况及灾情、监测预警预报情况、气象服务情况报办公室；Ⅱ级或Ⅰ级应急响应期间，观测处负责每天 15:00 前将观测网络业务运行情况报办公室。办公室每天 16:00 前汇总应急工作总结，Ⅲ级应急响应期间由应急办主任或副主任审定，Ⅱ级或Ⅰ级应急响应期间由领导小组副组长审定后，报中国气象局应急办和省政府应急办。必要时根据命令增加报告时次。

2. 湖北省气象局直属单位和市(州)、省直管市(区)气象局应急响应任务

(1)应急情况报告

省局有关直属单位立即进入应急工作状态。应急服务中心随时关注中国气象局应急管理平台信息，做好信息传真收发、信息传送和电话接听等应急值守工作。相关市(州)气象局、省直管市(区)气象局 2 小时内在本区域内启动应急响应并报省局办公室、减灾处及省局应急值班室。根据当地天气情况及服务需求，及时向省局应急办报告本局调整、解除应急响应状态的情况。

(2)业务指导和运行保障

气象台、暴雨所、气候中心应当主动加强与相关市(州、区)气象局天气会商，及时发布指导产品，做好重大气象灾害的跟踪服务工作，及时向受影响市(州、区)气象局通报重大气象灾害信息。保障中心及时做好通信保障、设备维护维修，确保设备正常运转。其他直属单位做好相关业务指导工作。

(3)应急气象服务

各直属单位组织本单位应急服务岗位人员参加天气会商，了解天气形势。决策气象服务中心负责做好应急决策气象服务。气象台做好实时监测、滚动预报、跟踪服务。气候中心根据服务需要制作和提供气候背景分析和极端天气气候事件分析、气象灾害风险评估材料，及时向决策气象服务中心提供所需的服务材料；应急响应结束及时向减灾处提供过程评估材料。气象服务中心根据需要开展人工影响天气作业。资讯中心开展预警信息发布工作。应急响应市(州)气象局、直管市(区)气象局根据省局统一指挥和应急工作需要，组织参加全省天气会商和内部天气会商；按照职责做好实时监测、加密观测、滚动预报、跟踪服务、预警信息发布；主动向当地党委、政府和相关部门通报情况和开展应急服务，加强应急联动；随时按照省局有关单位的要求及时提供材料；各级预报领班在岗负责把关，及时提供最新预报预警信息、灾情信息。

武汉中心气象台Ⅲ级应急响应期间每日 16:30 前，Ⅱ级或Ⅰ级应急响应期间根据需要随时，将天气实况及影响分析材料报送决策气象服务中心。各地组织做好本地应急气象服务工作。

(4)应急宣传

公众中心在应急响应命令启动后 30 分钟内在中国气象频道发布应急响应消息(滚动字幕等方式)；响应期间，及时在节目中播报最新天气实况、气象灾害动态和省气象局应急响应安排部署工作情况；做好省级科普宣传和媒体采访管理工作，根据办公室要求承办新闻发布工作。应急响应市(州)气象局、省直管市(区)气象局加强舆论引导，做好应对防范知识的科普宣传；加强与当地新闻媒体的联系，及时发布预警信息和应对措施，提醒公众做好防御准备。

(5)组织管理

Ⅳ级或Ⅲ级应急响应期间，各应急响应单位业务岗位应急人员全部到位，实行 24 小时应急值守和领导带班制度，全程跟踪灾害性天气的变化情况。Ⅱ级或Ⅰ级应急响应期间，应急响应各单位实行 24 小时应急值守和主要负责人带班制度，随时关注省局综合管理信息系统、

Notes 系统等的信息，保持通讯畅通，按时参加预报服务会商，负责各项工作责任制的落实，主要负责人要靠前指挥。

(6)应急工作情况报送

启动Ⅳ级应急响应时，各应急响应单位根据省局要求及时报送相关材料。启动Ⅲ级以上应急响应时，各应急响应单位每日 14:30 前向省局办公室和减灾处报告工作情况，内容包括天气实况及灾情、监测网络业务运行情况、预警预报情况、服务情况、应急响应组织工作情况。必要时根据命令增加报告时次。有重大情况随时报送。

四、应急响应调整和终止

接到中国气象局或湖北省应急指挥部门响应调整和终止命令，或根据气象灾害发生发展的变化，按照应急响应启动流程，调整或终止湖北省气象局应急响应，由领导小组组长或授权副组长签署调整或终止响应命令。

五、后期处置

(一)解除应急状态

应急响应终止后，应急响应机构自动解除应急状态，返回正常业务运行和管理状态。

(二)总结评估

Ⅳ级和Ⅲ级应急响应各单位在应急结束 2 日内按职责开展评估、总结、材料归档工作，并上报省局办公室和减灾处。Ⅱ级和Ⅰ级应急响应各单位在应急结束 1 日内开展评估、总结、材料归档工作，并上报省局办公室和减灾处。

减灾处负责气象灾害应急服务工作总结的汇总，Ⅳ级和Ⅲ级应急结束 4 日内报办公室，Ⅰ级和Ⅱ级应急结束 1.5 日内报办公室。

办公室负责应急响应组织管理工作的汇总，并最终形成应急工作总结经应急领导小组组长或授权副组长审定后，Ⅳ级和Ⅲ级应急响应总结一周内上报中国气象局或省政府，Ⅱ级和Ⅰ级应急响应总结 2 日内上报中国气象局或省政府。

第四节　气象灾害及突发公共事件应急响应任务

一、国家气象灾害及突发公共事件应急响应任务

(一)国家气象灾害应急响应

《国家气象灾害应急预案》于 2009 年 12 月 11 日由国务院办公厅以国办函〔2009〕120 号发布，气象应急响应任务如下。

进入应急响应状态，加强天气监测、组织专题会商，根据灾害性天气发生发展情况随时更新预报预警并及时通报相关部门和单位，依据各地区、各部门的需求，提供专门气象应急保障服务。分灾种响应如下：

1. 台风、大风：加强监测预报，及时发布台风、大风预警信号及相关防御指引，适时加大预报时段密度。

2. 暴雨:加强监测预报,及时发布暴雨预警信号及相关防御指引,适时加大预报时段密度。

3. 暴雪、低温、冰冻:加强监测预报,及时发布低温、雪灾、道路结冰等预警信号及相关防御指引,适时加大预报时段密度。

4. 寒潮:加强监测预报,及时发布寒潮预警信号及相关防御指引,适时加大预报时段密度;了解寒潮影响,进行综合分析和评估工作。

5. 沙尘暴:加强监测预报,及时发布沙尘暴预警信号及相关防御指引,适时加大预报时段密度;了解沙尘影响,进行综合分析和评估工作。

6. 高温:加强监测预报,及时发布高温预警信号及相关防御指引,适时加大预报时段密度;了解高温影响,进行综合分析和评估工作。

7. 干旱:加强监测预报,及时发布干旱预警信号及相关防御指引,适时加大预报时段密度;了解干旱影响,进行综合分析;适时组织人工影响天气作业,减轻干旱影响。

8. 雷电、冰雹:加强监测预报,及时发布雷雨大风、冰雹预警信号及相关防御指引,适时加大预报时段密度;灾害发生后,有关防雷技术人员及时赶赴现场,做好雷击灾情的应急处置、分析评估工作,并为其他部门处置雷电灾害提供技术指导。

9. 大雾、霾:加强监测预报,及时发布大雾和霾预警信号及相关防御指引,适时加大预报时段密度;了解大雾、霾的影响,进行综合分析和评估工作。

(二)中国气象局核应急气象保障应急响应

《核应急气象保障预案》于2014年7月30日由中国气象局发布。

应急响应任务:核应急领导小组和核应急气象保障业务单位进入值班状态。启动运行核及危险化学品扩散模式系统。了解掌握核事故现场情况,视情况组织开展加密观测。及时做好核污染扩散气象条件的综合研判,视情况组织开展国家级与省级预报专题会商。及时制作核应急气象保障决策服务材料,国家级和省级应加强预报服务结论的会商沟通,确保对外服务产品的一致性。按照核应急协调委的要求,参加核应急协调委联合会商。核应急领导小组审核签发决策服务材料,省级决策服务材料由省(区、市)气象局向中国气象局、当地省(区、市)政府等报送。地县级决策服务材料由地县气象局向省(区、市)气象局和地县政府等报送。核应急领导小组视情况组织开展核应急气象保障服务的对外宣传和产品发布工作。核应急领导小组通过对核事故处置、气象影响分析等的综合研判,及时确定应急响应的工作部署安排。

二、湖北省政府和相关部门应急响应任务

(一)湖北省低温雨雪冰冻灾害应急响应

《湖北省低温雨雪冰冻灾害应急响应预案(试行)》于2009年11月16日由湖北省人民政府办公厅以鄂政办发〔2009〕104号文发布,指挥部办公室设在省发改委。气象应急响应任务如下。

1. 预测与信息报送

负责在每年11月份组织低温雨雪冰冻天气预测会商,将会商结论报送指挥部及成员单位,并定期向指挥部及成员单位报送一次监测预报信息。当预报即将发生或已经发生低温雨雪冰冻灾害时,应每天向指挥部及成员单位报送监测预报信息。

2. 应急响应行动

组织天气加密观测，增加天气预报会商次数和预报时次，及时发布气象灾害预警信号，移动气象台随时准备开赴灾害严重地区进行现场监测，每 8 小时向指挥部报送一次最新监测和预报信息。

（二）湖北省防御台风灾害应急响应

《湖北省防御台风灾害应急预案》于 2010 年 12 月 29 日由湖北省人民政府办公厅以鄂政办发[2010]65 号文发布，指挥部办公室设在省水利厅。气象应急响应任务如下。

1. 监测与预报

负责气象监测，对气象形势进行分析和预报，及时向省防指及成员单位提供气象信息。台风影响期间，滚动发布灾害性天气预报。

负责监视台风登陆后影响我省的全过程，做好监测预报，及时将台风影响范围、强度、移动方向、速度和降雨等信息及时报告省防指，适时视情况向社会发布气象信息。

当台风引发强降雨造成江河发生洪水时，气象部门应加密测验时次，及时上报监测结果，风情、雨情应分别在 1 小时内报省防指，重要区域的风情应在 30 分钟内报省防指，为应急指挥决策提供依据。

2. 预警与发布

(1)台风影响预警。应加强台风监测和预报，及时预警。可能受台风影响区域的防汛抗旱指挥机构应加强值班，跟踪台风移动路径，研究应急对策，明确防御重点，及时向社会发布有关信息。

(2)降雨实时预警。应加强降雨监测，出现强降雨时，应及时向有关防汛抗旱指挥机构报告。

3. 应急响应行动

Ⅰ级应急响应：跟踪监视并做好台风影响时间、范围和降雨强度预报，直到台风完全消失、降雨停止。

Ⅱ级、Ⅲ级应急响应：负责制作台风影响湖北省的时间、范围和风、降雨量级的预报。

（三）湖北省自然灾害救助应急响应

《湖北省自然灾害救助应急预案》于 2010 年 4 月 22 日由湖北省人民政府办公厅以鄂政办发〔2010〕61 号发布，指挥部办公室设在省民政厅。气象应急响应任务如下。

1. 监测预警预报

负责气象灾害的实时监测、预警和预报，及时将气象灾害预警信息通报指挥部办公室。

2. 灾情核定

各级指挥部办公室组织民政、农业、水利、国土资源、林业、地震、气象、统计等部门进行综合分析、会商，核定灾情。

3. 信息发布审核

凡公开发布的信息，涉及气象灾害天气预警预报的，应送气象部门审核。

（四）湖北省防汛抗旱应急响应

《湖北省防汛抗旱应急预案》于 2010 年 7 月 24 日由湖北省人民政府办公厅以鄂政办发〔2010〕60 号文发布，指挥部办公室设在省水利厅。气象应急响应任务如下。

1. 监测预警预报

负责灾害性天气监测和预报，对影响汛情、旱情的天气形势做出分析和预测，汛期及时对重要天气形势和灾害性天气做出滚动预报。

按照职责组织对重大灾害性天气和水雨情的监测、预报，尽可能延长预见期，不断提高精度，对重大水旱灾害趋势做出评估，及时上报本级政府和防汛抗旱指挥机构。

2. 信息共享

水文、气象、国土等部门应密切联系，相互配合，实现信息共享，提高预报水平，协调发布预报警报。

3. 技术支持

凡有山洪灾害的地方，应由防汛抗旱指挥机构组织国土、气象、水利等部门编制山洪灾害防御预案，绘制区域内山洪灾害风险图，划分并确定区域内易发生山洪灾害的地点及范围，制订安全转移方案，明确组织指挥机构的设置及职责。

当发生山洪灾害时，当地防汛抗旱指挥机构应组织水利、国土、气象、民政等有关部门的专家和技术人员，及时赶赴现场，加强观测，采取应急措施，防止滑坡等山洪灾害进一步恶化。

4. 应急处置

视抗旱工作需要，适时组织实施飞机、火箭、高炮人工增雨(雪)作业。

(五)湖北省森林火灾应急响应

《湖北省森林火灾应急预案》于2010年4月22日由省人民政府办公厅以鄂政办发〔2010〕64号文发布，指挥部办公室设在省林业厅。气象应急响应任务如下。

1. 火情监测与预报

负责森林防火期火灾可疑热点的卫星遥感监测和森林火险气象等级预报，联合省防火办向社会发布森林火险预警信息。

利用卫星林火监测系统，及时监测林火热点，掌握热点变化情况。及时向省森林防火指挥部提供火场风力、风向、气温、降水等天气实况和预报。

2. 火场气象服务

各级气象部门为扑火工作提供火场气象服务，包括火场天气实况、天气预报、高火险警报、人工增雨等技术保障；省防火办建立森林防火专家信息库，为扑火工作提供咨询服务。

3. 人工影响天气

根据天气趋势，针对重点火场的地理位置制订人工影响天气作业方案，发生森林火灾后，及时提供火灾发生区域天气预报和气象服务，适时实施人工增雨作业，为尽快扑灭森林火灾创造有利条件。

(六)湖北省水上搜救应急响应

《湖北省水上搜救应急预案》于2010年4月22日由省人民政府办公厅以鄂政办发〔2010〕74号文发布，领导小组办公室分设在长江海事局、省交通运输厅。气象应急响应任务如下。

1. 预警预报

负责提供中长期气象预报、恶劣天气的短期预报，水上搜救期间的短期天气预报以及相关气象信息。

及时向搜救指挥部门提供搜救区域气象预警预报信息，并按照相关规定和程序通过电话、传真和新闻媒体等多种方式向社会公众发布。

2. 抢险施救

参加由长江干线水上搜救协调中心或省交通运输厅水上搜救协调中心牵头的施救行动，开展应急救援气象服务工作。

（七）湖北省突发地质灾害应急响应

《湖北省突发地质灾害应急预案》于 2010 年 4 月 22 日由省人民政府办公厅以鄂政办发〔2010〕63 号文发布，指挥部办公室设在省国土资源厅。气象应急响应任务如下。

1. 监测预警预报

负责对灾区气象、雨情的监测和预报预警，及时提供灾害性天气的预报预警，为防灾抗灾提供气象服务。

省国土资源、水利、气象、地震部门要密切合作，逐步建成与全省防汛监测网络、气象监测网络、地震监测网络互连，连接省有关部门、市（州）、县（市、区）的地质灾害信息系统，及时传送地质灾害险情、汛情和气象信息。

各级国土资源和气象行政主管部门联合开展地质灾害气象等级预报攻关，建设地质灾害气象等级预报平台，开展地质灾害预报预警工作，并将预报预警结果及时报告本级政府，并通过媒体及时向社会发布，为防灾减灾服务。

2. 信息收集与分析

广泛收集、整理、分析与突发地质灾害预防预警有关的气象信息资料及相关信息，并实现各部门间的信息共享。

3. 应急处置

视地质灾害严重程度，在相关政府和指挥部门的协调组织下，指派专家及时赶赴现场，加强监测，采取应急措施，防止灾害进一步扩大，并避免抢险救灾可能造成的二次人员伤亡。

（八）湖北省突发公共事件总体应急响应

《湖北省突发公共事件总体应急预案》于 2006 年 5 月 24 日由省人民政府办公厅以鄂政发〔2006〕24 号文发布，省应急委下设应急管理办公室，设在省政府办公厅。气象应急响应任务如下。

各地气象部门要加强灾害性天气监测、预测和预报，及时提供气象分析资料，为应急处置提供气象信息服务。

（九）湖北省安全生产事故灾难应急响应

《湖北省安全生产事故灾难应急预案》于 2010 年 12 月 23 日由省人民政府办公厅以鄂政办发〔2010〕68 号文发布，全省安全生产事故灾难应急管理机构为省安委会办公室，设在省安监局。气象应急响应任务如下。

负责天气监测、预报、预测，及时提供气象信息服务，开展因气象灾害引发的事故的灾害调查、评估及气象分析等工作。

（十）湖北省核事故应急响应

《湖北省核事故应急预案》于 2010 年 4 月 22 日由省人民政府办公厅以鄂政发〔2010〕72 号文发布，省核应急协调委办公室设在省国防科工办。气象应急响应任务如下。

1. 气象监测预报

负责提供气象信息；应急状态下开展核设施周围局部地区的气象监测；及时提供核事故后果分析评价所需的气象数据。

2. 履行专家组职责

核应急专家咨询组由核工程、核安全、辐射防护、放射医学、辐射环境监测与评价、气象等方面专家组成。按以下职责要求履行气象专家职责：

(1)参加省核应急办组织的各项活动和专题研究，对省核应急准备工作提供咨询意见和建议。

(2)应急响应时，是省核应急指挥部的技术参谋部，根据省核应急办的通知进入核应急指挥中心，研究分析事故信息和有关情况，为应急决策提供咨询或建议。

(3)参与事故调查，对事故处理提出咨询意见。

3. 气象保障服务

结合日常的气象工作制订和完善核应急时气象工作的流程；应急响应时负责提供核设施周围地区气象监测和预报，向省核应急协调委提供气象数据。

第五节　长江防汛抗旱气象应急响应工作规定

长江防汛抗旱总指挥部(以下简称“长江防总”)启动长江防汛抗旱应急后，长江流域气象中心开展气象应急响应工作。

一、工作职责

长江防汛抗旱气象应急响应工作由长江流域气象中心统一领导决策，组织和协调成员单位和有关单位开展气象服务。具体成员单位职责如下：

1. 长江流域气象中心办公室职责

负责执行领导决定，承办应急相关联系、协调、汇报与总结等工作。

2. 长江流域水文气象预报台(武汉中心气象台)职责

(1)负责长江流域天气过程跟踪分析，及时掌握雨情、水情变化以及灾情、工情信息。

(2)牵头组织有关省(市)气象台，三峡梯调通信中心或者长江水利委员会水文局天气会商。

(3)滚动制作影响区域3天定量面雨量预报。

(4)编制《长江防汛抗旱应急专题气象服务》等材料。

3. 中国气象局武汉暴雨研究所职责

(1)负责华中区域数值天气预报模式和长江流域水文气象耦合预报模型运行。

(2)提供长江流域降水客观定量预报、水文气象预报。

4. 武汉区域气候中心职责

(1)负责长江流域气候预测预报、资料分析。

(2)承担流域旱涝灾害监测预警评估。

5. 湖北省气象信息与技术保障中心职责

(1)收集、汇总长江流域水文、气象资料。

(2)运行维护“长江流域气象服务综合业务平台”。

(3)负责确保通信网络系统、会商系统正常运行,确保资料传输畅通。

二、长江防汛抗旱气象应急响应启动

(一)应急响应级别

长江防汛抗旱应急响应设Ⅰ级、Ⅱ级、Ⅲ级、Ⅳ级四个级别,当长江防汛抗旱总指挥部办公室启动Ⅰ级、Ⅱ级、Ⅲ级、Ⅳ级防汛抗旱应急响应时,启动长江流域气象中心相应级别的应急响应

(二)应急响应建议

长江流域气象中心办公室收到长江防总应急通知后,立即报告长江流域气象中心主任;长江流域气象中心主任组织召开长江防汛抗旱气象服务形势研判会,确定服务的主要影响区、关键因素和服务方法与措施,长江流域气象中心各成员单位相关负责人参加会议。

(三)应急响应命令签发

长江流域气象中心办公室根据会议意见拟定长江流域气象中心长江防汛抗旱应急响应命令,长江流域气象中心主任或其授权人签发命令。

长江流域气象中心办公室将应急响应命令通知长江流域气象中心各成员单位,同时报中国气象局应急办、减灾司,报长江防总办公室,抄送长江流域各省(市)气象局,长江流域各省(市)气象局应根据当地防汛抗旱总指挥部的应急响应情况决定是否启动应急响应工作。

三、长江防汛抗旱气象应急响应

(一)Ⅰ级、Ⅱ级应急响应措施

1. 长江流域气象中心各成员单位主要负责人每天8:00参加全国天气会商,视启动的应急响应标准的具体情况,长江流域水文气象预报台(武汉中心气象台)适时牵头组织影响区域的相关单位开展天气会商。

2. 根据需要,长江流域气象中心主任向长江防总报告天气预报情况。

3. 长江流域水文气象预报台(武汉中心气象台)滚动制作影响区域3天逐12小时定量面雨量预报,适时制作逐6小时影响区域的定量降水预报,编制《长江防汛抗旱应急专题气象服务》等应急气象服务材料,经武汉中心气象台台长签发后,报长江防总办公室并抄报长江流域气象中心办公室。

4. 中国气象局武汉暴雨研究所制作长江流域降水客观定量预报、水文气象预报等产品。

5. 武汉区域气候中心制作长江流域气候预测预报、流域旱涝灾害监测预警评估等产品。

6. 湖北省气象信息与技术保障中心确保通信网络系统、会商系统正常运行,确保资料传输畅通。

7. 根据应急响应工作的需要,可临时增加应急响应单位并明确相应的工作职责。

(二)Ⅲ级、Ⅳ级应急响应措施

1. 长江流域气象中心各成员单位主要负责人每天8:00参加全国天气会商;视启动的应急响应标准的具体情况,长江流域水文气象预报台(武汉中心气象台)适时牵头组织影响区域的相关单位开展天气会商。

2. 长江流域水文气象预报台(武汉中心气象台)滚动制作影响区域 3 天逐 24 小时定量面雨量预报,编制《长江防汛抗旱应急专题气象服务》等应急气象服务材料,经武汉中心气象台台长签发后,报长江防总办公室并抄报长江流域气象中心办公室。

3. 中国气象局武汉暴雨研究所制作长江流域降水客观定量预报、水文气象预报等产品。

4. 武汉区域气候中心制作长江流域气候预测预报、流域旱涝灾害监测预警评估等产品。

5. 湖北省气象信息与技术保障中心确保通信网络系统、会商系统正常运行,确保资料传输畅通。

6. 根据应急响应工作的需要,可临时增加应急响应单位并明确相应的工作职责。

四、气象应急响应调整和终止

接到长江防总调整应急响应级别或终止应急响应的通知后,长江流域气象中心办公室立即向长江流域气象中心主任报告,拟定调整或解除应急响应命令,由长江流域气象中心主任或其授权人签发。

五、后期处置

(一)解除应急状态

应急响应终止后,应急响应单位自动解除应急状态,返回正常业务运行和管理状态。

(二)总结评估

各应急响应单位在应急结束 2 日内,按职责开展评估、总结、材料归档工作,上报长江流域气象中心办公室。

长江流域气象中心办公室负责应急服务工作总结的汇总,经长江流域气象中心办公室主任审定后,于应急结束 3 日内上报中国气象局应急办、减灾司和长江防总。

第六章　气象工程技术服务

气象工程技术服务是以气象业务为基础，利用气象资源，开展气象防灾减灾的服务，主要包括防雷气象服务、人工影响天气气象服务、风能太阳能气象服务、气候可行性论证服务等。

第一节　防雷气象服务

一、防雷装置检测

（一）防雷检测主要的法律法规依据

法律：《中华人民共和国气象法》第三十一条、第三十七条。

行政法规：《国务院对确需保留的行政审批项目设定行政许可的决定》（国务院令第 412 号）、《气象灾害防御条例》（国务院令第 570 号）。

部门规章：防雷减灾管理办法（中国气象局 24 号令）《防雷工程专业资质管理办法》（中国气象局第 25 号令）《防雷装置设计审核和竣工验收规定》（中国气象局 21 号令）。

地方性法规和政府规章：《湖北省气象灾害防御条例》《湖北省雷电灾害防御条例》。

（二）防雷装置检测技术规范

防雷技术服务工作执行现行有效的防雷相关国家、行业与地方标准技术规范，主要有：

1.《接地系统的土壤电阻率、接地阻抗和地面电位测量导则第 1 部分：常规测量》（GB/T 17949.1—2000）；

2.《低压配电系统的电涌保护器（SPD）第 1 部分：性能要求和试验方法》（GB 18802.1—2002/IEC 61643—1：1998）；

3.《建筑物防雷装置检测技术规范》（GB/T 21431—2008）；

4.《建筑物防雷设计规范》（GB 50057—2010）；

5.《建筑物防雷工程施工与质量验收规范》（GB 50601—2010）；

6.《建筑物电子信息系统防雷规范》（GB 50343—2012）；

7.《运行中电涌保护器检测技术规范》（QX/T 86—2007）；

8.《防雷装置设计技术评价规范》（QX/T 106—2009）；

9.《爆炸和火灾危险环境防雷装置检测技术规范》（QX/T 110—2009）；

10.《高速公路设施防雷装置检测技术规范》（QX/T 211—2013）；

11.《建筑物防雷装置跟踪检测技术规范》（DB42/T 510—2008）；

12.《电子信息系统防雷装置检测技术规范》（DB42/T 513—2008）；

13.《防雷装置设计技术评价规范》（DB42/T 602—2010）；

14.《移动通信基站防雷装置检测技术规范》(DB42/T 639—2010)；

15.《防雷装置检测原始记录表及报告书填写技术规范》(DB42/T 640—2010)；

16. 其他相关防雷技术标准。

(三)防雷装置及检测分类

为使建筑物及其内部设施免受雷电的直接或间接危害，通常使用接闪杆、接闪线、接闪带、接闪网等防御直击雷的危害；使用信息系统中防雷电暂态冲击的器件，如压敏电阻、气体放电管和雪崩二极管等防间接闪电电涌侵入的危害；屏蔽技术也是防止雷电电磁波侵入的重要方法。对于建筑物防雷保护设计而言，包括接地在内的合理组合和设置这些防雷设备与器件，来构成建筑物及其内部设施的雷电防护系统，实现从建筑物外部和内部两个方面对雷电危害进行有效的拟制。因此，防雷装置也就分为外部防雷装置和内部防雷装置。防雷装置检测分为定期检测和跟踪检测。

1. 定期检测

根据中国气象局的《防雷减灾管理办法》及国家的相关规范要求，投入使用后的防雷装置实行定期检测制度。防雷装置应每年检测一次，对爆炸危险环境场所的防雷装置应每半年检测一次。检测内容如下：

(1)接闪器。检测接闪器的高度、长度、网格尺寸有无变化，接闪器的规格尺寸、与顶部外露的其他金属物的电气连接、与引下线电气连接是否正常，接闪器有无折断、腐蚀、有无附着的其他电气线路。

(2)引下线。检查引下线与接闪器和接地装置的连接情况、锈蚀情况及近地面的保护设施，引下线的尺寸规格，有无附着的其他电气线路、引下线与附近其他电气线路的距离。

(3)接地装置。检查相邻接地体在未进行等电位连接时的地中距离，测量接地装置的接地电阻。

(4)等电位连接。检查设备、管道、构架、均压环、钢骨架、钢窗、放散管、金属地板、电梯轨道、栏杆等大尺寸金属物与共用接地装置的连接情况及连接质量，连接导体的材料和规格，连接两端的过渡电阻。检查避雷器、电缆金属外皮、钢管和绝缘子铁脚等接地连接质量。

(5)电涌保护器(SPD)。检查 SPD 的安装位置，安装数量、型号、主要性能参数和安装工艺和接地线与等电位连接带之间的过渡电阻，SPD 的性能参数的测量。

(6)电磁屏蔽。检查屏蔽网格、金属管(槽)防静电地板支撑金属网格、大尺寸金属件、房间屋顶金属龙骨、屋顶金属表面、立面金属表面、金属门窗、金属格栅和电缆屏蔽层的电气连接，过渡电阻值、屏蔽材料规格尺寸符合标准要求。计算建筑物利用钢筋或专门设置的屏蔽网的屏蔽效率，检测电磁屏蔽效率。

(7)其他检测项目。测量信息系统设备电源输入端的零地电压，在 TN－S 系统中，中性线(N)与保护线(PE)间的电位差不宜大于 2V。测量信息系统接地网络的电位，其值不宜大于 2V。检测信息系统机房地板、胶轮推车、台面、机架、桌椅等静电电位，电源线、综合布线系统缆线的最小净距，电、光缆暗管敷设与其他管线最小净距的距离要求应符合规范要求。土壤电阻率(ρ)的测量，电源质量检测。

2. 跟踪检测

对新建、扩建、改建的建(构)筑物，其防雷装置根据施工进度实行跟踪检测。建筑物防雷设施大部分为隐蔽工程，在整个施工过程中，对防雷设施的跟踪检测十分重要，它可以及时发现问题，进而对建(构)筑物整改，从而避免因施工质量留下雷击的隐患。检测环节与内容如下：

(1)焊接检查。基础接地体(桩、承台、地梁等)焊接完成、浇混凝土之前，检测各桩筋间的等电位连接，每隔 6 m 用箍筋与各桩筋焊接一次，桩筋与承台或地梁中的上下层的焊接、对角线柱筋与承台或地梁上下层主筋的焊接，作引下线的桩筋与梁中的上下层主钢筋焊接。

(2)接地电阻的测量。在施工到地面标高正负零之前和工程结束后，检测引下线和接地装置的接地电阻。

(3)等电位检查。分层柱筋引下线、均压环、外墙金属门窗及玻璃幕墙、金属桥架等电位连接及绑扎板筋焊接完成、预留电气连接端子焊接完成，浇混凝土之前，检查每层绑扎情况、每层柱筋引下线焊接情况、每层均压环焊接情况、玻璃幕墙和大金属物体(包括金属桥架和管道等装置的预留电气接地端子排)接地和等电位连接情况。

(4)接闪器的检查。天面接闪装置及其他金属构件安装焊接完成时，检查接闪带的施工、焊接情况，天面金属构件的接地安装焊接情况。

(5)电气系统的接地检查。电气系统的控制、保护装置安装完毕，检查配电柜、箱的金属壳体就近与本楼层接地排或墙柱内预留钢筋连接。

二、防雷装置设计技术评价

(一)防雷装置设计技术评价概述

防雷装置设计技术评价是根据国家法律、法规、技术标准与规范，对设计单位所做的防雷设计施工图或方案，就安全性、有效性、稳定性和强制性标准、规范执行情况等进行的技术评价。防雷装置设计评价的分析对象主要包含三个方面，即防雷装置设计本身是否符合规范、与防雷装置有关的电气和电源等接地装置是否符合规范以及危化场所的防静电接地装置设计是否符合规范。

(二)防雷装置设计技术评价需要考虑的主要要素

防雷装置设计评价考虑的要素较多，其主要依据为《防雷装置设计技术评价规范》(QX/T 106—2009)。考虑的主要技术参数如下：

1. 雷电流参数。包括首次雷击的雷电流峰值、波前时间、半峰值时间、短时雷击电荷量、单位能量；后续雷击的雷电流峰值、波前时间、半峰值时间和平均陡度；长时间雷击的雷电流电荷、持续时间。对于重点项目、大型项目和爆炸危险环境项目雷击电流参数的选择应依据当地雷电观测数据。

2. 防雷区的划分。根据直接雷和电磁衰减情况，将防雷区划分为 $LPZ0_A$ 区、$LPZ0_B$ 区、LPZ1 区等，防雷装置设计评价时需考虑防雷装置所在的防雷区。

3. 建筑物防雷分类。根据建筑物的重要性、使用性质、发生雷击事故的可能性和后果分为三类。

4. 电子系统防护等级。根据电子系统的重要性、使用性质和雷击风险评估值将电子系统防护等级分为四级。

(三)防雷装置设计技术评价的内容

1. 接地装置。优先利用建筑物的基础钢筋作为防雷的接地装置，所有的防雷接地、工作接地、保护接地、电子系统接地均共用一个接地装置，接地电阻值符合规范要求。

2. 引下线。优先利用建筑物柱内或减力墙内两条纵向主钢筋作为防雷引下线，引下线的平均间距应满足规范要求。

3. 均压环。优先采用结构外圈梁内的两条水平钢筋构成闭合的电气通路，或采用两条直径不小于 12 mm 镀锌圆钢或一条 40 mm×4 mm 的镀锌扁钢沿建筑物外墙敷设一圈，用作均压环的钢筋应与每层引下线的两条钢筋焊接，均压环的布局与间距应符合规范要求。

4. 接闪器。有接闪杆、接闪带、接闪网、接闪线和金属构件五类，接闪杆应设计在建筑物易受雷击的部位，接闪带应沿建筑物屋檐、女儿墙外侧或屋脊设计成一个完整的闭合通路，接闪网优先利用建筑物内外圈梁内钢筋构成屋面防雷网格，接闪线的高度要满足足够的保护范围，金属构件与引下线应贯通连接。

5. 等电位连接。所有进出建筑物的导电物应在 $LPZ0_A$、$LPZ0_B$、LPZ1 区的界面处做等电位连接，总等电位和辅助等电位的位置和连接方式应符合规范，电子系统等电位结构，根据工作频率大小，采用 S 形或 M 型或混合型方式连接。

6. 电涌保护器。在直击雷非防护区 $LPZ0_A$ 或直击雷防护区 $LPZ0_B$ 与第一防护区 LPZ1 交界处应安装电涌保护器 SPD，SPD 的选择应根据线路的工作电压、工作频率、接口形式、特性阻抗等参数确定。

7. 雷击电磁脉冲。电子系统雷击电磁脉冲防护应根据所在位置、地理环境、重要性和使用性质，采取电磁屏蔽、等电位连接、安装电涌保护器 SPD、管线敷设和接地等方式进行防护。

8. 综合布线。综合布线区域内电磁干扰场强≥3V/m 时，应采取加大净距、金属屏蔽等防护措施。

（四）防雷装置技术评价的范围

1. 建筑物防雷设计规范规定的一、二、三类防雷建筑物；

2. 重要的计算机设备和网络系统、电力、通信、广播电视设施，重要的导航场所和设施（如路灯、移动基站、变电站）；

3. 易燃、易爆物品和化学危险品的生产、储存设备和场所（如加油加气站（库））；

4. 法律、法规和规章规定应当安装防雷装置的其他场所和设施（如桥梁、轨道交通）。

三、雷击风险评估

（一）雷击风险评估的概念

雷击风险评估是根据项目所在地雷电活动时空分布特征及其灾害特征，结合现场情况进行分析，对雷电可能导致的人员伤亡、财产损失程度与危害范围等方面的综合风险计算，从而为项目选址、功能分区布局、防雷类别（等级）与防雷措施确定、雷灾事故应急方案等提出建设性意见的一种评价方法。

（二）雷击风险评估的分类

雷击风险评估主要分为项目预评估、方案评估、现状评估三种。

1. 项目预评估是根据建设项目初步规划的建筑物参数、选址、总体布局、功能分区分布，结合当地的雷电资料、现场的勘察情况，对雷电灾害的风险量进行计算分析，给出选址、功能布局、重要设备的布设、防雷类别及措施、风险管理、应急方案等建议，为项目的可行性论证、立项、核准、总体规划等提供防雷科学依据。

2. 方案评估是对建设项目设计方案的雷电防护措施进行雷电灾害风险量的计算分析，给出设计方案的雷电防护措施是否能将雷电灾害风险量控制在国家要求的范围内，给出科学、经济和安全的雷电防护建议措施，提供风险管理、雷灾事故应急方案、指导施工图设计。

3. 现状评估是对一个评估区域、评估单体现有的雷电防护措施进行雷电灾害风险量的计算分析，评估现有雷电防护措施是否能将雷电灾害的风险量控制在国家要求的范围内，给出科学、经济和安全的整改措施，提供风险管理、雷灾事故应急方案。

四、雷电灾害调查

(一)雷电灾害调查鉴定概述

由雷电造成的人员伤亡、火灾、爆炸或电气、电子系统等严重损毁，造成重大经济损失和重大社会影响。在雷电灾害发生后，对事故现场情况、背景情况的勘察、取证、鉴定、评估以及做出结论的全过程。对事发现场调查得到的资料、数据、背景资料进行分析，对现场提取的物证进行测试以确定事故的性质及等级。

(二)调查原则、组织和调查程序

1. 调查原则

雷电灾害调查应遵循及时、科学、公正、完整的原则。

2. 调查组织

雷电灾害调查应由主管机构指定的专业防雷机构组成调查组或直接派出调查组负责实施。调查组人员应不少于三人，现场调查应不少于两人，调查组人员应具有较全的雷电防护理论与较丰富的实践经验。必要时聘请相关人员参加调查组。调查组所需仪器有：量尺、经纬仪、激光测距仪、超声波数字测厚仪、工频接地电阻测试仪、微欧计、防雷元件测试仪、剩磁测试仪、数码照相机、摄像机、频谱分析仪、GPS定位仪。

3. 调查程序

调查程序流程如图6.1所示，共分为七个环节。

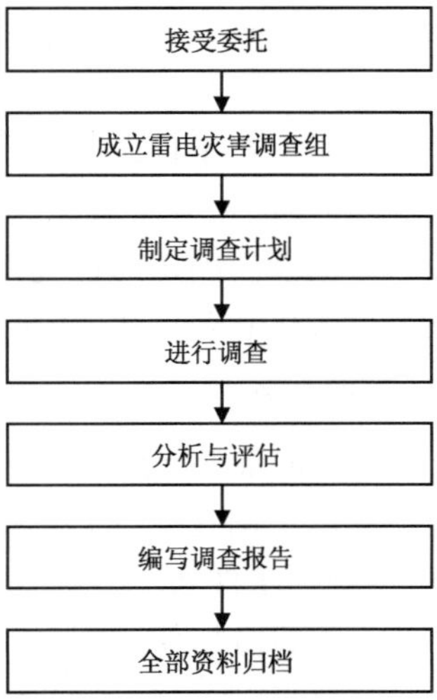

图6.1　雷电灾害调查程序流程图

(三)调查内容和方法

1. 气象因素的调查

调查距离雷电灾害发生所在地的临近气象台(站)地面气象观测记录，包括：

(1)雷电发生时的日期及初始和终止时间、雷电方位，风向、风速、云的类型。并要注明气象台站与发生雷电灾害地点的水平距离、方位和气象观测人员的描述等。

(2)查阅闪电定位系统的资料包括雷电灾害发生的时间、位置、强度、极性等。

(3)查阅大气电场仪记录的电场强度、电场变化曲线等资料。

(4)查阅气象卫星云图资料、天气雷达回波资料。

(5)查阅其他雷电探测资料。

2. 环境因素的调查

(1)环境因素的调查宜在事发地半径 1 km 范围内。

(2)调查事发地周围山脉、水体、植被的分布状况等自然环境状况。

(3)调查事发地周围主要建筑物分布状况和大气烟尘等现状。

(4)调查事发地周围电力、通信线路、金属管线、轨道等金属体的状况。

(5)调查事发地土壤、山脉岩质、底下矿藏、底下水等地质状况。

(6)调查事发地主要建筑物屋顶材质、无线电接收发射天线、地面覆盖铁质或其他金属材料、变送电设施等影响电磁环境的状况。

3. 历史因素的调查

(1)调查事发地及周边区域历史上及近年来雷击灾害资料。

(2)调查事发地的建筑物及相关设施等建设资料和历史变迁状况。

4. 防雷装置及设备因素的调查

(1)检查、测试外部与内部防雷装置,利用滚球半径法计算接闪器的保护范围,测量防雷连接处的过渡电阻。

(2)调查建筑物内机房的屏蔽情况。

(3)调查安装的 SPD 的型号、技术参数及其配合状况,记录 SPD 标示参数,检查或检测 SPD 技术性能等。

(4)调查建筑物内部、外部安装的电子系统设备的安装位置、管线走向,低压配电线路的配置,信息系统与建筑物的信息传输方式,内部信息传输方式以及选用的设备,调查综合布线的情况。

5. 雷电灾害事故现场的调查

(1)对直观可见的雷击受损情况拍摄现场照片,对于现场熔珠、熔痕导体,应近距离拍照并提取样品留作进行“金相法”检查。

(2)对于人与其他生物体伤亡应拍摄相关照片,必要时查阅医院或公安法医检验报告。

(3)听取现场知情人员的介绍,详细了解雷击事故出现的时间、落雷时的情景,并作相应笔录。

(4)测量接闪器、引下线、接地装置及现场铁磁体的剩磁。

(5)查看受损设备现场状态,拍摄现场照片,对于能在现场观察到的雷击痕迹宜拆开设备外壳观察,对于现场难以判断设备损坏部位的情况,宜运用替换方法判断故障的准确部位。

(6)调查受雷击单位的防雷安全规程及执行情况,特别是化学危险品、易燃易爆场所的生产工艺流程和内部安全有关规章制度及执行情况。

(7)当探测资料确定的位置距离事故发生地 1 km 以上时,还应根据雷电流的热效应、机械效应、电磁效应和剩磁法、金相法等来判定雷击对事故发生地雷电灾害的影响。

(四)调查分析与评估

1. 调查数据整理、分析

(1)根据以上调查的数据、资料进行综合分析。事故发生地气象台(站)观测记录,可作为雷电灾害的判断条件之一。同时,对调查的闪电定位系统、雷达回波资料进行分析判断。

(2)测量分析金属体的剩磁。根据调查的环境因素、历史因素及防雷装置及设备因素判定雷击点及雷电电磁脉冲侵入的路径。

(3)根据调查的内部防雷装置的状况作为雷电电磁感应、高电压反击判据,判定电气、电子系统雷电损害、损失的状况、原因。

(4)根据野外灾害现场调查记录分析雷电灾害的成因，对人员及其他生命体伤亡则应结合医学检验报告进行医学分析、判定。

2. 调查评估

雷电灾害的结论分为是、不是、不能确定三种。雷电灾害一般应分为由雷电直接造成的灾害和因雷电诱发的灾害。其灾害等级分为 A、B、C、D 四级。

(1)A 级灾害：雷击造成人员死亡、爆炸起火、重要信息系统瘫痪、公众服务系统瘫痪、企业全面停业，造成直接经济损失 100 万元以上或造成重大社会影响。

(2)B 级灾害：雷击造成人员伤害、建筑物局部受损、部分设备损坏、部分通信或网络中断，企业局部停产，直接经济损失在 20 万～100 万元之间。

(3)C 级灾害：雷击造成部分设备损坏，直接经济损失在 1 万～20 万元之间。

(4)D 级灾害：雷击造成轻度损害，直接经济损失在 1 万元以下。

3. 调查评估报告

评估报告应客观、完整、科学、公正，包括以下主要内容：

(1)雷电灾害的报告人(单位)、接报人(单位)、调查组的组成人员；调查报告的撰稿人、核稿人、签发人。

(2)雷电灾害发生的具体时间、详细地点、受灾单位(人)、灾害形式、损失情况、灾害等级。

(3)调查内容要求方法中规定的全部资料。

(4)检测、检查、鉴定的测试技术报告。

(5)相关鉴定、分析技术报告。

(6)评估意见及整改建议。

第二节　人工影响天气气象服务

一、人工增雨气象服务

(一) 需求情况

湖北省人工增雨工作全年主要有四种作业需求：农业抗旱、水库蓄水、降低森林火险等级及应对严重空气污染事件。农业抗旱全年全省各地都有可能开展，包括飞机和地面人工增雨作业；水库蓄水主要在春、秋、冬季开展，以飞机作业为主、地面作业为辅；降低森林火险等级是 10 月—次年 4 月开展，少数地面作业，主要飞机作业；应对严重空气污染事件主要在天气形势稳定、不利于空气污染物扩散，大范围污染事件地面和飞机联合作业，局部范围以地面作业为主。

(二) 作业分区

依据湖北省气候特征以及空域管制特点，将全省分为以下 7 个区域(见图 6.2)，地理特征及降水量分布情况为：1 区为鄂西北岗地气候区，大部分地处汉水上游谷地，因处在大巴山、武当山和荆山山脉的背风坡，地理位置偏北，是湖北省冰雹多发区以及重旱区；2 区为鄂西南山地气候区，地形复杂多样，平均海拔高度 1000～1500 m，是湖北省暴雨中心之一，也是湖北省冰雹重灾区；3 区和 4 区为鄂中平原气候区；5 区为鄂东北大别山气候区，是湖北省伏旱严重区；6 区为鄂东南丘陵气候区，由于地理位置偏南，是湖北省暴雨中心之一，也是湖北省森林覆盖茂密地区，但秋冬季节易发森林火灾；7 区为神农架高山气候区，是典型山地气候特征，7—8 月份降水最大，雨热同季。

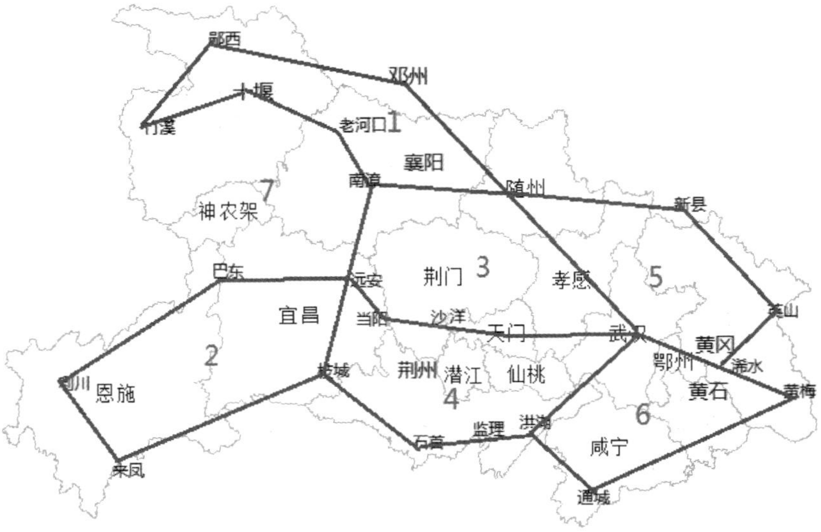

图 6.2　湖北省人工影响天气作业分区图

（三）飞机增雨作业决策指挥

对于飞机作业，作为作业指挥组，根据专家决策组提出的飞机作业计划，利用数值预报模式输出产品、卫星、探空和雷达产品，根据需要生成飞机航线设计产品、飞机作业技术参数产品，确定具体作业技术方案（具体流程见图 6.3）。飞机作业完毕以后，6 小时内完成飞机作业效果评估产品，24 小时内编制完成飞机作业人工影响天气简报。其具体服务产品见表 6.1。

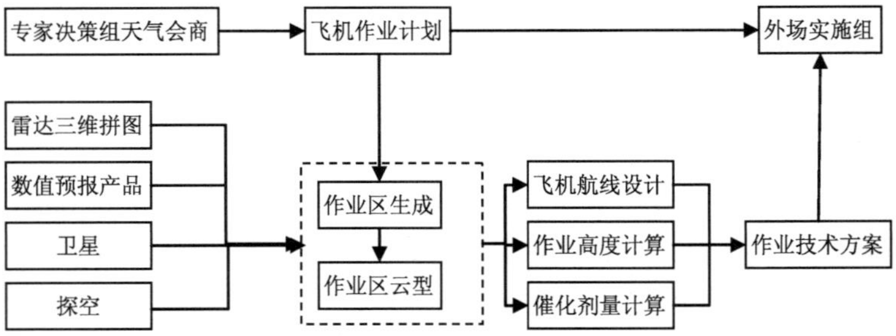

图 6.3　飞机增雨作业决策指挥流程图

表 6.1　飞机增雨工作服务产品和内容一览表

序号	服务产品	基本内容	时效
1	飞机航线设计产品	按照飞机作业计划，利用数值预报模式输出产品、卫星、探空和雷达产品，作业前提前 2 小时生成飞机航线设计产品，指挥外场协调空域	2 小时

续表

序号	服务产品	基本内容	时效
2	飞机作业技术参数产品	利用雷达三维拼图和探空的特征层数据，通过自动化处理，进行飞机作业作业高度计算和催化剂量计算，生成飞机作业技术参数产品。	单次飞机作业期间
3	飞机作业效果评估产品	利用作业高度层U、V风场、自动雨量站和飞机航线，确定作业区与对比区，评估飞机作业效果，生成飞机作业效果评估产品	作业后6小时内
4	编制飞机作业人工影响天气简报	收集飞机作业时长、燃烧烟条数量、增雨量、影响区域面积等信息	作业后24小时内

（四）地面人工增雨工作服务产品和内容

制作和发布全省地面人工增雨作业条件指导预报产品、增雨作业潜势预报产品和增雨作业技术参数产品(见表6.2)。

表6.2 地面人工增雨工作服务产品和内容一览表

序号	服务产品	基本内容	时效
1	增雨作业条件预报产品	利用探空、雷达指标和卫星反演云参数指标，确定地面人工增雨的作业条件等级，生成作业条件预报产品	24小时
2	增雨作业潜势预报产品	每天利用云模式指标、对流有效位能和对流抑制能量等指标，结合降水预报、探空资料，确定增雨潜力区和时段，进行人工增雨的作业潜势预报，每3小时发布一次，如2、5、8、11、14、17、20、23时。	3小时
3	增雨作业技术参数产品	利用雷达三维拼图和探空的特征层数据，通过自动化处理，进行人影作业临近预警和目标云识别，并计算用弹量、距离目标云最近的作业点及其发射方位角和距离，给出作业高度参考。	0～1小时

（五）人工增雨工作指标体系

1. 飞机增雨作业工作指标

(1)启动指标

当出现以下情况时，向湖北省气象局人工影响天气办公室报告，启动飞机作业：

①需要增雨抗旱：1～6飞机作业区中出现1.4万km^2以上呈现中度以上干旱(土壤墒情小于60%)，并有逐渐扩大趋势；

②需要降低森林火险等级：1～6飞机作业区中1.4万km^2以上出现三级以上高森林火险等级或已出现森林火灾，并有逐渐扩大趋势；

③需要资源性增蓄：1～6飞机作业区中1.4万km^2以上出现水库蓄水不足，水库水位降到汛限水位以下，并有逐渐扩大趋势；

④需要应对严重空气污染事件：1～6飞机作业区中1.4万km^2以上出现空气严重污染等突发事件，并有逐渐扩大趋势；

⑤其他需要启动飞机作业的情况。

飞机作业工作启动后，人工影响天气中心作为作业指挥组成员，根据飞机作业计划，研究具体作业技术方案，负责作业期间的协调指挥、信息收集、资料汇总和效果评估等工作。

(2) 终止指标

当出现以下情况时，向湖北省气象局人工影响天气办公室报告：

①飞机作业区干旱解除(土壤墒情均大于60%)，人畜饮水困难解除；

②飞机作业区森林火灾已经扑灭或森林火险等级下降至三级以下；

③飞机作业区水库蓄水较丰，水库水位上升很快，并能保证生活、生产用水；

④飞机作业区空气污染程度明显减轻，污染范围明显减少；

⑤其他需要终止飞机作业的情况。

2. 地面人工增雨作业工作指标

(1)启动指标

当有1个及以上县市出现以下情况时，向当地气象局建议启动地面人工增雨作业：

①中度及以上干旱(土壤墒情小于60%)并有逐渐扩大趋势；

②出现三级及以上高森林火险等级或已出现森林火灾，并有逐渐扩大趋势；

③水库蓄水不足，水库水位降到汛限水位以下，并有逐渐扩大趋势；

④出现空气严重污染等突发事件，并有逐渐扩大趋势；

⑤其他需要启动地面增雨作业的情况。

各市县气象局根据实际需要决定是否启动地面人工增雨作业。

人工影响天气中心每年4—9月制作人工增雨作业条件指导预报产品，并对全省气象和人工影响天气部门发布。

(2)终止指标

当出现以下情况时，建议终止地面人工增雨作业：

①当地干旱解除(土壤墒情大于60%)，人畜饮水困难解除；

②当地森林火灾已经扑灭或森林火险等级下降至三级以下；

③当地水库蓄水较丰，水库水位上升很快，并能保证生活、生产用水；

④当地空气污染程度明显减轻，污染范围明显减少；

⑤其他需要终止地面增雨作业的情况。

各市县气象局根据实际需要决定是否终止地面增雨作业。

3. 人工增雨作业条件预报指标

对2008年6月12次作业过程进行分析，结合多普勒雷达和探空资料，归纳出适合湖北的7个人工增雨作业条件预报指标(表6.3)。

表6.3 人工增雨作业条件预报指标

编号	物理量	防雹增雨作业阈值	增雨作业阈值	3小时变化
1	液态水	＞1 mm	＞0.4 mm	＞0
2	云底高	＜1 km	＜2 km	＜0
3	过冷层厚度	＞2 km	＞1 km	＞0
4	LI指数	＜0	＜0	不考虑
5	SI指数	＜0	＜0	不考虑
6	*K*指数	＞35	＞30	不考虑
7	0 ℃层垂直速度	＜0 m/s	＜0 m/s	不考虑

4. 人工增雨雷达临近预警作业指标

结合多年湖北对流云、混合云人工增雨防雹技术研究成果和人工影响天气作业工作实际，归纳出湖北人工增雨雷达临近预警作业指标(表 6.4)。

表 6.4　人工增雨雷达临近预警作业指标

雷达探测要素	具体指标
组合反射率(CR)	25≤CR<50 dBz
垂直积分液态水含量(VIL)	1≤VIL≤15 kg/m^2
回波顶高(ET)	≥5 km

二、人工防雹气象服务

(一) 需求情况

湖北西部恩施、宜昌、襄阳和十堰四个市州是烟叶和经济作物主产区，冰雹是其主要气象灾害，主要影响产量和品质，对于人工防雹有很大需求。作业方式以地面火箭和高炮作业为主。

(二) 冰雹移动路径

湖北西部山区冰雹移动路径有两条主要路径(见图 6.4)，分别为沿西北路径进入十堰市、襄阳市和宜昌市北部，沿西南路径进入恩施州、宜昌市、襄阳市和十堰市南部地区。

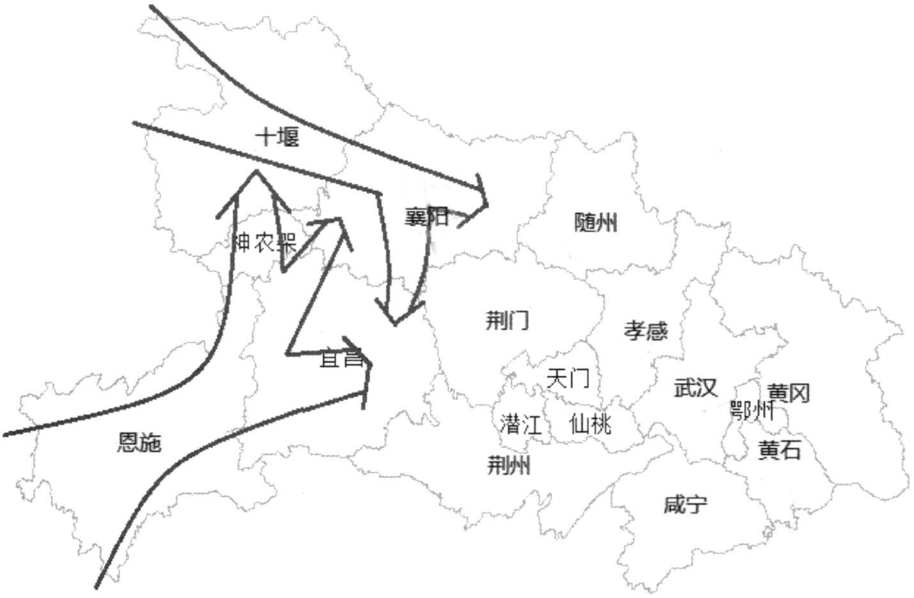

图 6.4　湖北省冰雹移动路径示意图

(三)地面人工防雹工作服务产品和内容

制作和发布全省地面人工防雹作业条件指导预报产品、防雹作业潜势预报产品和防雹作业技术参数产品(见表 6.5)。

表 6.5　地面人工防雹工作服务产品和内容一览表

序号	服务产品	基本内容	时效
1	防雹作业条件预报产品	利用探空、雷达指标和卫星反演云参数指标，确定地面人工防雹的作业条件等级，生成作业条件预报产品	24 小时
2	防雹作业潜势预报产品	每天利用云模式指标、对流有效位能和对流抑制能量等指标，结合降水预报、探空资料，确定防雹潜力区和时段，进行人工防雹的作业潜势预报，每 3 小时发布一次，如 2、5、8、11、14、17、20、23 时。	3 小时
3	防雹作业技术参数产品	利用雷达三维拼图和探空的特征层数据，通过自动化处理，进行人影作业临近预警和目标云识别，并计算用弹量、距离目标云最近的作业点及其发射方位角和距离，给出作业高度参考，最后生成人工防雹的作业技术参数产品，每小时自动制作一次。	0～1 小时

(四)地面人工防雹工作指标体系

1. 启动指标

每年 4—9 月，西部宜昌、襄阳、十堰、恩施四个市(州)烟叶和经济作物种植区根据天气形势发展和当地的需要，建议当地及时启动地面人工防雹工作。

人工影响天气中心每年 4—9 月制作人工防雹作业条件指导预报产品，并对全省气象和人工影响天气部门发布。

2. 终止指标

每年 10 月至次年 3 月，当冰雹发生频率小，不足以影响当地人民生命财产安全、烟叶等经济作物生长、发育和丰收，可以建议当地终止地面人工防雹作业。

3. 人工防雹作业条件预报指标

结合多年湖北对流云、混合云人工增雨防雹技术研究成果和人影作业工作实际，归纳出湖北人工防雹作业条件预报指标(见表 6.6)。

表 6.6　人工防雹作业条件预报指标

编号	物理量	阈值范围	与前一时次变化量
1	地面相对湿度	＞85％	＞0
2	K 指数	＞30	不考虑
3	SI 指数	＜－1	＜0
4	Li 指数	＜－3	＜0
5	CAPE	＞2000 J/kg	＞600 J/kg
6	CIN	－40～0	＞0
7	0 ℃层高度	＜5.2 km	不考虑
8	500 hPa 与地面的垂直风切变	$>1\times10^{-3}$ m/s	不考虑

4. 人工防雹雷达临近预警作业指标

利用多普勒雷达和常规分析资料，详细对比分析了 2007—2008 年发生在恩施山区 7 次强冰雹天气过程，在此基础上归纳出适合鄂西山区的人工防雹雷达临近预警作业指标(见表 6.7)。

表 6.7　人工防雹雷达临近预警作业指标

要素	预警指标	作业指标
CR	≥50 dBz	≥55 dBz
VIL	≥30 kg/m^2	≥35 kg/m^2
ET	≥8 km	≥9 km
45 dBz 强回波伸展高度	≥7 km	≥7 km
负温区回波厚度(ET－h_0)	≥6 km	≥7 km

第三节　新能源气象服务

一、风电气象服务

(一)风能资源开发利用现状

湖北省电力负荷大、风电并网条件成熟的特点使得湖北省风电在近两年内发展迅速(如图 6.5 所示)。截至 2014 年 5 月,湖北省已建成 8 个风电场,在建风电场十余个,还有多处区域正在开展风能资源观测前期工作。

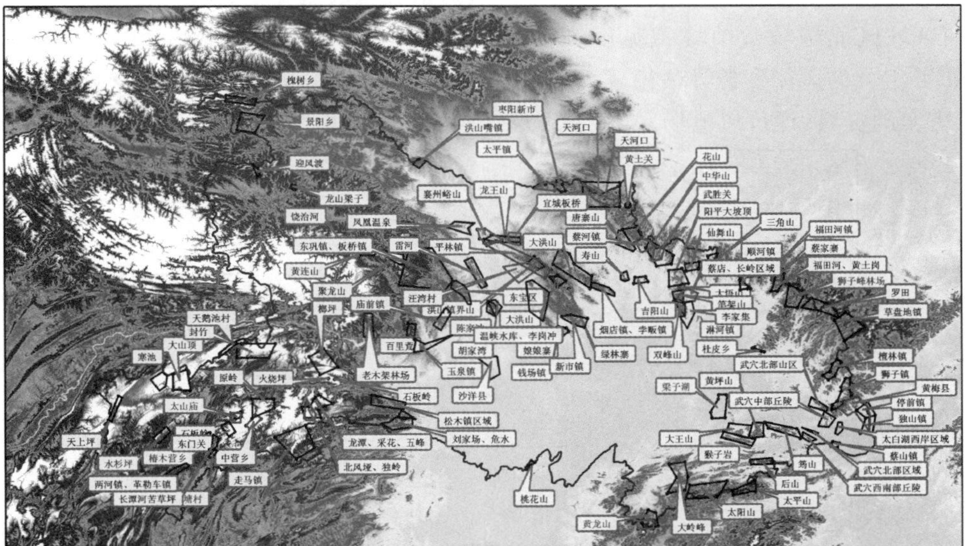

图 6.5　湖北省开展前期工作风电场分布图(截至 2014 年 5 月)

(二)风能气象服务内容

风电气象服务涉及风电开发前期、风电场建设和风电场运行各个阶段,包括风电场选址、测风塔选点和建塔、风能资源监测和评估、风电功率预报及气象灾害预警等全方位服务。

1. 风电场选址服务

风电场选址气象服务，主要分为针对政府部门的宏观选址服务和针对能源投资企业的测风塔选址服务。

(1)风电场宏观选址。根据前期湖北省风能详查成果及风电开发动态，深入挖掘湖北省风能可开发区域，为能源企业提供风电场宏观选址技术服务。

(2)测风塔选点、建设及监测。根据风电拟开发区域的地形地貌、气流走向及风能资源分布状况，协助能源企业选择能够代表该区域平均风能资源状况的测风点，为能源企业提供测风塔建设服务，在测风塔建成后每日对传送的测风资料质量进行监控，出现故障及时报修并跟踪修复动态，此外，测风塔建成后每月对测风资料进行分析，以使企业跟踪了解风资源状况。

2. 风电场建设服务

为企业风电场建设进行服务，气象部门主要开展了风能资源评估服务，即采用测风塔测风资料及气象资料开展风能资源评估，为能源企业提供某一区域的风能资源评价报告，以全面了解拟开发区域风能资源状况，也为政府部门进行风电开发决策部署提供服务。

风能资源评估主要内容包括：

(1)风电场主要气候特征。主要介绍该区域气候概况、风的气候特征及主要气象灾害(雷暴、覆冰)特征。

(2)风电场现场测风资料分析。在对测风数据进行完整性和合理性检验的基础上分析风能各项参数，主要有平均风速、最大与极大风速、风功率密度、风速与风能频率、风向频率、风能方向频率、湍流强度、风切变指数、风频曲线及威布尔分布等。

(3)区域风能资源数值模拟见图 6.6。利用中尺度气象模式 MM5 和小尺度诊断模式 CALMET 组成的风能资源评估模式系统，模拟风电场开发区域的年平均风速分布状况，再结合测风塔实测资料，评价风电场区域风资源整体状况，实现由“点”到“面”的风能资源评价。

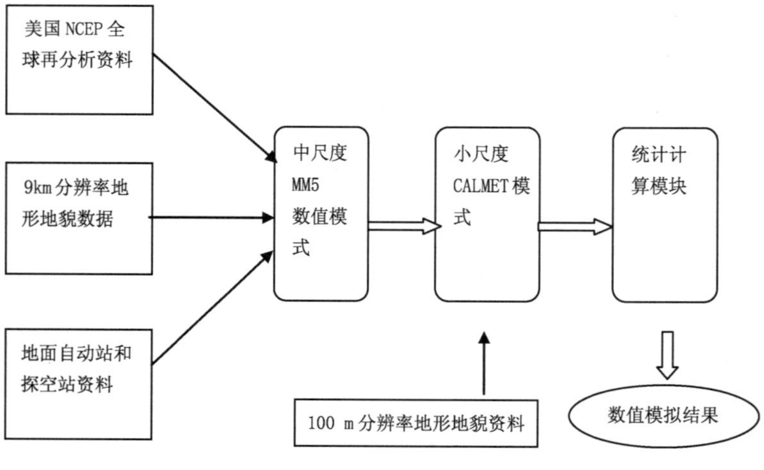

图 6.6　高分辨率数值模拟业务流程图

(4)观测期间参证气象站风况。对与测风塔观测同期的参证气象站风况进行分析，并与测风塔风能资源变化规律进行对比。

(5)长年代风能资源评估。采用参证气象站近 20 年的平均风速观测资料，评价观测年的风资源在长年代中的资源状况。

(6)风电场 50 年一遇最大风速及极大风速推算。利用参证气象站历年年最大风速序列，采用国家规范推荐的极值Ⅰ型分布函数，计算气象站 50 年一遇最大风速，再使用测风塔和气象站同期观测风速，将气象站 50 年一遇最大风速推算至测风塔处，并采用阵风系数推算 50 年一遇极大风速。极值风速的推算可用于风机选型。

(7) 单机理论发电量估算。以某一风机为参考机型，根据测风塔观测年度实测风数据，估算测风塔处单机理论年发电量、实际可能年发电量及满负荷运行小时数。

3. 风电场运行保障服务

(1)风电功率预报

由于风电天然具有的随机性、间歇性、波动性等特点，风力发电给电网调度带来极大的困难(电网发电输电供电需时刻保持平衡)，风电功率预报不但能够有效解决这一问题，还能够提高风电场利用效率。

如图 6.7 所示，湖北省气象局每日为风电场提供高分辨率数值预报结果，风电功率预报系统自动采集数值预报结果、实测风速资料、风电场运行状况及发电功率资料，再根据电力调度中心的调度指令及风电场运行检修计划，最终做出整个风电场的风电功率预报，包括短期和超短期功率预报。

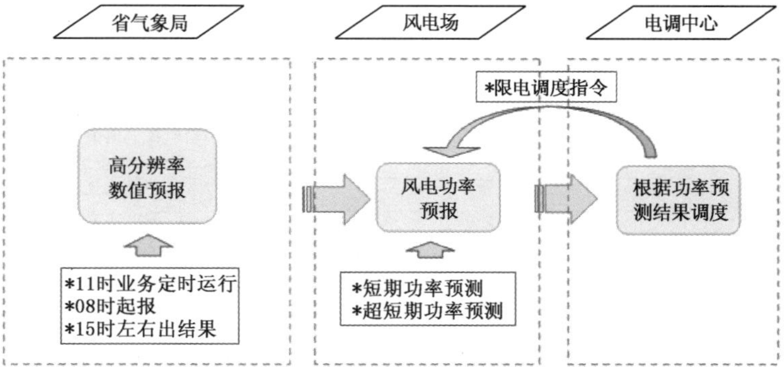

图 6.7　风电功率预报业务流程

(2)气象灾害预警

在风电场运行期间，针对风电场区域进行精细化气象灾害预警，使工作人员及时响应，提前做好应对灾害的准备，从而有效降低气象灾害对电场、电网安全运行带来的风险。在湖北省地区对风电场安全运行影响较大的气象灾害主要是覆冰和雷暴。

覆冰。湖北省已建及在建风电场多处于山区、丘陵地带，冬季气温较低，部分风电场周边还存在水体，极易发生覆冰灾害且持续时间较长。风机产生覆冰后，会增大风机叶片荷载，影响风机寿命；叶片覆冰厚度不一，影响风机出力，进而影响发电效率和投资效益；风机表面覆冰脱落，还有可能对现场人员及机组产生危险。

雷暴。湖北省部分风电场处于湖北省雷暴高发区，而雷电释放的巨大能量会造成风电机组叶片损坏、桨叶爆裂、发动机绝缘击穿、控制元器件烧毁等。根据雷暴灾害预警可提前采用停机等措施，避免风机损毁。

(三)风能气象服务流程

各个阶段的风电气象服务相互关联，相互促进，各项业务具体流程见图 6.8。

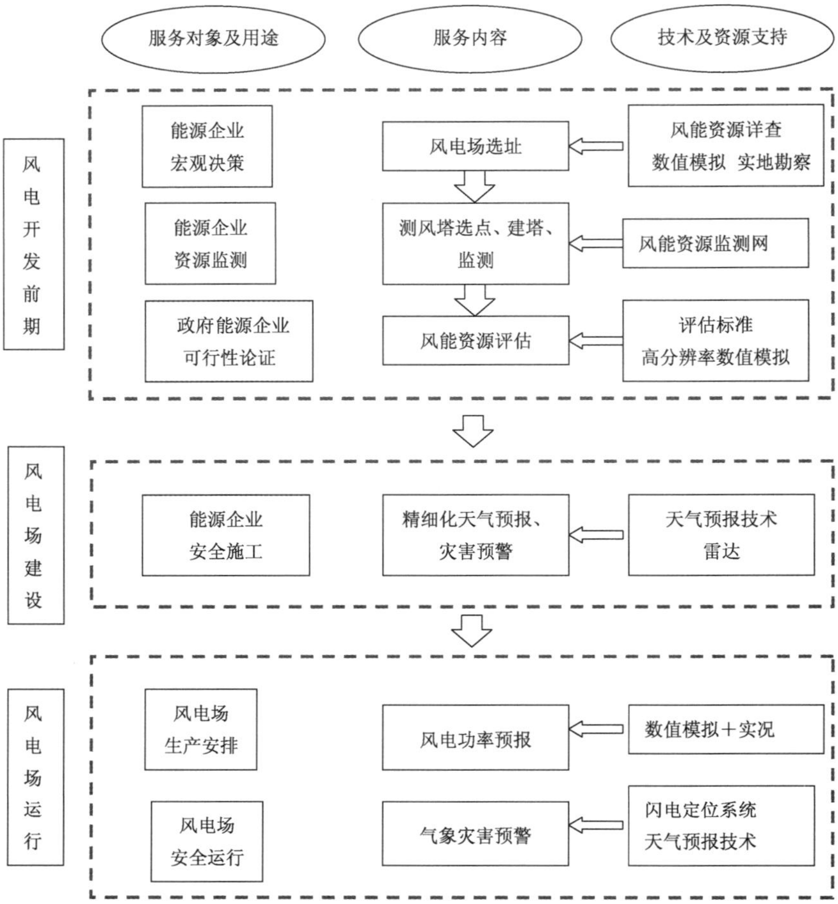

图 6.8　风电气象服务业务流程图

(四)风功率预报系统介绍

风电场风电功率预报系统分为五大部分：数据库子系统、资料采集处理与查询子系统、预报制作子系统、数据通信子系统及辅助管理系统，又可按功能划分为九大模块，其主要功能模块划分如图 6.9 所示。风电功率预报系统界面如图 6.10 所示。

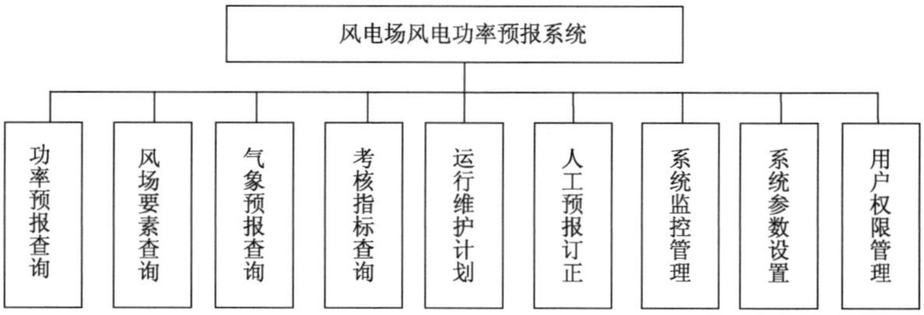

图 6.9　风电功率预报系统功能模块划分

1. 功率预报查询模块：以 WRF 模式预报数据为基础，对风电功率进行未来三天的短期预报和未来 4 小时的超短期预报，另外，还可以实现风电功率预报与实时的对比查询。

2. 风场要素查询模块：对风电场的气象要素查询，如风电场的风速、风向、气温、气压等气象要素的查询。包括风电场风速对比查询、测风塔数据查询、数值天气数据查询、风向玫瑰图及风廓线查询等功能。

3. 气象预报查询模块：可查询风电场的天气预报，包括短时天气预报、中期天气预报、长期天气预报及重要天气预警信息。

4. 考核指标查询模块：对预报准确率、合格率、上报率及误差进行统计查询。通过该模块可以查看和检测该系统的性能。

5. 运行维护计划模块：包括风电机组的运行维护计划及电网公司下达的限电计划。

6. 人工预报订正模块：为短期预报和超短期预报的自动预报的一种补充，通过此模块可以实现短期预报和超短期预报的手工预报，预报结果可以导出为 Excel 格式。

7. 系统监控管理模块：实现对系统运行状态的监控，可以对系统运行过程中的历史的、实时的各种报警信息分类查询。

8. 系统参数设置模块：包括基础参数设置、预报算法的参数设置。基础参数设置包括风电场的基本信息、风电机组信息、测风塔数据、数值天气预报数据、历史功率数据等数据的设置。预报算法的设置包括短期预报与超短期预报方法的设置，功率曲线的设置等功能。

9. 用户权限管理模块：对用户的权限进行管理，可以增加、删除用户。通过此模块可以对用户进行各模块的授权。用户登录后可以通过所授权限对系统进行操作，从而保证系统的安全稳定运行。

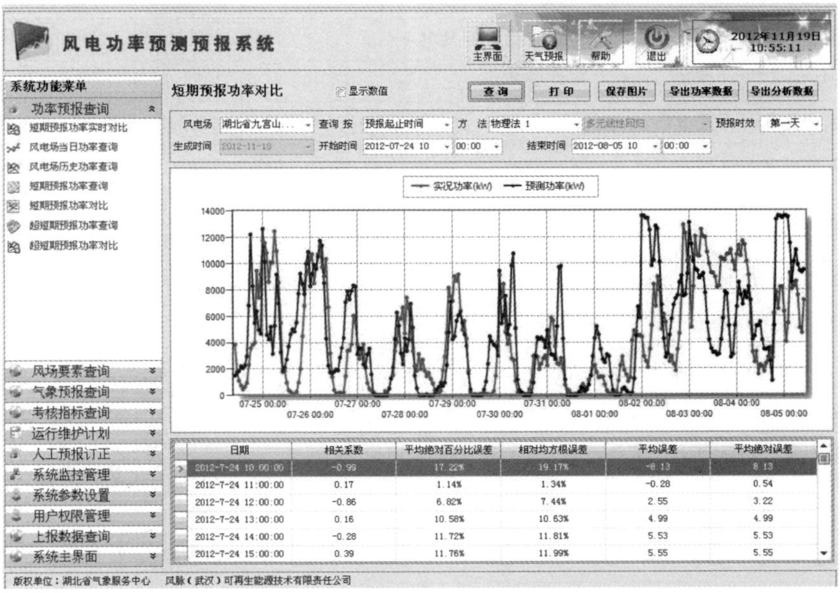

图 6.10　风电功率预报系统界面

二、太阳能气象服务

（一）太阳能资源开发利用现状

随着技术进步，光伏发电成本逐渐下降，近年来国家对光伏发电并网和补助政策也逐步明晰，因此湖北省太阳能光伏发电近年来发展迅速。截至 2014 年初，全省光伏并网发电规模达

82MW，主要为建筑一体化并网发电项目(BIPV)、农业大棚并网发电项目和屋顶分布式发电项目，发电项目地域分布遍及全省各地州市。主要项目见表6.10。

表6.10 湖北省并网光伏发电项目表(截至2014年1月)

项目名称	规模	投产时间	所在地区
武汉日新科技光伏工业园1.2 MW光伏建筑一体化(BIPV)并网电站	1.2 MW	2009.8	武汉市东湖开发区
武汉市汉口江滩光伏并网发电工程	0.376 MW	2011.6.27	武汉市汉口江滩
武汉火车站光伏并网发电工程	2.2 MW	2011.3.22	武汉市青山区
武汉新城国际博览中心光伏并网发电项目	10 MW	2012.4	武汉市汉阳新区
武汉经济技术开发区绿色生态城区集中连片光伏建筑一体化并网发电项目	2.5 MW	2013.8.12	武汉市经济技术开发区绿色生态城区
武汉神龙三厂绿色生态工厂光伏并网发电项目	3 MW	2013.11	武汉市经济技术开发区
武汉沌口开发区高科技产业园集中连片光伏发电项目一期	10.9 MW	2013.6 并网1 MW	武汉市沌口开发区
鸿富锦精密工业(武汉)有限公司科技园光伏并网发电项目	8.5 MW	2012.3.20	武汉东湖新技术开发区
湖北润阳新能源公司光伏建筑一体化并网发电项目	1.5 MW	2012.12	襄阳市枣阳市
咸宁南玻咸宁市长江产业园光伏并网发电项目	11.02 MW	2013.6.20	咸宁市开发区
九州方园新能源股份有限公司厂区建筑一体化并网发电项目	3 MW	2013.7.26	宜昌市宜都市
宜都国际商贸城、政府大楼、孵化器建筑一体化光伏并网发电项目	1.3 MW	2013.7.26	宜昌市宜都市
安能(安陆)生物质电厂光伏建筑一体化并网发电项目	2.462 MW	2013.11	孝感市安陆市
汉川农业科技大棚光伏并网发电项目	10 MW	2013.8.4	孝感市汉川市
鄂州元隆生态农业园光伏并网发电项目	0.516 MW	2013.10.19	鄂州市鄂城区
武汉花山生态新城花城家园光伏并网发电项目一期	3.074 MW	2013.8 并网1 MW	武汉市洪山区
应城农业科技大棚太阳能光伏并网发电项目	10 MW	2013.12	孝感市应城市
太阳能屋顶光伏86 kW分布式发电项目	86 kW	2014.3	十堰市竹溪县
太阳能光伏25 kW分布式屋顶发电项目	25 kW	2014.3	十堰市竹溪县
分布式光伏发电	250 kW	2014.3	咸宁市赤壁县
随州鸿发蜂产品有限公司屋顶400kW(一期54 kW)分布式太阳能光伏发电	400 kW	2014.3	随州市
湖北省随州市人民检察院屋顶19.5 kW分布式太阳能光伏发电项目	19.5 kW	2014.3	随州市
随州市曾都区机关事务管理局屋顶41.5 kW光伏发电项目	41.5 kW	2014.3	随州市
随州市地方税务局屋顶37 kW分布式太阳能光伏发电项目	37 kW	2014.3	随州市
随州市国土资源局屋顶28 kW分布式太阳能光伏发电项目	28 kW	2014.3	随州市
曾都区洛阳镇永兴村太阳能光伏150 kW分布式屋顶发电项目	150 kW	2014.3	随州市曾都区
中级人民法院随州市太阳能光伏21 kW分布式发电项目	21 kW	2014.3	随州市
东贝新能源50 kW分布式光伏并网电站	50 kW	2014.1	黄石市
湖北芳通药业股份有限公司50 kW分布式光伏并网电站	50 kW	2014.3	黄石市

（二）太阳能气象服务内容

太阳能资源开发利用，依靠的就是气象要素之一太阳辐射，对气象服务的需求是多方面的，基本贯穿整个过程，包括太阳能资源监测及评估（含可行性论证、区划）、太阳能发电功率预报、气象风险评估、气象灾害预警等。

1. 太阳能资源评估服务

宏观决策：太阳能资源是国家的战略资源，在太阳能资源观测的基础上，开展全国范围的太阳能资源评估，进一步了解掌握全国太阳能资源分布状况，为政府部门正确决策及企业合理投资开发提供基础技术支持和科学依据。

微观选址：根据各级政府出台的相关政策及企业需求，综合考虑资源、土地利用、交通、电网接入、电接纳能力等，根据不同气候和地理环境，提供光伏发电站的太阳能资源评估服务，在资源开发前期做好气候可行性论证工作，对电站区域的太阳能资源给出客观、准确的评估结论，在电站建成后开展后评估，对电站实际运行效益等进行论证。

2. 太阳能电站设计服务

根据电站所在地理及气象条件，计算最佳倾角、方位角，并提供适合当地气候的材料选型（单晶、多晶、薄膜等）、设备类型、规模等。主要包括以下两点。

（1）电站微观选址评估：综合考虑资源、土地利用、交通、电网接入点、接纳能力等，根据不同气候和地理环境（南、北方不同地域辐射分布特征），及采用不同的利用方式（地面大规模并网光伏发电、建筑一体化等分布式光伏发电和聚光热发电等），进行微观选址评估。

（2）电站设计规划：评价最佳倾斜角、方位角，适合当地气候的材料选型（单晶、多晶、薄膜等）、设备类型、规模（面积）、跟踪方式等。

地区精细化倾斜面总辐射（光伏资源）、法向直接辐射（聚光资源）的估算；地区不同倾角、不同朝向太阳能资源评估；电站太阳辐射、环境温度、10 m 风速、气压等资源评估；电站不同安装和运行方式下的辐射量测算，固定安装、同朝向和不同倾角、单轴跟踪、双轴跟踪等；电站设备选型和容量测算，太阳电池、蓄电池、系统各个环节的效率、发电量测算；电站温室气体减排评估分析；电站区域太阳能资源评估与气候可行性论证；电站雷击风险评估等。

3. 太阳能电站运行保障服务

（1）光伏发电功率预报

光伏输出功率短时波动大，随着并网光伏发电穿透功率的增加，会对电力系统稳定性带来影响，因此在光伏发电站建成后，应结合数值预报、辐射观测及发电功率监测资料，通过光伏发电功率预报系统提供光伏发电功率预测预报服务，为光伏发电安全并网和合理调度提供服务。

（2）气象灾害预警

针对电站区域进行精细化气象灾害预警，降低气象灾害对电站、电网安全运行带来的风险。气象灾害主要包括对电站安全运行影响较大的高温、雷暴、大风、暴雨、冰雹等，其中高温热浪会使光伏发电效率下降、使电池寿命缩短甚至起火；大风冰雹会损坏露天发电设备、建筑物；雷电会击坏电子与电器部件、建筑物；暴雪冰冻会使输电设备损毁；暴雨山洪地质灾害则会淹没、摧毁电站基础设施。

（三）太阳能气象服务流程

各阶段的气象服务相互关联、相互促进。业务具体流程见图 6.11。

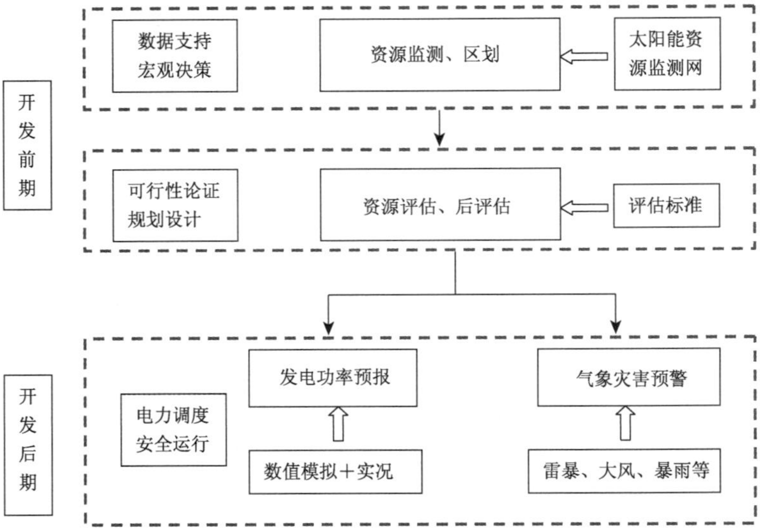

图 6.11　太阳能气象服务业务流程图

（四）太阳能光伏发电预报系统介绍

1. 预报系统结构

自 2010 年以来，湖北省气象服务中心先后开发了光伏发电功率预测预报系统 V 1.0、V 2.0，并已在全国多省市进行推广运行。V 2.0 系统是一款基于中尺度数值天气预报模式的产品，能够通过多种预报方法实现短期（未来 3 天）、超短期（未来 4 小时）的逐 15 分钟光伏发电功率预报或太阳辐照度预报。其中，选用的数值预报在模式中同化了卫星、雷达、地面等多种资料，具有较高的分辨率和准确性。此外，系统中还提出了斜面总辐射模式预报的新方法，在光电转换模型和参数中充分考虑了气象条件的影响，并采用原理法和动力统计法开展系统预报方法的研究。

系统短期预报原理结构：基于中尺度数值预报模式产品，采用两种预报方法进行光伏发电功率短期预报：一是利用水平面的辐射观测数据完成对模式输出辐射预报的统计订正（MOS 方法），再通过斜面辐射及光电物理模型的转换，建立光伏发电功率的动力统计预报模型进行原理法预报。二是利用历史（实时）光伏发电功率数据，直接建立模式输出要素与发电功率之间的动态统计模型进行动力统计预报。两种预报方法基于不同的预报思路，采用不同的输入资料，既可以选择一种应用，也可以互为补充，适合不同条件的光伏电站应用。

系统超短期预报原理结构（见图 6.12）：依赖于实时功率数据，采用短期预报订正或纯粹统计外推法，后者不依赖于数值天气预报而进行。

光伏发电功率预报系统运行于光伏电站，通过 Internet 或专线方式获取气象部门的数值天气预报数据、光伏电站的辐射及其他气象要素观测数据、光伏阵列实时运行信息及电网下达的限电调度指令，根据一定的算法对光伏发电功率进行预报，预报结果存储到数据库服务器上，预报结果采用国家电网 E 格式上传到电网安全Ⅱ/Ⅲ区。其预报系统物理框架结构如图 6.13 所示。

2. 预报系统主要模块介绍

（1）中尺度模式模块：以 WRF 模式为基础，以 NCEP/GFS 资料为初始场和边界条件，实

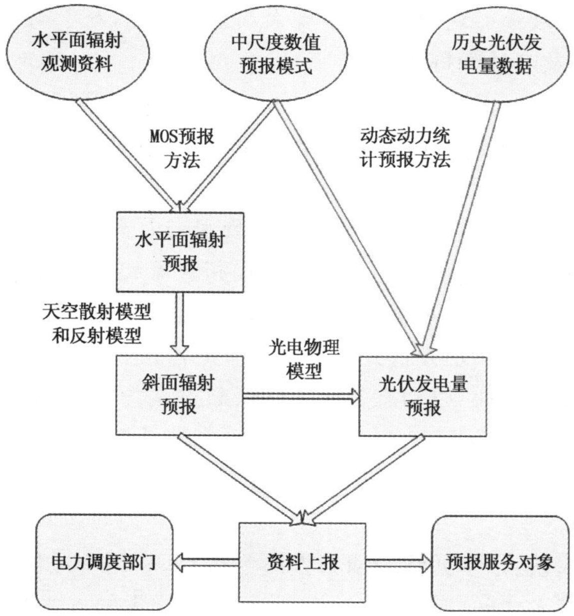

图 6.12　光伏发电功率预报系统原理结构框架图

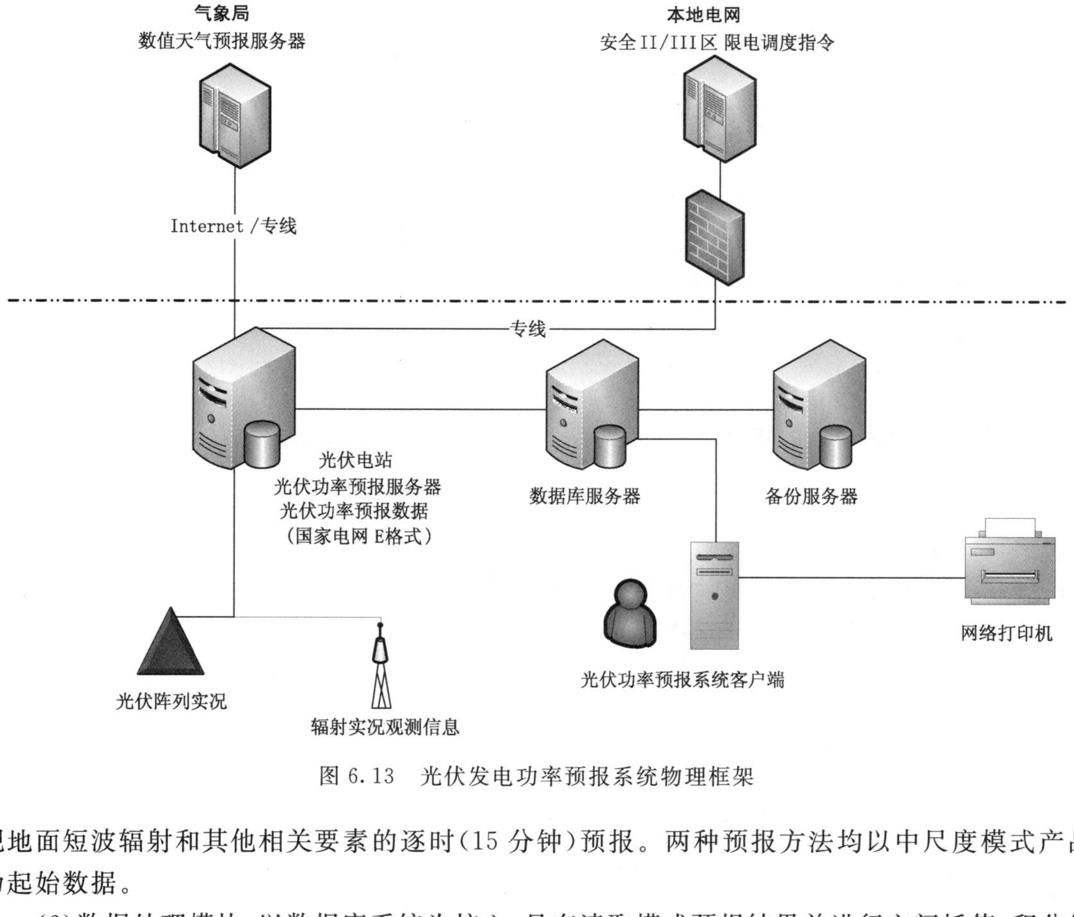

图 6.13　光伏发电功率预报系统物理框架

现地面短波辐射和其他相关要素的逐时(15 分钟)预报。两种预报方法均以中尺度模式产品为起始数据。

(2)数据处理模块:以数据库系统为核心,具有读取模式预报结果并进行空间插值、积分等计算和入库功能;自动下载辐射观测资料、常规天气预报功能;对于动态动力统计预报,还具有自动更新下载电站光伏发电量资料功能。

(3)MOS 预报方法模块:以太阳辐射的 MOS 预报方程为基础,实现低通滤波、去除天文辐射影响,因子选择、降维、主成分提取,多元回归预报、预报结果还原等功能。

(4)斜面辐射计算模块:以清晰度指数和直射比相关关系为核心,建立直射比预报方法,以各向同性天空散射辐射和反射辐射模型为基础,实现水平面辐射向斜面辐射的转换。

(5)光电转换物理模块:充分考虑光电转换过程和直流/交流转换过程中的光电物理过程及其与气象辐射条件的关系,建立基于光电物理原理的计算模型,以斜面辐射预报和板温等其他要素预报为输入条件,最终实现光伏并网发电功率的预报。

(6)动态动力统计预报模块:以动态多元线性回归方法为核心,利用中尺度数值预报产品及历史(实时)光伏发电功率数据,建立二者之间的动态统计模型,用滚动样本的方式每天对预报方程的待定系数进行更新,本方法可以更好地适应季节气候变化的影响以及光伏电站长期出力而产生的衰退效应。

(7)固定系数预报模块:以多元线性回归方法为核心,利用中尺度数值预报产品及历史光伏发电功率数据,建立二者之间的静态统计模型,用固定样本的方式对预报方程的待定系数进行建模,本方法可以更好地适应实况资料无法及时更新的情况。

(8)结果展示和查询模块:采用不需要进行终端用户部署的 C/S 模式(客户端/服务器模式),开发预报产品查询显示系统。

第四节　气候可行性论证服务

为了加强对气候可行性论证的管理,规范气候可行性论证活动,合理开发利用气候资源,避免或减轻规划和建设项目实施后可能受气象灾害、气候变化或可能对局地气候产生的影响,《气候可行性论证管理办法》已于 2008 年 11 月 25 日经中国气象局局务会审议通过,并于 2009 年 1 月 1 日起实施。加强气候可行性论证服务工作,有利于气候资源的合理开发利用,避免或减轻规划和建设项目实施可能受到的气象灾害、气候不利因素影响。

一、气候可行性论证的定义

气候可行性论证,是指对与气候条件密切相关的规划和建设项目进行气候适宜性、风险性以及可能对局地气候产生影响的分析、评估活动。气候可行性论证,主要包括以下 3 个部分:气候适宜性分析,气象灾害风险分析与评估,对局地气候产生影响的分析、评估。

论证内容主要包括:规划或者建设项目概况;基础资料来源及其代表性、可靠性说明,通过现场探测所取得的资料,还应当对探测仪器、探测方法和探测环境进行说明;气候可行性论证所依据的标准、规范、规程和方法;规划或者建设项目所在区域的气候背景分析;气候适宜性、风险性以及可能对局地气候产生影响的评估,极端天气气候事件出现概率;预防或者减轻影响的对策和建议;论证结论和适用性说明等。

气候可行性论证需要在工程或项目之前,看当地的气候是否符合条件,气候风险有多大等。通过评价,使得项目在进行过程中,会考虑到当地气候可能出现的一些气象灾害或极端气候事件,从而避免对工程可能造成的危害。而从另一个角度来看,大型工程的建设,对局地气候也可能会产生一些影响。如果这种影响非常大，或者是对周围的人类活动，以及人的居住有影响，可以建议这个工程的选址重新规划，保证在建设好工程的同时，不要对周围的环境有所破坏。

二、气候可行性论证的分类

现阶段的气候可行性论证服务需求，主要集中在核电、桥梁、城市规划和火电空冷等几类工程项目。编制完善气候可行性论证技术指南，进行符合规范的、合理的、技术先进的气候可行性论证，从而避免对工程可能造成的危害是十分必要的。

根据前期气候可行性论证工作开展情况，中国气象局组织编制了15个方向(已编制完成10个方向)的气候可行性论证技术指南(见表6.11)，研制了7个方向的气候可行性论证系统，初步形成气候可行性论证技术体系；同时，正在进行5个方向的气候可行性论证指南的编写(截至2014年4月)，见表6.12。

表6.11　中国气象局已组织编制的气候可行性论证技术指南

1	输电线路抗冰设计气候可行性论证技术指南
2	桥梁建设抗风设计气候可行性论证技术指南
3	核电项目气候可行性论证技术指南
4	城市总体规划气候可行性论证技术指南
5	城市暴雨强度公式编制技术指南
6	火电厂空冷气象条件分析论证技术指南
7	风电场测风塔选址技术指南
8	太阳能电站项目选址评估气候可行性论证技术指南
9	机场工程设计气候可行性论证技术指南
10	核电项目大气扩散参数计算气候可行性论证技术指南

表6.12　中国气象局正在编制的气候可行性论证技术指南

1	城市热岛效应评估技术指南
2	城市居住区气候环境评价气候可行性论证技术指南
3	农产品品质论证气候可行性论证技术指南
4	输电线舞动区划证技术指南
5	参证站一致性评估技术指南

三、湖北省气候可行性论证服务

近年来，湖北省气象部门加强并开展了风能、太阳能气象评价与预报服务，积极开展新的桥梁抗风设计、暴雨强度公式编制、内陆核电极端气象、环境影响评价等气候可行性论证工作，并努力开拓创新，在烟草风险区划、山区航道雾情监测论证等领域取得了突破。

(一)桥梁抗风设计

1. 桥梁抗风设计基本情况

由于现代大桥跨度越来越大，主塔和主梁越来越高，建筑材质越来越轻，风压与风灾已成为现代大桥设计中最重要的限制因子，从而对抗风设计提出了更高的要求。开展桥位气候背景和风参数研究，对影响大桥安全的关键气象问题进行气候可行性论证，既符合《中华人民共和国气象法》第三十四条关于“各级气象主管机构应当组织对城市规划、国家重点建设工程、重大区域性经济开发项目……进行气候可行性论证”的规定，又可满足建筑或大桥抗风设计对风参数计算的要求。

桥梁建设气候可行性论证的主要内容包括桥址处气候特征分析(重点是风的气候特征分析)、主要气象灾害的调查(重点是大风灾害)、设计基准风速的推算、大气湍流参数计算分析等。

桥梁抗风设计依据：

(1)《公路桥梁抗风设计规范》(JTG/T D60－01—2004)

(2)《建筑结构荷载规范》(GB 50009—2001)

(3)《风电场气象观测及资料审核、订正技术规范》(QX/T 74—2007)

(4)《地面气象观测规范》

(5)《风能资源详查和评价工作测风塔选址技术指南》(中国气象局)

(6)《风电场风能资源测量方法》(GB/T 18709—2002)

(7)《风能资源观测业务规范》(中国气象局)

2. 桥梁抗风设计工作内容

(1)资料收集

收集桥区附近有代表性的长期气象观测站和区域自动站资料，全面收集桥位周边气象资料和较大范围的灾害资料，为工程的可研、设计、施工，以及今后的维护提供基础数据。

(2)桥位附近气候背景与极端值分析

根据以桥位为中心最近气象站的气象资料，进行基本气候值和极端气候值的统计分析。包括温度、降水、蒸发、风速风向、日照、霜雪、冰冻、冻土等多年平均、时空分布、历史极值情况。

(3)桥位附近风的特征值和平均风向、风速玫瑰图分析

①资料长度：1981—2010 年 30 年或 1971—2010 年 40 年。

②风特征值项目：包括平均风速、最大风速、极大风速、大风日数(频率)、大风风向、主导风向等，并绘制年(季、月)风速风向频率玫瑰图等。

(4)桥位附近若干个自动气象站风速放大效应分析

根据桥位周边若干个自动气象站近年的风观测资料，分别与基本站及对比站资料进行对比分析，尤其是大风是否有放大效应、放大程度。

(5)桥位附近基本风速的推算

①桥位周边气象站年最大风速均一性审查、订正、插补。重点对桥位周边气象站的地理环境进行考察、对年最大风速资料的均一性、可靠性进行审查，通过订正、插补、延长，建立符合设计规范要求的离地面 10 m 高度 10 分钟平均年最大风速长序列。

②周围气象站基本风速的推算。根据国家最新建筑荷载规范和大桥设计规范，充分利用气象站长记录资料进行周围气象站基本风速的推算，可考虑 10、30、50、100 年等不同重现期，以适应设计、施工、运营维护等不同阶段的需要。

③桥位区设计风速的推算。充分利用短期考察资料和计算分析得到的沿江风速的可能放大效应，将基本风速推算到桥位附近，得到设计风速。

(6)推算不同高度、不同重现期最大风速(含设计基准风速)

根据以上结论，同时参考国家规范，推算出区不同高度(10～300 m)、不同重现期(10、30、50、100 年)的设计风速以及桥面高度和主梁(2/3 高度)的设计基准风速。

多年来，湖北省气象部门致力于大型桥梁前期探测、可研报告编制、设计期间设计风速考察推算及施工期间气象服务工作，近 10 年完成了 10 多项桥梁抗风气候可行性论证项目。尤其是 2006、2009 年分别承担了《鄂东长江公路大桥气候论证与气象保障》、《安哥拉索约卡宾达交通通道工程可研气象研究》，这些项目工期长、难度大，均能圆满完成，为湖北省的桥梁气候可行性论证工作积累了经验，锻炼了人才。

3. 桥梁抗风设计工作流程

工作流程如图 6.14 所示。

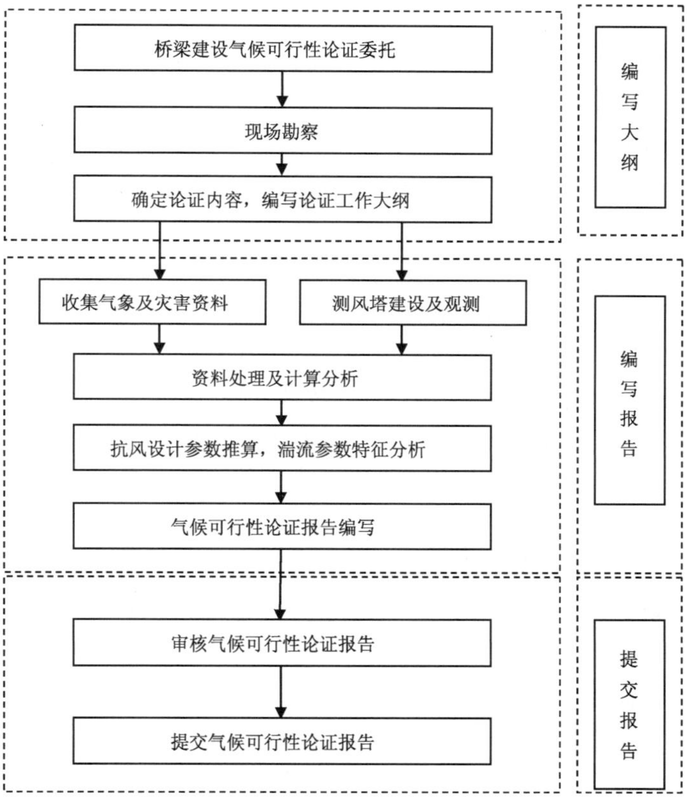

图 6.14　桥梁抗风设计气候可行性论证流程

(二)暴雨强度公式编制

1. 基本情况

近年来，在全球变暖背景下，我国各地极端暴雨事件频繁发生，特别是在汛期，国内一些大城市频繁遭受严重渍涝事件，湖北省内城市亦是如此，2011 年 6 月武汉遭受 4 次强降水袭击，全市 80 多个片区反复受到渍涝危害，网上一度盛传“春季到武大看樱花、夏季到武汉看海”、2012 年北京“7·21”灾害造成 70 多人失去生命，震惊全中国，如此事例，不胜枚举。城市暴雨渍涝灾害已成为最为突出的城市灾害之一。究其原因，一是排水系统设计标准偏低，二是一些排水设施遭到损坏，三是暴雨强度有可能变得更强。如何破解迷局，是各级政府应该重视的问题。

2013 年 3 月，国务院办公厅《关于做好城市排水防涝设施建设工作的通知》(国办发〔2013〕23 号)指出，要求通过综合措施、用十年时间逐步解决城市渍涝危害问题，并明确了主要任务和时间节点，包括充分掌握过去十年的城市暴雨渍涝灾害、地下管网资料、重新修订暴雨强度公式、及时制订雨污分流规划并最终实现雨污分流，确保在出现 50 年一遇暴雨的情况下，不得有重大人员伤亡。为了落实该项文件要求，住建部和中国气象局联合发文，拟联合开展三项工作：暴雨强度公式修订、暴雨风险区划、暴雨渍涝预警。暴雨强度公式修订便是其中的第一项工作。

根据中华人民共和国国家规范《室外排水设计规范》(GB 50014—2006)规定，在进行城市排水工程规划设计时，雨水管网的规划设计排水量应同当地的暴雨强度公式进行计算。所谓暴雨强度公式，是能反映一定频率的暴雨在规定时段最不利时程分配的平均强度的计算公式，它对优化城市排水渠道和地下管网规划、预防大面积渍涝灾害有非常重要的作用。因此，合理编制暴雨强度公式是提高城市防洪排涝能力和防灾减灾的现实需要。

暴雨强度公式编制依据：

(1)《室外排水设计规范》(GB 50014—2006)(2011 年版)及《室外排水设计规范》(GB 50014—2006)(2013 年版)(征求意见稿)

(2)《城市排水工程设计一暴雨强度公式编制技术指南》

(3)《给排水设计手册(第 5 册)城市排水》(2003 版)

(4)《地面气象观测规范》(气象出版社 2003 年 11 月版)

(5)《地面气候资料 30 年整编常规项目及其统计方法》(QX/T 22—2004)

(6)《气象资料统计规定》，气象出版社，1984 年 7 月出版。

(7)国务院办公厅《关于做好城市排水防涝设施建设工作的通知》(国办发〔2013〕23 号)

(8)住房城乡建设部办公厅《关于加强 2013 年城市排水防涝汛期检查工作的通知》(建办城函〔2013〕197 号)

(9)住房城乡建设部《城市排水(雨水)防涝综合规划编制大纲》(2013 年 7 月 12 日)

2. 暴雨强度公式编制工作内容

(1)曲线拟合及误差控制

据国家标准《室外排水设计规范》(GB 50014—2006，2011 版)，重现期则采用 0.25、0.33、0.5、1、2、3、5、10、20、50、100 年这 11 个时限。由于设计采用的重现期(100 年一遇)大于资料年限(40 年)，故采用理论频率分布曲线进行调整，暴雨强度公式统计中，常用的理论频率曲线有皮尔逊一Ⅲ型分布曲线、指数分布曲线、耿贝尔分布曲线、经验频率曲线等，选用何种分布曲线关键是看分布曲线对原始数据的拟合程度，误差越小、精度越高的分布越有代表性，拟合精度以绝对均方误差和相对均方误差作为判断标准。经验频率曲线由于精度不高，实际工作中一般较少采用，当精度要求较高时，国家规范推荐采用皮尔逊一Ⅲ型分布曲线、指数分布曲线和耿贝尔分布曲线。通过“暴雨强度计算系统”采用皮尔逊一Ⅲ型分布曲线、指数分布曲线和耿贝尔分布曲线对样本资料进行频率调整。

(2)暴雨强度公式计算及误差控制

依据《室外排水设计规范》(GB 50014—2006，2011 版)，暴雨强度公式的定义为：

$$i = \frac{A_1 \times (1 + C \times \lg P)}{(t + b)^n}$$

式中 i 为降水强度(单位:mm/min),P 为重现期(单位:年),取值范围为 0.25～100 年;t 为降雨历时(单位:mim),取值范围为 1～120 mim。重现期越长、历时越短,暴雨强度就越大,而 A_1、b、C、n 是与地方暴雨特性有关且需求解的参数:A_1 为雨力参数,即重现期为 1 年时的 1 分钟设计降雨量(单位:mm);C 为雨力变动参数;b 为降雨历时修正参数,即对暴雨强度公式两边求对数后能使曲线化成直线所加的一个时间参数(单位:min);n 为暴雨衰减指数,与重现期有关。

为确保参数计算结果的准确性,对暴雨强度计算结果进行了精度检验,计算出重现期 0.25～10 年的暴雨强度,并将算得的暴雨强度理论值和实测值的平均绝对均方误差和平均相对均方误差,与室外排水设计规范(GB 50014—2006)规定的精度对照。规范规定:绝对均方误差不超过 0.05 mm/min,平均相对均方差不大于 5%。

平均绝对均方根误差:

$$\sigma = \sqrt{\frac{1}{N}\sum_{t=1}^{N}(i_{ij} - i'_{ij})^2}$$

平均相对均方根误差:

$$f = \frac{\sigma}{\overline{x}}$$

式中 i' 为暴雨强度公式计算出来的降水强度,i 为 i-t-P 三联表对应的降水强度 i 值,N 为样本数。

3. 暴雨强度公式编制工作流程

工作流程见图 6.15。

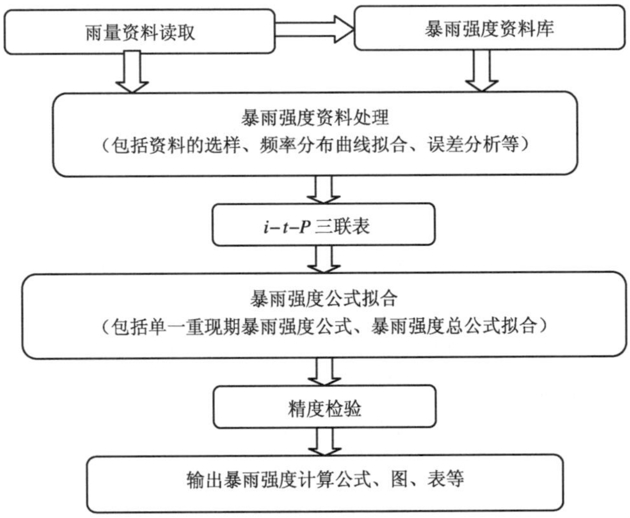

图 6.15　暴雨强度公式编制流程图

(三)长江航道可视距离监测气候可行性论证

1. 基本情况

长江横贯东西、通江达海,是连通东、中、西部地区的水运主动脉,是我国最重要的内河水运主通道,对促进流域经济协调发展发挥了重要作用,素有“黄金水道”之称。2011 年 1 月 21

日，国务院颁布了《关于加快长江等内河水运发展的意见》(国发(2011)2 号)，明确提出“加快长江干线航道系统治理”，标志着长江等内河水运发展已经上升为国家战略。长江航道的系统治理及发展离不开科技力量的支撑，国内外航运现代化发展的经验表明，信息化是保障航道畅通安全、提升航道服务水平的重要手段，是促进航道科学发展的重要途径。李盛霖部长在 2011 年全国交通运输工作会议中的讲话中亦明确指出，到“十二五”末，建成长江干线数字航道系统。目前长江航道局正着手研制多功能电子航道系统，此系统的研制和应用推广将全面提升长江航道管理和服务的信息化水平和能力，进而提升长江航运能力。但是现在航道中缺乏精细化可视距离监测系统，电子航道图缺乏可视距离的实时显示数据，难以满足船舶航行安全需求。

湖北省气象部门从 1992 年开始在长江三峡沿江建了大批气象观测站，包括近年建立能见度观测站；1996 年来中国气象局依托湖北省、重庆市气象局在长江三峡河谷地区建立了长江三峡局地气候监测系统，其中包括 12 个能见度监测站；重庆气象部门从 2003 年开始在长江航道(重庆段)进行了航道气象观测，共布设能见度观测站 9 个，并开展了能见度电视气象预报服务。

此外大量单位、学者开展了对三峡区间能见度实测数据分析，并研制出了精细化的预报方法，为三峡水运交通安全及管制提供科学依据。其中包括湖北省气象局技术人员在国家项目的支持下开展长江中上游(包括河谷地区)大雾监测、模拟、预报服务工作(2009—2012 年)，在已有观测数据基础上，通过加密观测，研制出了能见度(大雾)数值产品释用预报技术，研究建立了山地和平原辐射雾天气模型，建立了辐射雾客观预报模型，最终建立实时监测和预报系统。2010 年开始，该系统先后在湖北、江西、重庆等省(市)气象台以及 8 个地市级气象台推广应用。这些研究为长江三峡航道能见度(雾)的实时监测和精细化预报奠定了坚实基础。

湖北气象部门在长江中上游沿江气象站就江面温湿度、风向、风速、能见度等气象要素进行观测报告，对大雾特征开展了大量研究。研究发现，长江中上游地区山地众多，水系纵横，特殊的地形作用容易形成辐射雾天气。宜昌市有 30 多处辐射雾易发路段；荆州年平均辐射雾日数 50 天左右；恩施年辐射雾日数最多 103 天，2007 年 11 月 21—29 日出现了持续 9 天的辐射雾天气；重庆年平均辐射雾日数 60 天左右。建立了山地和平原辐射雾天气模型；建立了辐射雾数值预报系统；建立了辐射雾客观预报模型；长江中上游地区辐射雾监测预报能力提高 10%。

2. 工作内容

长江航道可视距离监测气候可行性论证工作主要包括以下内容：

(1)雾区的划分

对收集的雾情进行统计分析，对收集的研究成果进行分析应用，最后划定雾区。

(2)布点原则方案的研究制定

根据雾区的划分、可视距离监测仪器特性的分析研究、航道地形特征，提出可视距离监测仪器布点原则及初步方案。通过对现有各种能见度仪器性能特点及适应性分析，建议长江山区航道可视距离监测项目选用前向散射式能见度仪作为监测仪器，且所选用的能见度传感器应具有国务院气象主管机构业务主管部门颁发的使用许可证，或经国务院气象主管机构业务主管部门审批同意。

(3)提高应用精度(分辨率)方法研究

通过对山区航道雾的分型研究，提出一种可以提高航道可视距离监测应用精度的方法。

以空间为样本长度将多个站点的能见度值与同时刻高低空气象要素建立回归方程。用GIS地统计插值方法进行插值，直观地显示出不同地段能见度值。以时间为样本长度用周边观测站雾情等级及对应气象要素分季度建立插值站判别分类方程，有较好的实用性，对大多数实际雾的等级能准确报出。

3. 工作流程

如图6.16所示，长江航道的可视距离监测技术路线具体为：

(1)通过收集、分析长江山区航道及周边地区的低能见度(大雾)气象观测站网资料及近年来针对长江三峡河谷地区低能见度(大雾)相关气象研究成果，结合对长江航道雾情及地形的实地考察调研情况，分析长江三峡航道大雾的分布特征，确定重点雾区。

(2)通过对常规气象监测及相关行业能见度监测原则方案的研究，再结合雾区划分，确定长江山区航道未来可视距离监测网的布点原则及初步方案。

(3)通过对目前国内外可视距离监测仪器情况的分析研究，结合原则方案要求，确定长江山区航道可视距离监测仪器选型。

(4)通过对雾的特点以及针对不同气象数据处理方法的分析研究，提出可提高可视距离监测数据应用精度(分辨率)的方法。

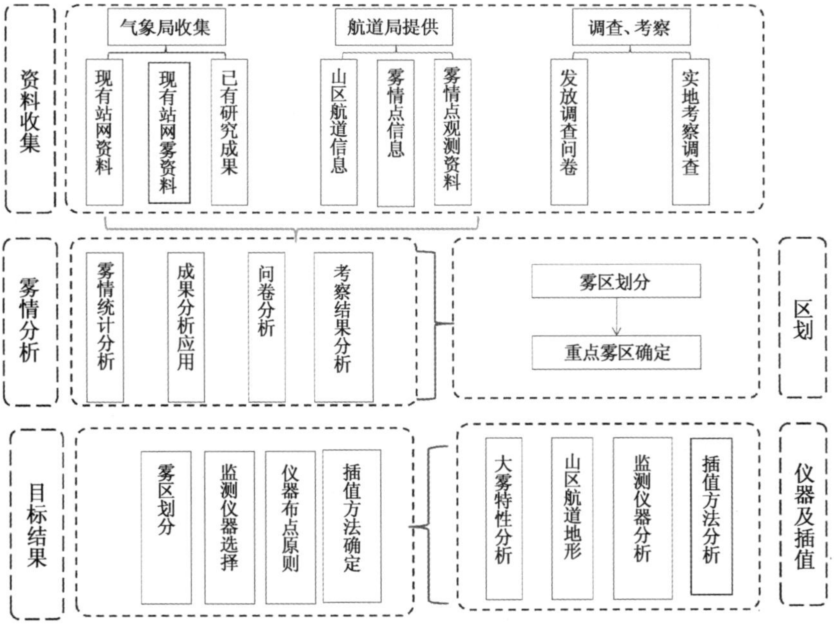

图6.16 长江航道可视距离监测技术路线

(四)内陆核电极端气象条件气候可行性论证

1. 基本情况

为应对气候变化和适应国家经济社会发展需求，促进核电项目的适宜性和科学性，核电项目需进行规范的气候可行性论证业务。核电气候可行性论证适用于核电项目的厂址比选、核电厂厂址气象专用站设置和气象观测实施以及核电厂极端气象条件和极端气象事件的专题研究等工作。

湖北气象部门近年来集成影响内陆核电安全的不同极端气象现象和极端气象参数的计算分析方法，在实例基础上制作核电极端气象设计基准分析报告模本，并将这些主要方法集成到一个计算平台，形成了一套通用的内陆核电极端气象可行性论证系统。

内陆核电极端气象条件气候可行性论证编制依据：

核电厂质量保证安全规定(HAF 003)

核电厂厂址选择安全规定(HAF 101)

核电厂最终热阱及其直接有关的输热系统(HAF 0206)

核电厂质量保证大纲的制定(HAD 003/01)

核电厂质量保证组织(HAD 003/02)

核电厂质量保证记录制度(HAD 003/04)

核电厂厂址选择的大气弥散问题(HAD 101/02)

核电厂厂址查勘(HAD 101/07)

核电厂厂址选择的极端气象事件(HAD 101/10)

核电厂设计基准热带气旋(HAD 101/11)

核电厂厂址查勘、评价和核实中的质量保证(HAFJ 0013—1991)

核电厂可行性研究阶段厂址安全分析报告的格式和内容(HAFJ 0067—1997)

室外排水设计规范(GB 50014—2006)

采暖通风与空气调节设计规范(GB 50019—2003)

建筑结构荷载规范(GB 50009—2001)

电力工程水文技术规程(DL/T 5084—1998)

地面气象观测规范

自动气象站场室防雷技术规范(QX 30—2004)

气象台(站)防雷技术规范(QX 4—2000)

气象探测环境和设施保护办法

高耸结构设计规范(GBJ 135—90)

建筑物防雷设计规范(GB 50057—94(2000 版))

核电厂水文气象规定，电力工业部电计，(1996)655 号

核电厂工程建设项目初步可行性研究与可行性研究内容深度规定(试行)，(电计〔1995〕737 号)

2. 内陆核电极端气象条件气候可行性论工作内容

内陆核电极端气象可行性论证系统需要完成以下工作：

确定涉及内陆核电安全的气象参数和气象现象的表述要素。根据核电安全要求和内陆气候特征，组织研究涉及内陆核电安全的极端气象参数和极端气象现象，分析确定了内陆核电安全设计基准所需的极端气象参数和极端气象现象的表述要素。

集成内陆核电安全的极端气象现象和极端气象参数设计基准的计算分析方法。针对不同的极端气象参数和极端气象现象，采用确定论法、概率论法，以及物理模型和数理统计综合法，集成设计基准值的计算分析方法。

在实例基础上建立核电极端气象设计基准分析报告模本。在上述集成的基础上，结合已有经验及内陆核电极端气象设计基准分析的实例，综合给出核电极端气象设计基准分析报告，

作为参考模本。

建立内陆核电极端气象可行性论证系统计算平台。根据核电项目的气候可行性论证需求，考虑不同经纬度和地形地貌特征，针对不同的极端气象参数和极端气象现象，将所集成的不同计算方法，建立内陆核电极端气象可行性论证系统计算平台，建成通用的内陆核电极端气象可行性论证系统。

同时，内陆核电极端气象可行性论证系统在以下方面做了创新：

创造性地提出了一种方式——利用多参证站选择极端气象要素值及极端气象要素的拟合系列。由于核电厂址的极端值最接近的台站并不固定，周围站都有可能，同时核电厂址的极值也在周围站极值范围之内。因此，以多个与厂址站相关性好的站作为核电厂址的气象参证站，而不是只选单个参证站，进而核电厂址各基本气象要素值将依据以下原则确定：气象要素平均值可取相关性最好的参证站，极端值取周围几个参证站中的极大值和极小值。

研究区域内龙卷风事件时、空分布规律，重点解决区域内各等级龙卷风出现概率的估算，特别是最强龙卷风（如 F3 等级龙卷风）灾情的科学调查与甄别。在龙卷风设计基准的确定，改变仅利用距厂址距离进行龙卷风分区计算的分析方法，提出利用小气候一致性分区进行龙卷风分区计算的分析方法，使龙卷风设计基准估算更科学。

通过分析内陆核电最终热阱特性，确定内陆核电最终热阱设计气象参数，明确给出内陆核电最终热阱参数的计算方法。

3. 内陆核电极端气象条件气候可行性论工作流程

一般来说，核电项目建设分为三个阶段：一是工程项目初步可行性研究阶段的厂址选择（见图 6.17），主要目的是在拟选的多个厂址中，通过核电敏感的气象条件对比分析，推荐出相对有利的厂址；二是项目可行性研究阶段（见图 6.18），确定厂址的现场气象观测，主要工作内容是在已初步确定的厂址附近建立包括 100 m 气象观测塔在内的地面气象观测专用站，进行为期至少一年的气象观测，为该厂址的项目可行性研究提供基础资料；三是工程项目可行性研究阶段的极端气象条件和极端气象事件专题研究（见图 6.19），主要目的是详细论证厂址区域的气候特征和极端气象事件风险。

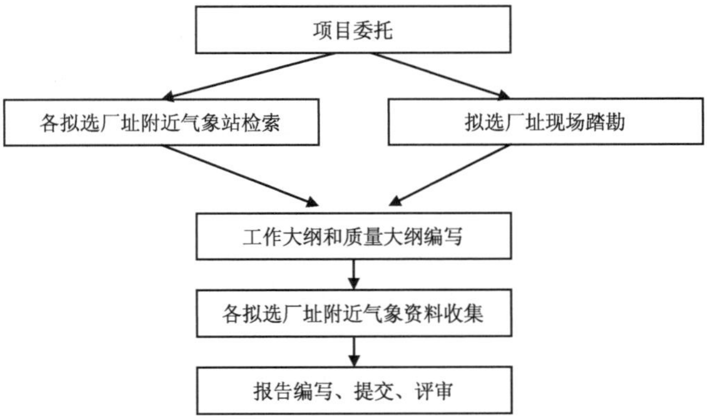

图 6.17　核电厂选址气候可行性论证工作流程

（五）烟草气候可行性论证

1. 烟草气候可行性论证基本情况

湖北省烟草主要种植在省内西部山区，包括恩施、十堰、宜昌、襄阳等地区，在海拔 700～

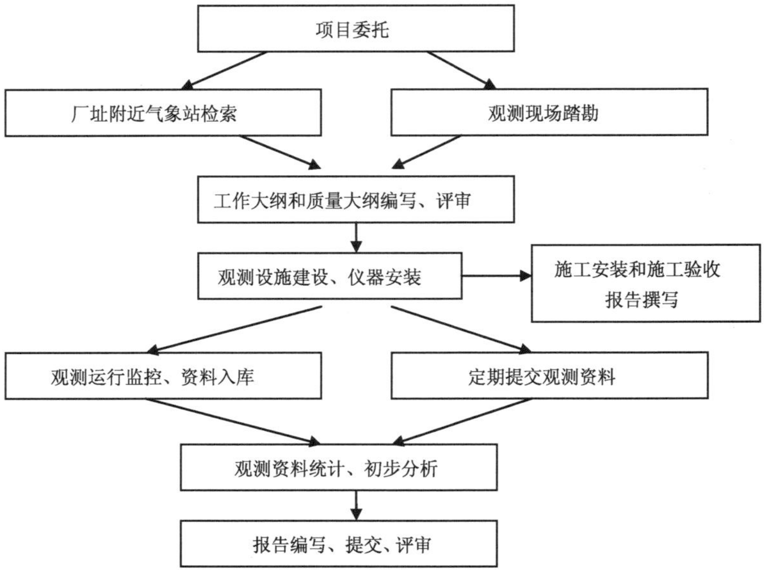

图 6.18　核电厂址的现场气象观测工作流程

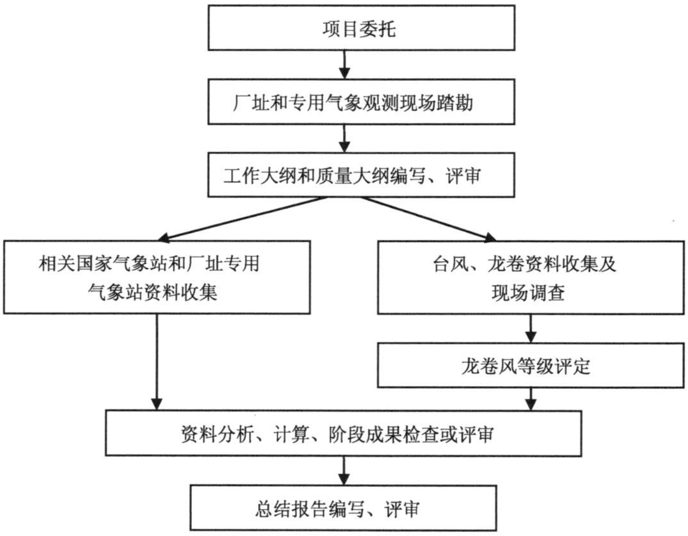

图 6.19　核电厂极端气象条件和极端气象事件专题研究工作流程

1700 m 高度范围内均有种植，主要种植高度为 800～1300 m。由于种植区域范围和海拔高度范围都较大，而且部分县市烟草种植高度有上移的趋势，烟草面临的气象灾害的种类和程度各有差异且发生新的变化。

2012 年湖北省气象服务中心与湖北省烟草科学研究院(原湖北省烟草科研所)共同承担完成了《湖北烟草生态适宜性评价指标研究》项目，研究湖北省烤烟种植区的大田期气候条件、土壤养分等生态条件分布特征，以及生态条件对烟叶质量的影响，并确定了生态条件的适宜性评价指标。在此研究成果的基础上，2013 年与湖北省烟草科学研究院再次共同承担并完成了《气候变化背景下鄂西烟草种植气象风险评估研究》科研项目，是湖北省烟草气候可行性论证的主要工作内容。

2. 烟草气候可行性论证工作内容

烟草气象灾害风险评估研究不同区域及不同海拔高度发生的干旱、暴雨、高温热害、低温冷害、连阴雨、大风、冰雹等主要气象灾害发生的频次及程度，以此构建烟草气象风险指数评价湖北省主要烟草种植区主要气象灾害及综合气象灾害发生风险，根据风险评估结果做好相应的防灾减灾准备工作能有效地减少气象灾害对烟草品质及产量的危害。

3. 烟草气候可行性论证工作流程

烟草气象灾害风险评估工作流程包括主要气象灾害调查筛选、气象灾害的关键影响时段确定、气象灾害统计指标确定、气象灾害风险指数计算、综合气象灾害风险指数计算及烟草气象灾害风险区划。

(1)资料收集。收集各烟草种植县的烟草产量、质量历史资料，以及对应县气象站的历史气象资料。

(2)确定烟草主要气象灾害。通过发放调查表、走访烟草专家及烟农等方式，得到各烟草种植县的主要气象灾害及其关键影响时段、发生程度，计算气象因素与烟草质量、产量的相关性，选取高相关性时段与调查结果进行综合，最终确定主要气象灾害的关键影响时期。

(3)确定烟草气象灾害统计指标。通过查阅文献中各气象灾害现有的统计指标，构建合适的烟草气象灾害统计指标，表征各地区每年主要气象灾害发生的程度。

(4)构建气象灾害风险指数。以烟草气象灾害发生的程度和频次为基础，构建主要气象灾害的风险指数。

(5)烟草气象灾害风险区划。分别计算各主要烟草气象灾害风险指数后，根据调查表中各气象灾害严重性统计结果以层次分析法计算各气象灾害权重，构建综合烟草气象灾害风险指数，最终以综合烟草气象风险指数进行等级划分，完成烟草气象灾害风险评估及区划。

(六)风能资源评估气候可行性论证

1. 风能资源评估的基本情况

湖北省地处中部内陆，煤炭、石油、天然气等传统能源相当贫乏，水能资源比较丰富，过去电力紧张主要表现为枯水期季节性短缺，现在是全年处于紧张状态，丰水期紧，枯水期更紧。因此，要想很好地增加和保障能源供应，就必须充分利用风能等可再生能源，这也是实现湖北省能源供给可持续发展的重要手段。近年来世界风电装机容量快速增长，2011 年全球风电累计装机容量较 1996 年增长了约 31 倍；2001 年到 2011 年间，全球风电平均年增长率约为 25%。我国的风力发电也迅猛增长，2006—2009 年累计装机连续 4 年翻倍增长，2011 年累计装机增长率为 40%，累计装机容量达到 62.7 GW，全球累计装机排名由 2009 年第二位上升到 2010 年第一位。中国已成为推动全球风电产业发展的火车头。湖北省目前已建成 4 个风电场，在建和将建的则有龙感湖、大悟五岳山、崇阳大湖山等近 29 个风电场，湖北省 2012 年审批装机容量达 100 万 kW，估计到“十二五”末湖北省风机装机容量可达 300 万 kW。因此，必须彻底弄清湖北省风能资源状况，为风电选址和预可研报告编制提供科学依据，为大规模发展风电提供基础资料。

风能资源评估依据：

(1)《风电场风能资源测量方法》GB/T 18709—2002

(2)《风电场风能资源评估方法》GB/T 18710—2002

(3)《风电场气象观测及资料审核、订正技术规范》QX/T 74—2007

(4)《地面气象观测规范》,2003 年

(5)《风能资源综合分析评价技术规定》,2004 年

2. 风能资源评估工作内容

(1)观测点的选择。收集该地待建测风塔周边地区大比例尺地形图;调查收集周边环境、气候、地形、下垫面特征等资料;进行风场分布的调研,确定观测场地的位置和范围。选择能代表该地风能资源特征的地点设置观测点,观测点除具备风场一般代表性外,还应考虑不同地形对风力风电机组微观选址的影响,以确定测风塔的数量和位置。观测点应考虑当地主导风向特点,并尽可能选择不受周围突变地形、树木和建筑物的直接影响或影响最小的位置。

(2)测风塔的设置。观测点的主测风塔高度不应低于风机轮毂高度,并在塔上 10 m、轮毂高度附近等至少 4 个高度层上预留安装点。高度低于风机轮毂高度的观测塔只能作为补充观测塔。

(3)测风塔的安装。观测塔塔架需与水平面保持垂直,仪器安装伸臂应保持水平并与塔架保持垂直。塔与仪器应具备标准的避雷装置,塔需安装有独立引下线的防雷击接地装置和避雷针,接地电阻小于 4Ω,避雷针顶端应与最高观测层保持塔直径 15 倍以上的距离。

(4)仪器安装。风速、风向传感器应固定在测风铁塔直径 2.5 倍以上的牢固横梁处,迎主导风向安装(或仪器伸臂与主风向垂直),传感器的安装底板应进行水平校正;气压、气温传感器安装高度宜在离轮毂高度 10 m 的范围内,如果安装在铁塔的其他高度上,需要将温度、气压修正到轮毂高度;安装在塔上的气温传感器应设置小型百叶箱或防辐射罩;各层风向传感器的方位以正北为零度。

(5)数据的采集。数据的采集方式有现场采集和远程传输采集。现场采集是在一段时间后用电脑与记录器相连,读取数据。远程传输是采用固定(移动)通信设施传输观测数据。

(6)测风数据处理。测风数据处理包括对数据的验证、订正,并计算评估风能资源所需要的参数。数据验证是检查风场测风获得的原始数据,对其完整性和合理性进行判断,检验出不合理的数据和缺测的数据,经过处理,整理出至少连续一年完整的风场逐小时测风数据。数据订正是根据风场附近长期测站的观测数据,将验证后的风场测风数据订正为一套反映风场长期平均水平的代表性数据,即风场测风高度上代表年的逐小时风速风向数据。将订正后的数据处理成评估风场风能资源所需要的各种参数,包括不同时段的平均风速和风功率密度、风速频率分布和风能频率分布、风向频率和风能密度方向分布、风切变指数和湍流强度等。

3. 工作流程

如图 6.20 所示,风能资源评估工作流程包括:建设测风塔、资料收集、数据质量控制、报告编写、评审和发文六个环节。

(七)太阳能资源评估气候可行性论证

1. 太阳能资源评估的基本情况

湖北省太阳能资源较为丰富,各地年太阳总辐射量在 3450～4800 MJ/m^2,年日照时数在 1100～2000 h,年日照百分率在 26%～46%,通过换算可得到年峰值日照时数在 960～1330 h。湖北各地太阳总辐射量空间分布总体上呈现两大特点:北多南少,以西部山区最显著,其南北相差约 1200 MJ/m^2,而中东部变化相对较小;同纬度相比,平原多,山区少。年太阳总辐射量高值区主要分布在三北岗地(鄂东北、鄂西北、鄂北)和鄂东南、江汉平原北部区域,低值区主要集中于鄂西南山区(含三峡河谷)。依据中华人民共和国气象行业标准《太阳能资源评估方法》

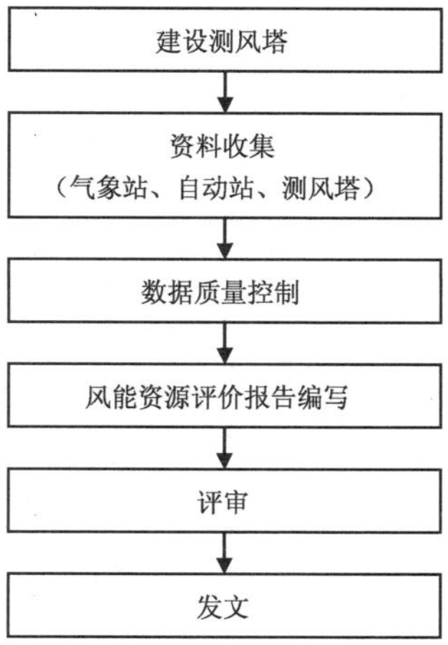

图 6.20　风能资源评估工作流程

(QX/T 89—2008)的太阳能资源丰富程度等级划分标准，除鄂西南南部外，湖北绝大部分地区属于太阳能资源丰富区(即太阳总辐射量在 3780～5040 MJ/m² 之间)。

因此，科学合理地开发利用太阳能资源，减少不可再生的化石类能源的利用，就必须做好太阳能资源评估工作。准确计算开发太阳能资源的数量，对其进行正确评估，是关系到项目建设成败的关键。同时准确评估区域内的太阳能资源，对于该区域内的太阳能资源开发利用具有较强的指导意义。

太阳能资源评估依据：

(1)《太阳能资源评估方法》(QX/T 89—2008)

(2)《地面气象观测规范第 11 部分：辐射观测》(QX/T 55—2007)

(3)《太阳能热利用术语》(GB/T 12936—2007)

(4)《太阳光伏能源系统术语》(GB 2297—89)

2. 太阳能资源评估工作内容

(1)收集太阳能电站附近气象站、生态站等长期测站的辐射观测数据。收集长期测站的辐射观测数据时，应包括观测记录数据的辐射仪器型号、场地周围环境、周围遮蔽情况，以及建站以来站址、辐射观测仪器及其周围环境变动的时间和情况等。收集长期测站以下数据：有代表性的连续近 10 年逐年各月总辐射量、日照时数；近 30 年来月平均气温，建站以来记录到的极端最低气温、极端最高气温；建站以来记录到的最大风速、极大风速及其发生的时间及风向、冻土深度、积雪深度、每年出现的雷暴日数、冰雹日数、沙尘暴日数等。

(2)收集太阳能电站辐射观测数据。应按照 QX/T 55—2007 的规定进行总辐射观测，获取太阳能场的总辐射、气温、风速、风向、日照时数等的实测时间序列数据，现场测量应连续进行，不应少于一年。

(3)辐射数据处理。辐射数据处理包括数据的验证、订正以及计算太阳能资源所需要的参数。数据验证包括完整性检验、合理性检验、不合理和缺测数据的处理。数据订正是根据长期站的总辐射观测数据，将验证后的光伏并网电站的辐射数据订正为一套反映光伏并网电站长期水平的太阳辐射数据。

3. 工作流程

如图 6.21 所示，太阳能资源评估工作流程共分为七个步骤。

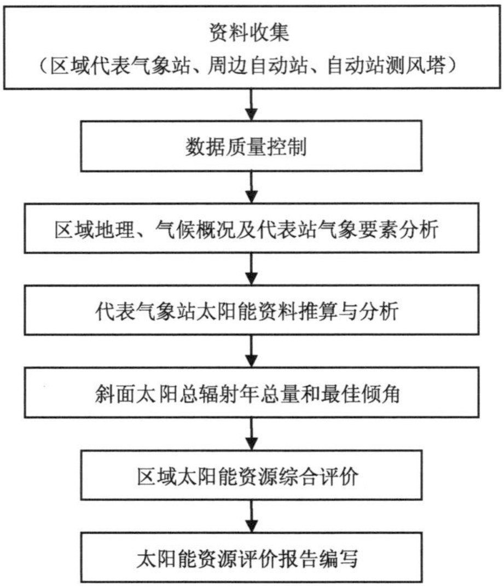

图 6.21　太阳能资源评估工作流程

（八）输电线路气候可行性论证

1. 输电线路气候可行性论证基本情况

随着社会经济的发展，气象灾害对输电线路造成严重影响的情况明显增多，一旦因气象灾害导致线路频繁跳闸甚至断线倒塔事故，会造成大面积的停电，影响电网安全稳定运行。因此，防御气象灾害造成的影响已成为目前输电线路安全运行急需解决的关键性问题，而如何确定气象灾害区域和易发的程度，成为解决问题首要考虑的因素。

气象灾害对电力部门的影响，有别于普通的气象灾害，仅当气象灾害作用于输电线路且达到一定强度时才会出现，因此，输电线路的气候可行性论证工作，与一般意义上的可行性论证有着明显的区别，它不仅要对气象本身进行解析，同时需要结合输电线路的设备属性，才能称之为输电线路的可行性论证。因此，开展电力线路气候可行性论证技术系统建设，对统一规范全国气象部门开展电力系统相关工作中的内容、方法和技术要求，提升电力部门已建线路的治理和未建线路的规划方面的气候可行性论证能力十分重要。

近年来针对电力部门的可行性论证工作中，涉及输电线路风险评估方向的主要集中于覆冰舞动、覆冰灾害和大风等。

输电线路可行性论证工作的依据如下：

(1)DL/D(T) 5158—2012，电力工程气象勘测技术规程，中国电力出版社，2012－03－01，北京。

(2)地面气象观测规范，中国气象局，气象出版社，2003 年 7 月版。

(3)QX/T 22—2004，气象资料统计规定，地面气候资料 30 年整编常规项目及其统计方法。

2. 输电线路气候可行性论证工作内容与流程

输电线路气候可行性论证工作流程即为进行论证工作时的基本顺序和思路，主要包括：编写论证工作大纲阶段、编写论证报告阶段和提交论证报告三个阶段。其工作流程如图 6.22 所示。

在第一阶段中，主要是和业主确定工作内容，并编写工作大纲，确定工作流程，同时进行资料收集。主要收集的资料包括：气象资料、地理信息资料、输电线路灾害故障资料等，其中输电线路故障资料需结合当时气象观测资料以及电力部门的实况记载进行综合判断，以保证样本数据的可靠性。

在第二阶段中，主要是气象资料和输电线路故障资料的分析处理，根据输电线路故障发生时的气候背景，提取其主要气象影响要素，完成与气象要素之间的建模分析，并根据实际观测点的局地地形信息，完成与地形的订正关系，形成灾害评估模型。

在第三阶段中，主要是根据电力部门输电线路运行经验对气候可行性论证报告进行修改和完善，并进行专家论证及评审，提交报告。

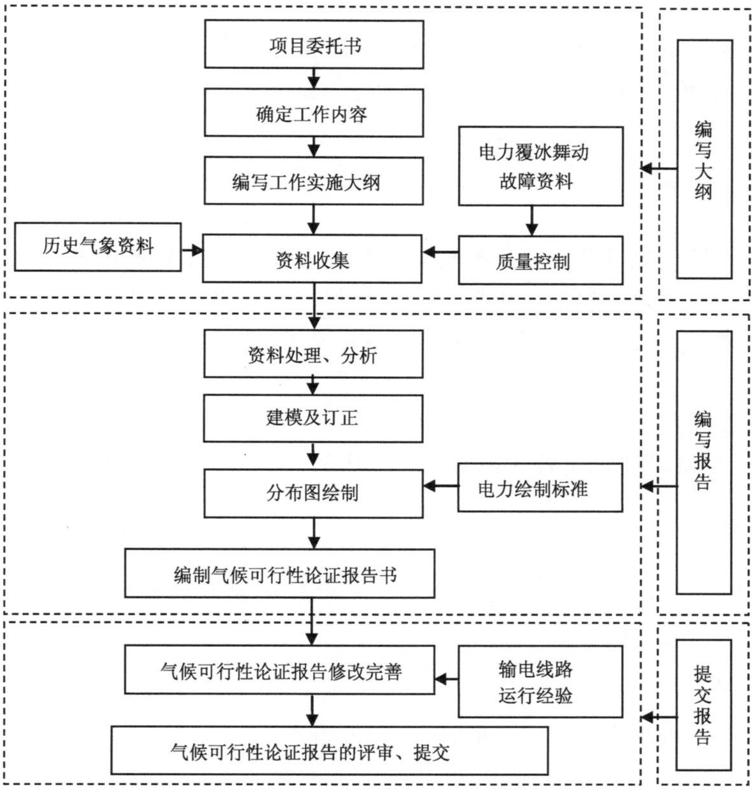

图 6.22　输电线路可行性论证可行性论证流程图（电力覆冰舞动为例）

第七章　气象服务流程与服务规范

本章所表述的气象服务流程与服务规范原则上适合省市县三级，为便于理解，这里以省级为例介绍决策气象服务产品和服务内容，市县两级可参照使用。

第一节　决策气象服务

决策气象服务是指为各级党政领导和决策部门指挥生产、组织防灾减灾、气候资源开发利用和环境保护，以及重大社会活动、军事、国防科学试验等方面进行科学决策所提供的气象服务。

一、开展条件

（一）本单位领导或决策气象服务机构部署开展重大决策气象服务活动。

（二）党委、政府、上级气象主管机构和有关部门需要气象部门提供气象服务材料。

（三）预计未来有重要天气过程、重要气候事件发生；已经出现了重大气象灾害且社会影响很大。

（四）重点工程及重大活动需要了解气象情况。

（五）对社会、经济可能产生较大影响的重要天气、气候形势。

二、服务流程

主要流程包括：工作启动——任务分解——素材提供与收集——产品制作——产品签发——产品分发——效果反馈。

（一）工作启动

根据决策服务开展条件要求，启动决策气象服务工作。

（二）任务分解

决策服务机构根据服务需要，适时分解决策气象服务材料任务，并通知相关决策服务成员单位提供素材，及时组织编写决策气象服务材料。

（三）素材提供与收集

决策服务机构各成员单位接到决策服务机构下达的任务通知后，要按照决策气象服务材料要求组织本单位决策服务材料的编写，按时提供前端业务产品（素材），产品由决策服务产品提供单位领导审查后提供给决策服务机构。如各成员单位未按要求报送前端产品，需向决策服务机构书面说明原因。

在决策服务材料制作过程中，决策气象服务中心要保持与前端产品提供单位的密切联系，加强沟通协调，确保各成员单位前端产品的及时报送。

（四）产品制作

决策服务机构各成员按照任务通知要求，迅速组织本单位服务人员进行材料编写，并由本单位领导审核后，按时提交给决策服务机构，由决策气象服务机构组稿形成决策服务产品，报决策服务机构负责人审查。

目前，湖北省省级决策气象服务产品主要有四种：

1.《重大气象信息专报》为重大天气过程、重大气候事件、突发天气事件、重大应急响应等天气预报和服务。

2.《长江流域重要气象报告》为长江流域主要洪水过程预报。

3.《雨情快报》为重大灾害性天气过程降雨实况分布与统计及天气预报。

4.《气象服务快报》为农业生产关键天气过程预报、重要旱情发展及人工影响天气作业情况、气候趋势预测情况、温室气体监测情况以及重大气象服务情况等专题性气象材料。

此外，《春运气象保障服务专报》、《低温雨雪冰冻专项预报服务》为向省政府有关部门提供的专项服务产品。

（五）产品签发

《重大气象信息专报》、《长江流域重要气象报告》由省局主要负责人签发，《气象服务快报》由省局主要负责人签发或授权分管负责人签发，《雨情快报》由武汉中心气象台主要负责人签发。决策服务中心主任出差期间，由决策服务中心常务副主任审核把关。

（六）产品分发

决策服务产品签发后统一由决策服务机构报送到当地政府和相关单位，分发方式有：书面呈送、传真、Email、手机短信、邮件、QQ、飞信等。气象部门内部分发是通过 Notes 邮件、内网上载等方式，供各级气象部门为当地党政部门提供决策气象服务时参考借鉴。

（七）效果反馈

决策服务机构注意收集领导批示、决策服务效益等信息，同时将相关决策服务材料、领导批示等信息反馈给各有关业务单位。

决策服务机构将各业务单位决策气象服务前端产品提供时效和质量记录在案，并每月将结果报上级业务主管部门，业务主管部门定期汇总通报。

三、决策服务材料编写要求

决策气象服务材料主要呈送党政机关和部门领导参阅。因此，要求材料内容中心观点突出，文字简明扼要，结构层次清晰，针对性和实用性强。

（一）精炼材料题目

决策气象服务材料题目非常重要，一个好的题目能起到画龙点睛的作用。因此，在决策气象服务材料时，要注重凝练题目，使之能代表整篇材料的中心思想，让领导一看就能基本看出这次气象信息的重要性。

（二）合理布局材料结构

好的决策气象服务材料，既要求简洁明了，但又不能简单空洞。因此，必须合理谋划材料布局，既要有明确结论，又必须有科学依据，使材料论点、论据、结论都非常明确，可读性强。

（三）准确提供翔实数据

材料数据是做好决策气象服务的重要基础，是党政机关和部门领导做决策时的重要参考依据。因此，材料数据要力求准确，针对性强，应做到多而不杂，繁而不乱。

（四）提供科学合理建议

科学合理建议是做好决策气象服务工作的关键，提出的建议既要考虑科学性，又要切合当前实际情况。因此，决策气象服务建议具有综合性、科学性、实用性特点，真正做到参谋助手作用。

四、决策气象服务内容

决策气象服务内容主要涉及重大关键性和灾害性天气、关键农事及气候事件、重大社会活动、重点工程气象保障活动等，以省级决策气象服务产品、服务周年方案、重大活动气象服务方案为例，说明如下。

（一）决策气象服务产品

省级决策气象服务产品以《重大气象信息专报》、《长江流域重要气象报告》、《雨情快报》、《气象服务快报》四种产品为主，详见表 7.1。

表 7.1　决策气象服务产品一览表

产品名称	发布频次	服务方式	服务对象
重大气象信息专报	不定期	专人送达、传真、邮件、专线传输、手机短信	省委、省人大、省政府、省政协、中国气象局、相关厅局和单位、中国气象局减灾司
长江流域重要气象报告	不定期	专人送达、传真、邮件、专线传输、手机短信	省委、省人大、省政府、省政协、长江防总、中国气象局、长江水利委员会、三峡总公司、长江流域各省气象局
雨情快报	不定期	传真、邮件	省委、省政府、相关厅局和单位
气象服务快报	不定期	专人送达、传真、邮件、专线传输、手机短信	省委、省人大、省政府、省政协、中国气象局、相关厅局和单位
会议、汇报材料	不定期	专人送达	相关领导、相关会议
信息	不定期	传真、邮件、专线传输	《湖北政务信息》、《湖北省委信息专报》、《要情快报》、《湖北领导参考》、《湖北日报内参》
约稿	不定期	专人送达、传真、邮件	相关领导、相关部门
手机短信	不定期	手机短信	相关联系人
决策服务任务单	不定期	邮件	中国气象局决策气象服务中心气象服务室和气候服务室

(二)决策气象服务周年方案

1. 春季(3—5 月)决策气象服务关注重点,详见表 7.2。

表 7.2　春季决策气象服务关注重点

灾害类型	主要影响(对象)	影响范围
霜冻害	越冬农作物和经济林果	全省
大风	建构筑物、交通、设施农业及火灾	全省
春旱	不利于春播、作物正常发育和生长	全省、长江流域
倒春寒	越冬作物和春播农作物	全省
五月寒	导致水稻僵苗不发	全省水稻产区
麦收区连阴雨(烂场雨)	影响小麦收晒,导致小麦变质霉烂	全省麦收区
低温连阴雨	影响春播及作物生长	全省、长江流域
大雾	交通	全省
霾	交通、空气污染和人体健康	全省
局地强对流天气	交通、电力(电器)、建构筑物和人畜安全、城乡安全	全省
林火	火灾现场及周边地区人员和财产安全	省内林区
强降水	洪涝、渍害、地质灾害及农业生产	全省、长江流域

2. 夏季(6—8 月)决策气象服务关注重点,详见表 7.3。

表 7.3　夏季决策气象服务关注重点

灾害类型	主要影响(对象)	影响范围
梅雨	洪涝、渍害、山地灾害,农田损毁,江河湖库安全和城乡安全	全省、长江流域
芒种寒	早稻颖花退化,空壳率增高,结实率下降	全省早稻产区
大范围强降水	洪涝、地质灾害、江河湖库安全、城乡安全、生命财产安全	全省、长江流域
局地强对流天气	交通、电力(电器)、建构筑物和人畜安全、城乡安全	全省
初夏旱	春作物生长受阻、生活用水困难	全省、长江流域
高温	加剧旱情、影响人民生活,供电、供水紧张	全省、长江流域
伏旱	加剧旱情、影响人民生活,供电、供水紧张	全省、长江流域
台风	陆地洪涝、渍害、山地灾害,城乡安全,农田毁坏、影响夏播,供电、供水紧张,但能缓解伏旱、高温和增加蓄水	全省
霾	交通、空气污染和人体健康	全省
城市内涝	城市积涝、交通受阻、影响城市安全运行	全省

3. 秋季(9—11 月)决策气象服务关注重点,详见表 7.4。

表 7.4　秋季决策气象服务关注重点

灾害类型	主要影响(对象)	影响范围
高温(秋老虎)	干旱、农田用水和生活用水困难	全省、长江流域
台风	城乡安全、毁坏农田,但能缓解秋旱、增加蓄水	全省
秋汛	洪涝、农田渍害、地质灾害	汉江沿线
秋季连阴雨	影响秋收秋种,秋收作物发芽变质,地质灾害	全省、长江流域
秋旱	秋播受阻,不利于秋收作物后期生长	全省大部地区
寒露风	影响晚稻抽穗扬花和灌浆	晚稻种植区
初霜冻害	夏种作物冻害,影响收成	鄂北
大风	建构筑物、交通、设施农业	全省
林火	火灾现场及周边地区人员和财产安全	省内林区
大雾	交通	全省
霾	交通、空气污染和人体健康	全省

4. 冬季(12 月—次年 2 月)决策气象服务关注重点,详见表 7.5。

表 7.5　冬季决策气象服务关注重点

灾害类型	主要影响(对象)	影响范围
低温雨雪冰冻	交通、通信、电力、能源、林业和农作物	全省
大风	建构筑物、交通、设施农业、城乡火灾	全省
干旱	越冬作物(冬小麦、油菜)	全省、长江流域
大雾	交通	全省
霾	交通、空气污染和人体健康	全省
林火	火灾现场及周边地区人员和财产安全	省内林区
低温连阴雨	越冬作物和仓储、交通、地质灾害	全省

(三)重大活动决策气象服务方案

重大活动决策气象服务方案,详见表 7.6。

表 7.6　重大活动决策气象服务方案

时间	关键时节和重大社会活动项目	产品形式
1—2 月	元旦及春节黄金周气象服务、春运气象服务	新闻通稿、春运气象服务专报、低温雨雪冰冻专项预报服务
3—4 月	清明节气象服务、春播气象服务	气象服务快报
5—9 月	端午节气象服务、五一劳动节气象服务、高考气象服务、中考气象服务、汛期气象服务	重大气象信息专报、长江流域重要气象报告、气象服务快报
9—10 月	中秋节气象服务、十一黄金周气象服务、秋收气象服务	重大气象信息专报、新闻通稿、气象服务快报

五、决策服务产品签发制度

决策服务产品执行技术把关流程与行政审签双线流程。技术把关上实行首席负责制，由业务单位首席与决策服务首席分别对材料相关部分进行技术把关；行政审签实行行政领导负责制，按照公文审签流程办理。

六、决策服务考核与信息反馈

决策服务机构将各业务单位决策气象服务前端产品提供时效和质量记录备案，并每月将结果报上级业务主管部门，由业务主管部门定期汇总通报。

决策服务机构及时收集党政领导批示、决策服务效益等反馈信息，同时将相关决策服务材料、领导批示等信息反馈给各有关业务单位。

第二节　公众气象服务

公众气象服务是气象部门利用电视、报纸、广播、网络、电子显示屏、电话、手机短信、微博、微信等公众媒介面向社会公众发布气象预报、警报、预警信号、气象科普等信息，以防灾减灾、服务经济社会发展和人民生活等为主要目的的公益性服务，其服务对象主要是社会公众。

一、服务流程

不同的服务手段，具有各自不同的服务流程。其中以电视（即气象影视）、电话（即 12121 天气预报咨询电话）、手机（气象短信）气象服务这三种方式最为常见，分别列出其服务流程。

（一）气象影视服务

气象影视服务流程见图 7.1。首先综合分析各类气象信息，包括最新的预报产品、最近的气象实况及历史气象资料，结合当前的服务重点，根据不同电视频道节目的服务定位和节目风格，编写气象影视节目录制脚本，制作人员根据脚本内容认真分析，进行气象影视效果的制作，主持人根据主持词提前准备，一切就绪后开始节目录制，通过后期制作对节目进行进一步的加工完善，总编导对节目进行审核，然后通过网络传输或送带的方式将节目提交给电视台播出，同时开展播出效果监视，及时反馈信息。

（二）12121 气象服务

12121 气象服务流程见图 7.2。各地 12121 信箱分类各有不同，但主要分为三类：一类是城镇预报产品，由初级预报产品经过加工后，人工语音合成；第二类是气象实况信息，可自动语音合成，也可人工编辑合成；第三类是特色化语音信箱服务（包括气象热点追踪、重要天气资讯、气象科普知识、历史气象个例、气象服务提示等），一般由气象服务专家编辑相应的稿件，通过人工语音合成录制。需要注意的是，遇到灾害性天气时，随时插播更新气象警报或预警信号。

（三）手机短信气象服务

手机短信气象服务流程见图 7.3。值班人员登陆短信发布平台后，综合各类气象预报信息和服务重点，编辑有针对性的气象服务短信，并经过审核、签发，选择短信用户群组，通过校

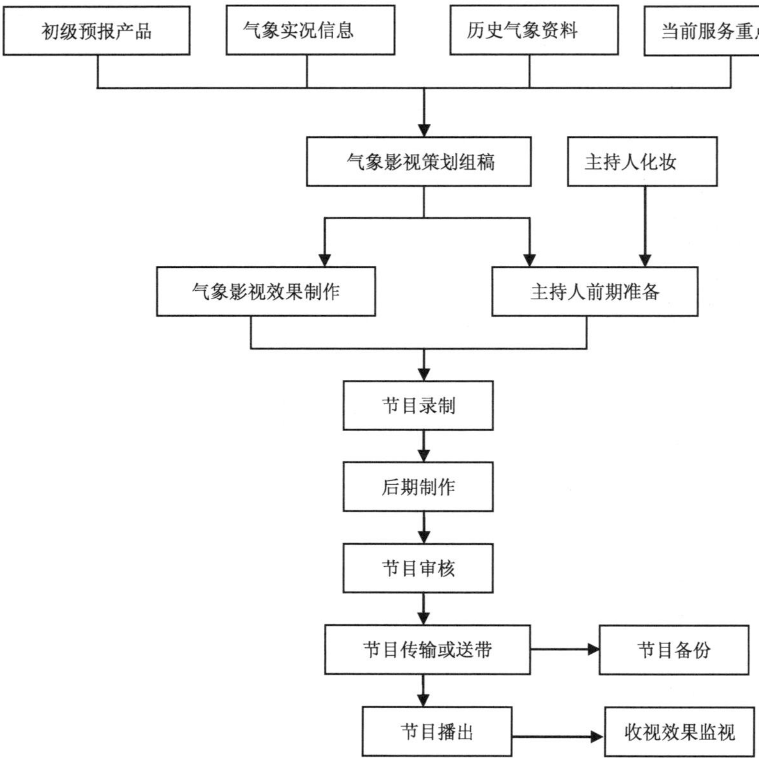

图 7.1 气象影视服务流程

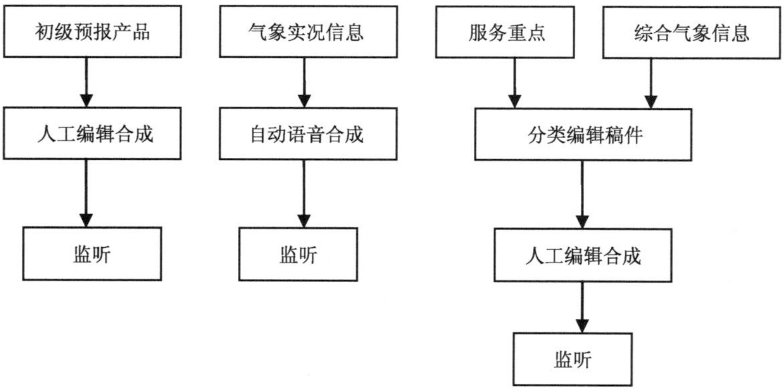

图 7.2 12121 气象服务流程

注：遇有灾害性天气，随时更新警报或预警信号，编辑合成，一般置于主信箱对后发布。

除了以上三种最普遍的服务方式外，网络、报纸、电子显示屏等其他公共媒体也是常用的，其服务流程大同小异，服务人员根据服务对象的不同，选取不同的服务重点，综合各类气象信息（包括实况、预报信息等），编辑相应的服务产品，对服务产品进一步加工制作，然后通过公共媒体对公众发布。

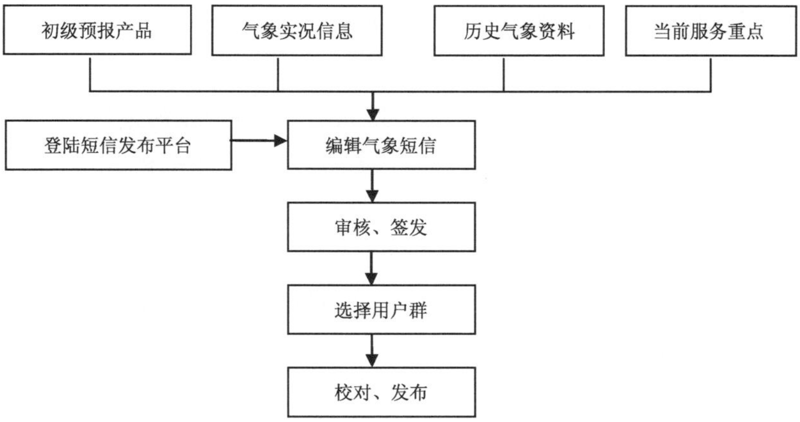

图 7.3　手机短信气象服务流程

注:遇有灾害性天气,随时编辑警报或预警信号,经过审核、签发后校订、发布

二、服务内容

以省级公众气象服务为例,服务内容如下:

(一)实况监测服务

(1)最新气象实况资料:包括气温、降水、风向风速、气压、湿度等气象实况资料。

(2)重要气象事件:对热点气象事件进行追踪和分析。

(二)预报预警服务

(1)短时临近天气预警报。提供 0～12 小时内将发生或持续的强降水、雷电、冰雹、强降温等灾害性天气预警报。

(2)短期天气预报。提供未来 24～72 小时天气预报。服务内容包括降水、天空状况、气温、湿度、风向、风速等常规天气预报以及重要过程提示。

(3)一周天气预报。提供全省各市(州)未来一周天气趋势预报。

(4)中期天气趋势预报。提供未来 3～10 天天气趋势预报。提供全省各市(州)的总降雨量、旬极端气温、平均气温及与多年平均值的比较、天气过程出现的大致时段及强度等趋势预报。

(5)农业气象预报。根据农业生产与气象条件之间的关系,提供农用天气预报、农业气象条件预报、农业关键期气象预报、动植物病虫害气象条件预报、全省各地农情天气及服务提示。

(6)交通气象预报。根据气象条件对交通的影响,提供省内主要交通干线天气实况、预报及服务提示。

(7)旅游气象预报。从天气对旅游的影响考虑,提供全省及全国主要旅游城市、旅游景区、景点天气预报及服务提示。

(8)各种指数预报。提供与社会公众密切相关的各种气象指数预报,如空气污染指数、紫外线指数、晾晒指数、霉变指数、森林火险天气等级等。

三、规范性要求

依据《气象法》《气象预报发布与刊播管理办法》《气象灾害预警信号发布与传播办法》等法

律法规，在服务过程中应该严格遵循以下几个原则：

(一)合法性原则

所有向公众传播气象信息的行为必须在法律、法规、规章规定的范围内有序进行，即必须使用气象主管机构所属的气象台站提供的适时气象信息，同时还要标明发布时间和气象台站的名称。

(二)标准化原则

主要强调在使用天气预报图形、符号等可视化素材或语音词库时，必须严格使用符合国家标准或行业标准的素材或词库。

(三)时效性原则

强调使用适时气象信息，就是指气象台站最新制作、发布的气象预报和灾害性天气警报信息，而非过时的气象信息。确保气象信息服务时有效。

(四)针对性原则

我国的气象预报发布分中央、省、市、县四级，越往下天气预报才越具体越有针对性，针对性主要是考虑本行政服务区的天气、灾害、经济社会发展等因素，提出防灾减灾、指导生产生活的服务建议。

(五)通俗性原则

公众服务的主要对象是社会大众，公众职业分工、知识结构、年龄结构、生活环境等各不相同，在服务语言的使用上力求通俗易懂，避免使用专业术语和理论分析等内容。

四、服务方式

随着社会的发展，公众服务的手段越来越多，主要为报纸、广播、电视、电话、手机短信、微博、微信、网站、电子显示屏等。

第三节 专业气象服务

专业气象服务是为经济社会特定行业和用户提供的有专业用途的气象服务，其通过气象服务产品加工和信息技术应用，提高服务产品的针对性和满足个性的服务需求，使国民经济各行各业的不同生产过程对气象条件的特殊要求得到满足，从而达到提高功效、减少损失的目的。其服务对象主要是各行业生产、调度、管理和运行等部门。

一、服务流程

专业气象服务流程见图7.4。首先基于初级预报产品、实时及历史气象资料，通过专业气象预报产品加工制作系统，结合专业用户行业特点、特殊需求、用户共享资料完成行业气象服务产品的粗加工。在粗加工产品的基础上，采用科学的技术方案建立专业预报模型，得出预报服务结论，形成专业气象服务精加工产品，最后通过各种服务方式提供给专业气象服务用户。

以制作并发布湖北省交通气象高速公路沿线路面温度及结冰预报服务产品为例，详细表述专业气象服务流程。

(1)收集近几年湖北省高速公路沿线各交通气象站气温、路温、路面状况等历史观测资料。

(2)基于历史气象资料开展相关研究,建立高速公路路面温度及结冰预报模型。

(3)利用解析获取的初级预报产品(报文解析、数值预报等)驱动预报模型进行计算,并以实时气象数据参与检验和订正,获得高速公路沿线路面温度及结冰预报的初级结果。

(4)基于专业气象预报产品加工制作平台,结合省交通、公安、路政等各部门需求,分别对省高管局、省交通运输厅、省内各高速公路经营管理单位、路政管理机构、联网收费中心等各用户制作和发布针对性服务材料及数据分析等。

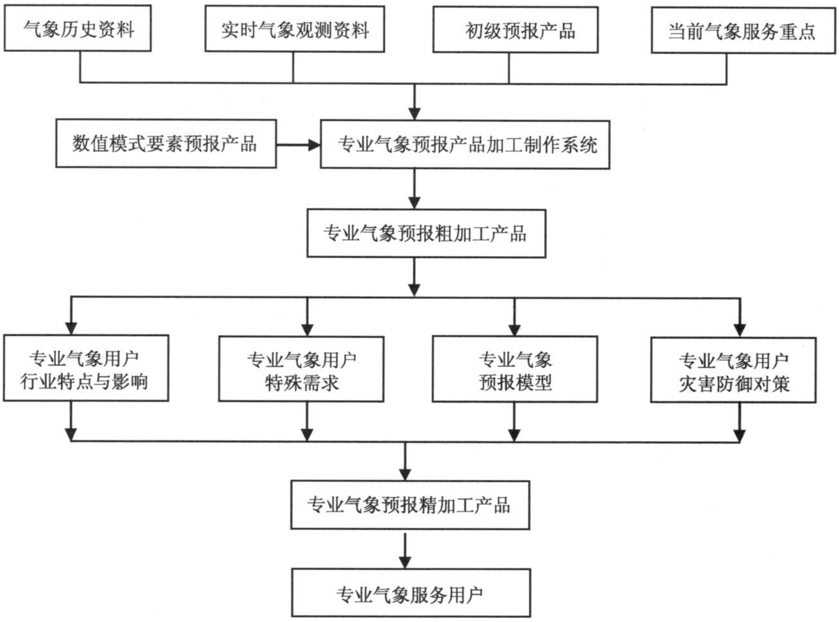

图 7.4 专业气象服务流程

二、服务内容

以省级专业气象服务为例,服务内容如下。

(一)气象监测产品

包括单站雷达图、雷达拼图、红外卫星云图、可见光卫星云图等。

(二)气象实况产品

包括气温、降水、风向风速、气压、湿度等气象实况产品,历史及实况气象观测资料分析、重要天气过程总结分析、气候影响评价等各种气象资料分析产品。为保险行业提供气象资料证明服务。

(三)常规预测预报产品

包括 0～2 小时短时警报、突发气象灾害预警信号、0～12 小时短时天气预报、1～3 天短期天气预报、中期天气预报(含一周天气预报、4～10 天天气滚动预报、旬天气预报)、短期气候趋势预测(月、季、年气候趋势预测)等产品。

(四)专业预报服务产品

以交通气象服务为例,专业预报服务产品分别如下:

(1)高速公路气象日报。用不同色标,表征未来24小时天气对高速公路的影响。

(2)高速公路沿线气象实况报警。设定敏感气象要素对高速公路行车安全的影响阈值,根据交通气象站监测实况,达到阈值时实时发布交通气象实况报警。

(3)高速公路沿线气象灾害预警。对大雾、大风、强降水、道路结冰、强降雪等交通高影响灾害天气发布预警预报。

(4)高速公路分路段天气预报。高速公路沿线分路段的天气、气温、风、降水、能见度等气象预报。

(5)交通气象周报。未来一周天气可能对交通路况出现的影响。

(6)重要交通气象信息专报。针对重大天气过程制作重要交通气象信息专报,包括天气状况、影响时间、影响路段等。

(7)高速铁路沿线灾害天气预警服务。对高速铁路安全运行可能造成影响的强降水、强风、强降雪等灾害天气预警预报。

(8)高速铁路重要气象信息专报。针对重大天气过程制作高速铁路重要信息专报,包括天气状况、影响时间等。

(五)环境影响评价和工程气象评估服务

为纺织、化工、石化、医药、新能源、开发区等提供环境影响评价报告,为城市规划和工程设计提供有关的工程气象参数,如:不同重现期风速、风压、暴雨强度等。

三、服务方式

专业气象服务产品加工制作完成后,要通过各种方式、渠道向专业气象服务用户发布,主要包括电话、传真、电子邮件、手机短信(彩信)、FTP、气象服务网站、气象服务专网、手机气象服务网站、3G手机移动气象终端等。

第四节 专项气象服务

一、服务流程

(一)需求调研

需求调研是编制专项气象服务方案的基础和依据,是专项气象服务筹备工作的前导,并贯穿整个专项气象服务筹备期。通过需求调研,分析实际业务能力与服务需求之间的差距,凝练科技攻关的主要方向,明确业务系统建设重点或现有系统的完善方案,制定针对性的专项气象服务总体方案。

需求调研主要包括:

(1)向国内外气象部门了解气象服务组织管理经验、观测网布局、系统平台建设、预报服务经验等。

(2)向专项气象服务承办方了解活动的规模及内容、关键时间节点,以及对气象服务信息及服务方式的具体需求等。

需求调研可采取实地考察、文献查阅、会议讨论、面对面访谈、电话咨询、网络调查等方式进行。

（二）编制服务方案，提供专项气象服务

服务方案是实施专项气象服务的操作性文件，明确专项气象服务具体需求、运行机制（包括团队组建及岗位设置）、任务及分工、业务系统构架及工作流程、服务产品种类及信息发布流程、观测及数据传输组织、专项天气会商安排、气象风险管理与处置、效益评估组织、预报服务质量考核、时间进度安排等，明确各项任务由谁做、做什么、怎么做、何时做，商定有关服务细节，编写服务方案。

根据气象服务内容，结合服务对象的特点及服务方案，提供专项气象服务。

（三）服务效果检验

预报质量考核检验重点针对未来1～3天的逐3小时预报质量进行考核。

逐3小时预报质量考核检验重点针对固定地点的气温、风向、风速和3小时累积降水量要素的预报，短时临近预报考核重点针对专项服务区域的晴雨预报、强对流天气预报、警报预报的提前时间和预报命中率、空报率及预报成功率等。

（四）服务效益评估

应借鉴和应用管理、统计、数学、计量经济等不同的学科理论和技术方法，针对专项气象服务的不同特点（如服务期的长短、当地气象灾害及气象风险、气象服务的"短板"等），从客观定量化和业务化出发，选取不同的方法开展评估。气象服务效益评估重点是从用户角度评价气象服务的质量特性（内容、准确率、服务手段和时效等）、气象服务社会经济综合效益效果等，用定量分析和定性描述相结合的方式形成评估报告。

（五）服务总结

服务总结包括工作报告和技术报告。工作报告是对专项气象服务的组织筹备、气象保障服务的实施等工作进行概括性总结，重点总结气象综合能力的提升、形成的先进科技成果、创新的公共气象服务方式及社会管理模式，经验、启示及活动承办方的评价。技术报告是对专项气象服务所采取的技术路线、技术方法、指标体系、质量检验等综合说明。

（六）典型服务流程案例

以三峡工程大江截流气象服务为例，描述专项气象服务流程。

1. 需求调研

（1）查阅文献和实地调研相结合，了解国内外气象部门专项气象服务组织管理经验、观测网布局、系统平台建设、预报服务经验等。

（2）确定服务对象包括三峡工程业主、施工、监理等单位。

（3）以会议讨论方式，向三峡工程业主单位——三峡开发总公司了解大江截流活动的规模、关键时间节点，以及对气象服务信息及服务方式的具体需求。

（4）以面对面访谈方式，向施工、监理单位了解大江截流活动对气象服务信息及服务方式的具体需求。

2. 拟定、签署服务合同

(1)根据需求调研，结合三峡气象服务能力、湖北气象业务现状、中央气象台业务指导能力，拟定大江截流专项气象服务合同。

(2)大江截流专项气象服务合同递交活动承办方——中国长江三峡工程开发总公司，双方商谈、修订、认可。

(3) 根据业主单位——中国长江三峡工程开发总公司对大江截流气象服务的要求，商定、签署服务协议，并实施。

3. 编制服务方案

(1)确定大江截流专项服务的运行机制，明确服务岗位设置、任务、分工、业务系统构架等。

(2)确定服务内容包括工程气候条件分析、观测站网布设、现场气象观测、天气预警预报服务、灾害性天气过程分析总结、气象咨询服务等。

(3)确定气象服务产品制作流程、信息传输及产品发布流程。

(4)确定预报服务质量考核标准。

(5)根据大江截流活动的时间节点，制定进度安排计划。

4. 服务效益评估

对大江截流气象服务内容、预报准确率、服务手段和预报服务时效等方面进行定性或定量总结，形成评估报告。

5. 服务总结

对大江截流气象服务的组织筹备、气象保障服务的实施等工作进行概括性总结，重点总结气象综合能力的提升、形成的先进科技成果、创新的气象服务方式及社会管理模式，经验、启示及中国长江三峡工程开发总公司、大江截流活动施工、监理等单位对大江截流气象服务的评价。

二、服务内容

专项气象服务主要有重大工程项目、重大活动气象服务等两类。

(一)重大工程项目专项气象服务

以三峡工程大江截流气象服务为例，服务内容如下。

1. 气象灾害风险评估和可行性论证服务

工程项目建设前，提供气象灾害风险评估和可行性论证服务。

2. 建设期专项气象服务

三峡工程大江截流施工期间的气象保障服务。

(1)工程施工现场灾害天气预警服务

工程现场已经出现或可能将出现影响工程施工安全的以下天气，提供灾害性天气预警服务：

①强降水：24 小时降水量≥50 mm，或 1 小时降水量≥20 mm；

②大风：极大风速≥10.8 m/s；

③冰雹：出现冰雹；

④雷暴：有强雷电活动；

⑤高温：日最高气温≥35 ℃；

⑥低温：日最低气温≤5 ℃；

⑦大雪：12 小时雪融雨量≥3 mm，或 24 小时雪融雨量≥5 mm；

⑧雾霾：能见度≤500 m。

(2) 工程上游流域气象信息服务

在工程施工期间，上游流域已经出现或可能将出现下列情况，提供上游流域气象信息服务：

①上游来水接近工程当前施工期设计流量，提供上游流域面雨量或面雨量等级相关气象信息服务，面雨量计算方法、面雨量等级划分应符合 GB/T 20486—2006 的规定。

②上游出现凌汛，提供上游流域特定地点平均气温、最高气温、最低气温等相关气象信息服务。

(3)工程施工保障气象服务

截流、导流、地基处理、土石坝、爆破、水闸、通航引水等各项工程涉及的大体积混凝土浇筑、机电设备安装施工期间，提供工程现场气象信息服务：

①混凝土浇筑保障气象服务。为防止出现混凝土裂缝，支持混凝土大体积、高强度连续施工及养护方案科学决策，提供以下不利天气气象信息服务：

降水：降水强度≥3.0 mm/h。

气温骤降：日平均气温 24 小时以内降低 5 ℃以上，或 48 小时以内降低 6 ℃以上，或 72 小时以内降低 8 ℃以上。

高温：日最高气温≥35 ℃。

低温：日最低气温≤5 ℃。

其他：按协定服务标准要求，提供风速偏大、相对湿度偏小等不利于均匀浇筑的天气气象信息服务。

②机电设备安装保障气象服务。为保证设备安装质量和金属焊接质量，支持机电设备安装、金属构件焊接以及安装方案科学决策，提供以下不利天气气象信息服务：

相对湿度：机电设备安装期间，相对湿度≥80%；金属构件焊接期间，相对湿度≥90%。

低温：日最低气温≤－10 ℃。

风速：极大风速≥8 m/s。

③其他

为支持日常施工的部署安排科学决策，提供以下天气气象信息服务：

降水：24 小时降水量≥1 mm，以及 24 小时降水量≥10 mm；

按服务需要和协定标准要求，提供相关气象信息服务。

(4) 重要气象信息服务

暴雨、大风、高温、寒潮等灾害性天气或连雨转晴、连晴转雨等转折性天气过程发生前，以重要气象信息专题或专报形式提供服务。

(5) 精细化预报服务

时间分辨率到 1 小时，空间分辨率到 3 km，预报要素包括降水、风、气温、相对湿度、能见度、太阳辐射、云量、云水、云冰等的精细化天气预报。

(6) 实况监测信息服务

包括降水、气温、风向风速、气压、湿度等气象观测实况信息。

(7) 气象咨询服务

工程设计、施工、监理等过程中的咨询与服务。

(二)重大活动专项气象服务

(1)现场预警服务

活动进行时可能出现以下灾害性天气时,提供灾害性天气预警服务:

①短时强降水:30 分钟降水量≥10 mm。

②大风:极大风速≥10.8 m/s。

③冰雹。

④雷暴。

⑤最高气温≥35 ℃。

⑥最低气温≤0 ℃。

⑦大雪。

⑧雾霾:能见度≤500 m。

(2)重要气象信息服务

活动筹备期和进行期,可能出现暴雨、大风、高温、寒潮等灾害性天气或连雨转晴、连晴转雨等转折性天气,提前以重要气象信息专题或专报形式提供气象服务。

(3)精细化预报服务

活动筹备期和进行期,时间分辨率到 1 小时,空间分辨率到 3 km,预报要素包括降水、风、气温、相对湿度、能见度、云量等的 24 小时精细化天气预报。

(4)实况监测信息服务

包括降水、气温、风向风速、气压、湿度等气象观测实况信息。

(5)气象咨询服务

与活动相关的气象咨询与服务。

三、关注重点

(一)重大灾害性、关键性、转折性天气服务

专项服务期间,可能出现暴雨、雷电、寒潮、大风、大雾、冰冻、大雪等灾害性、关键性天气或者久晴(旱)转雨(涝)、久雨转晴等预报和信息的服务。

(二)与气象有关的重大灾害服务

专项服务期间,可能出现山洪暴发、山体滑坡、泥石流、森林火灾等的服务。

(三)重要节假日气象服务

专项服务期间的元旦、春节、清明、五一节、端午、中秋、国庆节等重要节假日气象服务。

(四)重要时段气象服务

专项服务期间,重大工程的开工期、重大活动的举行期等气象服务。

四、服务方式

服务方式主要为书面报告、专人当面报告、现场全程服务、电子方式服务(包括服务网站、服务终端、电话、传真、电子邮件、手机短信、微信、彩信)等。

第五节　应急气象服务

一、服务流程

(一)气象灾害应急服务业务流程

气象灾害应急服务业务流程详见图7.5。

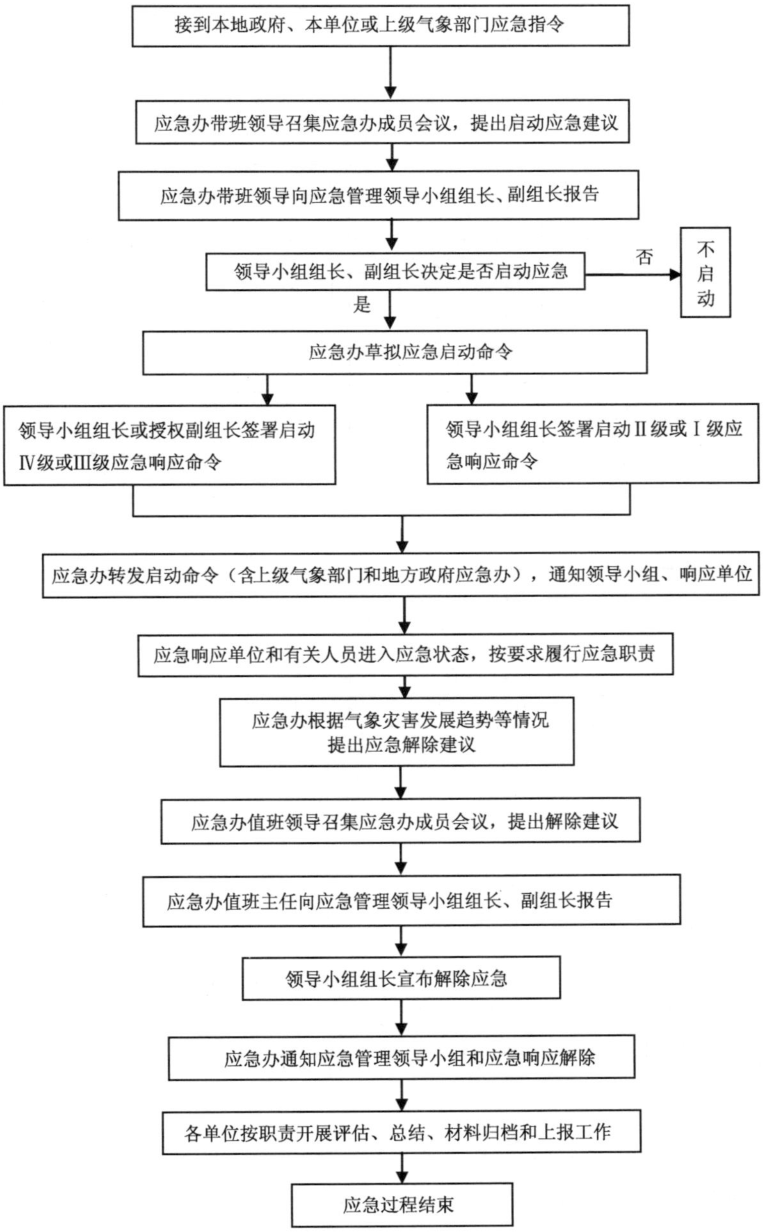

图7.5　气象灾害应急服务业务流程

(二)突发事件应急响应业务流程

突发事件应急响应业务流程详见图 7.6。

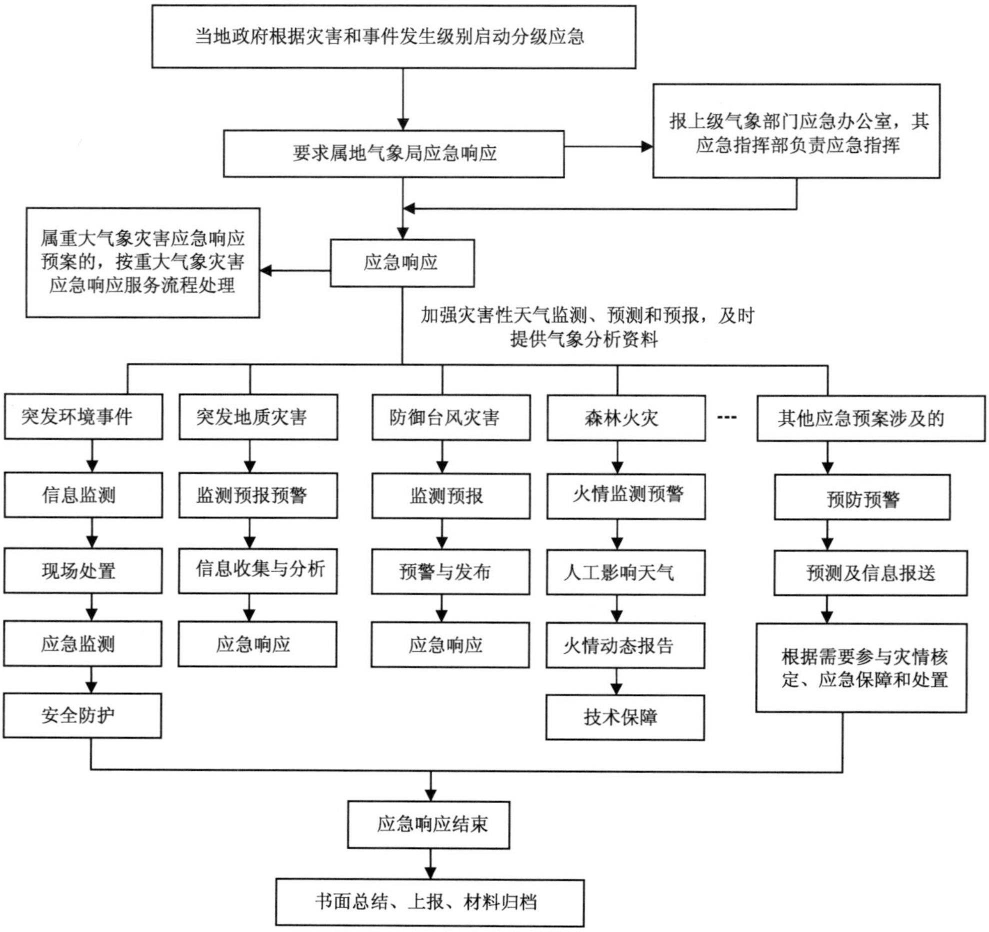

图 7.6　突发事件应急响应业务流程

二、服务内容

(一) 应急值班内容

24 小时值守，及时接收本地政府和上级气象部门的有关指令，及时接收当地政府相关部门通知类电话和文件，及时接收基层单位的紧急报告。快速传达、准确报告有关指令和文件，为本单位妥善处置气象灾害突发事件，保证各项工作正常运转，保障人民群众生命安全提供应急服务。

(二)气象灾害及突发事件应急信息发布

负责按规定向政府相关部门和社会公众发布气象灾害应急预案或应急响应信息，及突发事件应急响应信息。

三、服务方式

随着社会的不断发展，应急气象服务的手段越来越多，服务方式主要包括网络、电视、电台、报纸、智能终端、电话、传真、邮件、手机短信等。

第六节　气象预警信号服务

气象灾害预警信息发布应遵循“归口管理、统一发布、快速传播”的原则，由各级气象部门负责制作并按预警级别分级发布，其他任何组织、个人不得制作并擅自向社会发布气象灾害预警信息。

一、服务流程

预警信号制作遵行逐级指导原则，实行分级负责制度。气象预警发布按照各级气象台值班预报员制作，由首席预报员技术把关，分管业务领导签发的业务流程。

以省级气象预警信号发布为例，业务流程如下：

（一）气象预警信号制作、发布与解除流程

1. 气象预警信号制作发布流程

(1)制作气象预警信号信息。

(2)信息上网，并电话通知各对外服务单位业务值班室。

(3)上传“全国气象灾情及预警信息直报系统”。

(4)发送传真到省防汛指挥部、广电总局、省电台、湖北卫视、省建设厅办公室、省政府门户网站、省应急办、省民政厅，其中大风大雾预警还需传真海事局、高温预警还需传真省卫生厅。橙色及以上预警信号发送省移动、省联通、省电信运营商。

(5)电话确认湖北电视台及三大运营商是否收到。

(6)电话通知灾害天气所影响的地市气象局，并做好记录。

2. 气象预警信号解除流程

(1)黄色及其以下预警信号解除：“全国气象灾情及预警信息直报系统”解除。

(2)橙色及其以上预警信号解除：按照预警信号发布流程1～6执行（预警信号解除编号参照相应预警信号的发布编号）。

(3)在登记本上做好登记，并标记预警信号解除时间，转告接班人员。

（二）气象预警信号传播服务流程

对外服务单位收到武汉中心气象台或武汉区域气候中心发布的气象预警信号后，按照各自职责分别利用电视、电话、短信、网站等方式向社会公众和服务用户传播气象预警信号。一般流程如下。

值班员编辑——服务首席或业务科长技术把关——业务分管领导签发——对外发布。

12121与手机短信气象预警信号发布还需要注意试听和审核环节。

1. 12121气象预警信号传播流程：获取预警信息——录音或合成语音信箱内容——试听——对外发布

2. 手机短信气象预警信号传播流程：

蓝色、黄色预警信号：录入气象预警信息——选择群组（应急责任人、防汛抗旱责任人等）——审核——发布到移动、联通、电信网关——手机用户。

橙色、红色预警信号：录入气象预警信息发布单——审核——发布到移动、联通、电信网关——由移动、联通、电信发给全网用户。

二、服务内容

以省级气象预警服务为例，服务内容如下。

（一）气象预警信号制作分工

1. 武汉中心气象台负责制作全省指导预警信号，负责制作全省大范围（涉及 2 个市、州以上行政区域，下同）预警信号，以及武汉市的预警信号。

2. 干旱预警信号由武汉区域气候中心制作。

（二）气象灾害预警信号制作、变更、解除

1. 蓝色气象灾害预警信号由制作单位值班台长签发。

2. 黄色气象灾害预警信号由各制作单位台长（主任）签发。

3. 橙色气象灾害预警信号由各制作单位台长（主任）提出建议，经职能处室领导审核后，报省气象局分管局领导签发。

4. 红色气象灾害预警信号由各制作单位台长（主任）提出建议，经职能处室领导审核后，报省气象局局长签发。

5. 各类预警信号按照规定签发后，由制作单位报省气象局应急办公室。

6. 各制作单位向省气象局应急办公室报送气象灾害预警信号，等同于各制作单位向省气象局应急办公室报送相应等级的应急响应建议。如：报送橙色预警信号表示建议启动Ⅱ级应急响应，依此类推。

（三）气象灾害预警信号发布其他内容

1. 发布气象灾害预警信号时，制作单位应加强与即将受气象灾害影响的市（州）级气象台的会商与沟通，并达成一致的预报意见。

2. 预警信号制作单位应在制作（含变更、解除）预警信号后 5 分钟内，开始对外发布；在 15 分钟内，通过全国气象灾情直报系统上传中国气象局和湖北省气象局（地址分别是"全国气象灾情及预警信息直报"、"湖北公告栏"）。

3. 气象灾害预警信号除过程结束后一次性解除外，中间不对已经发过且影响减弱或已经结束地区解除预警信号。即本次预警信号中未提到、而上次预警信号中提到的区域，预警自然解除。

4. 根据实际情况，当某种气象灾害未达到预警信号标准规定，但可能造成严重灾害；或某种气象灾害已经引起社会严重关注，且该气象灾害接近预警信号标准时，可以考虑发布相应预警。

5. 当灾害预警的发布范围、时效与预警信号发布标准接近时，为了避免对社会公众造成混淆，发布气象灾害预警信号，不再发布气象灾害预警。

6. 紧急情况下，武汉中心气象台认为某地区有必要发布预警信号，但该地气象台还没有发布预警信号时，武汉中心气象台可以直接制作该地区橙色、红色预警信号向省移动、联通、电信等运营商发布，并应及时通知该地气象台。

7. 通过湖北省气象短信平台发送气象预警信号需遵循鄂气发〔2013〕87 号文件中《湖北省气象部门短信管理办法(试行)》的相关原则和规定。

8. 对常规气象短信定制用户发送各种天气预警信号还应遵循以下规定：各预警区域在预警信号有效期内制作发布的城市天气预报短信应包含预警信号内容，当预警信号级别为黄色及以下且与已发短信的预报有较大偏差时，应及时给预警地点气象短信定制用户发送预警信号。

三、服务方式

通过广播、电视、报刊、互联网、电话、传真、手机短信、电子显示屏等相关媒体以及一切可利用的传播手段，及时地向社会公众发布气象灾害预警信号。涉及可能引发次生、衍生灾害的预警信号通过有关信息共享平台向相关部门发布。橙色以上气象预警信号由电视台以及移动、联通、电信等电信运营商向公众发布。

参考文献

陈柏槐,崔讲学. 2009. 农业灾害应急技术手册. 武汉:湖北科学技术出版社:120-180.

崔讲学,姜海如. 2007. 湖北省气象灾害防御手册. 北京:气象出版社:3-50.

崔讲学. 2011. 湖北省天气预报手册:暴雨预报. 北京:气象出版社:1-12.

湖北省气象局. 1988. 湖北天气预报手册. 北京:科学出版社:1-18.

郑启松,杨金政,吴世经,等. 1997. 湖北省防汛气象服务手册. 北京:气象出版社:10-45.

附录一　常用气象专业术语

一、天气类

（一）天气系统

按照气象要素的空间分布而划分的具有典型特征的大气运动系统（通常指气压空间分布所组成的系统），如高（气）压、低（气）压、高压脊、低压槽等。有时指风分布的系统，如气旋式环流、反气旋式环流、切变线等。有时指温度分布的系统，如高温区、低温区、锋区等。有时指天气现象分布的系统，如雷暴、热带云团等。通常构成天气系统的气压、风、温度及气象要素之间都有一定的配置关系。气压系统和风场之间的关系较好：低压和气旋式环流相配置，有时称为低压，有时称为气旋；高压和反气旋相配置，有时称为高压，有时称为反气旋。气压系统和温度系统也常呈一定配置关系。如：低压和低温区相配置，称为冷低压或冷涡；低压和高温区相配置，称为热低压。气压系统还可同天气现象存在一定配置关系，如雷暴和（小）高压配置，称为雷暴高压。天气系统可以通过各种天气图和卫星云图等分析工具分析出来。

大气中各种天气系统的空间范围是不同的，水平尺度可从几千米到 1000～2000 km。其生命史也不同，从几小时到几天都有。最大的天气系统范围可达 2000 km 以上，最小的还不到 1 km。尺度越大的系统，生命史越长；尺度越小的系统，生命史越短，较小系统往往是在较大尺度系统的孕育下形成、发展起来的，而较小系统的发展、壮大以后，又给较大系统以反作用，彼此相互联系，相互制约，关系错综复杂。各种天气系统有一定的空间范围，一定的新生、变化和消亡的过程；同时，各种天气系统发展的不同阶段有其相应的天气现象分布。在天气预报中通过对于各种系统的预报，可以大致预报未来一段时间内的天气变化。许多天气系统的组合，构成大范围的天气形势，构成半球甚至全球的大气环流。

（二）槽、脊与切变

1. 低压槽

从低压区中延伸出来的狭长区域称为低压槽，简称为槽，在海拔相同的平面上，如某一区域，气压低于毗邻的三面而高于另一面。在天气图上，低压槽一般从北向南伸展。凡从南向北伸展的槽称为倒槽，从东向西伸展的槽称为横槽。槽中各条等压线弯曲最大处的连线称为槽线。在对流层的中下部，低压槽附近的气流呈辐合上升的形式，故在低压槽附近易产生气旋等天气系统，并常伴有雨雪、大风、降温等天气。

2. 高压脊

也称高压楔，是水平气压场上等压线向气压较低一方突出的脊状部分。三面气压较低而一面气压较高的天气系统，简称脊，高压脊内气候较弱，常伴有辐散和下沉运动，天气晴好。

3. 倒槽

倒槽，指中低纬度地区，开口向南或西南的低压槽。倒槽区有辐合上升气流，与锋面或高空槽相遇，往往产生云雨天气。中国西南地区和湖南、江西一带常有倒槽形成，并伸向华东地区，有时槽内还生成低气压，带来阴雨天气。有台风活动时，也常有倒槽发生。

4. 横槽

横槽指的是中纬度西风带中近乎东西走向的低压槽，它是东亚地区重要的天气系统之一。在横槽形势下，中国江淮流域或江南地区常天气阴沉，多雨雪。冬半年，横槽的形成过程多与阻塞高压建立相伴出现。槽后偏北气流，常堆积大量冷空气，当横槽转竖时，常导致强冷空气的大举南下，往往会造成一次寒潮天气过程。

一般的，横槽是由槽前偏西气流和槽后偏北气流形成的，在东亚和北亚地区，冬季寒冷，如在这些地区高空形成横槽，则沿着西风运动的寒冷的空气便无法大举南下而堆积在横槽后部，但是小股冷空气可以在槽前西风小波动的作用下越过横槽南侵影响南方地区，与槽前活跃的西南暖湿气流作用形成该地区冬季大范围连绵的降水天气。而一旦阻高崩溃，横槽转竖，则堆积在横槽后部的强冷空气会顺着横槽的移动而大举东移南下，强度往往会达到全国性寒潮级别。横槽转竖也是东亚地区冬半年寒潮暴发的一种重要的高空形势之一。

5. 前倾槽与后倾槽

前倾槽是指在对流层中，槽线随高度的升高向前进方向倾斜，高空槽线位于低空槽线或地面锋之前的槽。一般表现为短波西风槽，持续时间较短。前倾槽在移动过程中，槽后的干冷空气叠置于低层槽前的暖湿空气之上，增加了气柱的对流不稳定度。夏半年，前倾槽是激发我国东部地区强对流天气的重要天气系统之一；冬半年，槽后天气多晴朗少云，但常伴有大风和沙尘。

当温度槽落后于高空槽时，低压槽中槽线随高度的倾斜方向与槽移动方向相反，即在西风带中槽线随高度偏移在西侧的低压槽，称为后倾槽。它随着温度槽位置的前移而断续加深和发展，槽前盛行上升气流，易产生稳定性云系和降水。随着倾斜度的减小，槽前雨区随之减小。

6. 南支槽与北支槽

低纬度地区活动的低槽，称为南支槽。青藏高原大地形对气流阻挡，使高层西风气流分为南北两支，出现于南支气流上的低槽称为南支槽，而在北支西风急流上出现的西风槽称为北支西风槽，简称北支槽。

7. 东亚大槽

在 140°E 亚洲东岸（由鄂霍次克海向较低纬度的日本及中国东海倾斜）附近，对流层中上部常定的西风大槽称为东亚大槽。东亚大槽是北半球冬季西风带上经常出现的槽，是冬季平均槽位置所在地。

8. 二槽一脊

中亚地区为脊，乌拉尔山以东的西伯利亚西部和亚洲东岸为低槽。

9. 切变

低空（850 或 700 hPa）风场上具有不连续的气旋式变化称为切变。风速的不连续变化称为风速切变。

10. 冷式切变、暖式切变

冷式切变也称为冷锋式切变，是指风场结构与地面冷锋相似的切变，常表现为切变线北侧为北风，南侧为西南风或西风。

暖式切变也称为暖锋式切变，是指风场结构与地面暖锋相似的切变，常表现为切变线北侧为东南风，南侧为西南风。

（三）锋

大气中不同属性的气团（如冷气团和暖气团）之间常会形成一个狭窄的过渡带，这就是锋。锋是电视天气预报中经常用到的气象术语。

锋的水平长度为数百千米至数千千米，水平宽度却很窄，在近地面层仅有数十千米，因此可以将它看成一个面，称为锋面。锋面与地面的交线，叫作锋线。锋面在空间呈倾斜状态，它的下面是冷气团，上面是暖气团。在锋附近，空气运动异常活跃，天气变化剧烈，气象要素差别明显。

根据锋两侧冷、暖气团的移动情况可将锋分为冷锋、暖锋和准静止锋等几种类型。

1. 冷锋

锋面在移动过程中，冷气团起主导作用，推动锋面向暖气团一侧移动，这种锋叫作冷锋。冷锋就是大家常常提到的冷空气前锋，它是南下冷空气的先头部队，是影响中国的最常见的天气系统，冬半年尤甚。冬季每隔几天就有一股冷空气从中国的西北、华北侵入内陆。冷锋过境时，会伴有偏北风加大，气压升高和温度降低等现象，有时会造成雨雪天气，夏季甚至会造成暴雨，一般情况下冷锋过境以后，当地将转受冷高压控制，天气变得晴朗。

2. 暖锋

当暖气团推动冷气团，而使锋面向冷气团一侧移动时，这种锋叫作暖锋，即天气预报解说中提到的暖空气前锋，地面形势图中以带圆弧的红色线条表示。在我国，单独的暖锋并不多见，它多和冷锋成对出现：在气旋低中心的南侧，冷锋向东南推进；在低中心的东侧，暖锋向北移动。暖锋过境之前，常有连续性降雨。暖锋过境后，气温和湿度上升，南风加大，气压无明显变化。

3. 准静止锋

当冷、暖气团势均力敌时，其间的锋面便很少移动，这时的锋被称作准静止锋。我国的准静止锋多由冷锋在移动中受地形阻挡而形成，典型的如天山准静止锋、华南准静止锋和云贵准静止锋等。当春、秋季节冷空气南下至华南时，受南岭阻挡而停滞形成华南准静止锋。这种锋常可在南岭一带停留数日，造成江南南部甚至中部长时间的低温阴雨，而其时的华南沿海却往往是天气晴朗，暖意融融。

（四）波动、辐合与辐散

1. 波动

地球大气在重力、惯性力、科里奥利力或层结等因素作用下所发生的各种振荡（大气中的作用力、大气静力稳定度）。主要包括声波、重力波、惯性重力波、声重力波（大气次声波）、行星波、开尔文波和罗斯贝—重力混合波（热带平流层波动）。

2. 辐合

因为地面加热作用，造成气层不稳定以及高原上盛行的低涡、切变线等天气系统造成系统性的运动称为辐合。上升运动气流辐合上升中的“辐合”指的是气流从四周向中心流动。这是要看这一地区形成的是低压中心还是高压中心了，如果是低压中心，气流是从四周高压流入中心低压的，就产生了气流辐合上升。

3. 辐散

与辐合相反，如果气流从高压中心向四周流动，这种运动叫辐散。

(五)气旋与反气旋

1. 气旋

气旋(Cyclone)是指北(南)半球，大气中水平气流呈逆(顺)时针旋转的大型涡旋。在同高度上，气旋中心的气压比四周低，又称低压。它在等高面图上表现为闭合等压线所包围的低气压区，在等压面图上表现为闭合等高线所包围的低值区。气旋近似于圆形或椭圆形，大小悬殊。小气旋的水平尺度为几百千米，大的可达三、四千千米，属天气尺度天气系统。在北半球，空气作逆时针旋转；在南半球其旋转方向则相反。

2. 反气旋

反气旋是指中心气压比四周气压高的水平空气涡旋，也是气压系统中的高压。北半球反气旋中，低层的水平气流呈顺时针方向向外辐散，南半球反气旋则呈逆时针方向向外辐散。反气旋的水平尺度比气旋更大，如冬季的蒙古—西伯利亚高压占据亚洲大陆面积 1/4。反气旋中心气压值一般为 1020～1030 hPa 左右，最高达 1078 hPa。反气旋中风速较小，地面最大风速也只有 20～30 m/s，中心区风力微弱。

(六)中尺度系统

中尺度天气是指水平尺度几十千米至几百千米，时间尺度 3～24 小时的天气现象，按其性质分为中尺度对流性天气和中尺度稳定性天气。中尺度系统又称中尺度运动，水平尺度为 2～2500 km 的大气运动，包括台风、小低涡、飑线、暴雨团等。

(七)急流

是指大气中一股强而窄的气流带。急流的水平长度达上万千米，宽度达百千米，厚几千米。急流中心的长轴称为急流轴，它近于水平分布。急流中心最大风速在对流层的上部必须大于或等于 30 m/s，它的风速水平切变量级为每一百千米 5 m/s，垂直切变量级为每千米 5～10 m/s。按急流出现的高度不同，一般可分为高空急流和低空急流。

二、气候与气候变化类

(一)季风与环流

1. 季风

由于大陆和海洋在一年之中增热和冷却程度不同，在大陆和海洋之间大范围的、风向随季节有规律改变的风，称为季风。形成季风最根本的原因，是由于地球表面性质不同，热力反映有所差异引起的。由海陆分布、大气环流、大地形等因素造成的，以一年为周期的大范围的冬夏季节盛行风向相反的现象。

2. 大气环流

大气环流，一般是指具有世界规模的、大范围的大气运行现象，既包括平均状态，也包括瞬时现象，其水平尺度在数千千米以上，垂直尺度在 10 km 以上，时间尺度在数天以上，大气大范围运动的状态。某一大范围的地区(如欧亚地区、半球、全球)，某一大气层次(如对流层、平流层、中层、整个大气圈)在一个长时期(如月、季、年、多年)的大气运动的平均状态或某一个时段(如一周、梅雨期间)的大气运动的变化过程都可以称为大气环流。

（二）厄尔尼诺与拉尼娜

1. 厄尔尼诺

厄尔尼诺(El Niño Phenomenon)又称厄尔尼诺海流，是太平洋赤道带大范围内海洋和大气相互作用后失去平衡而产生的一种气候现象，就是沃克环流圈东移造成的。正常情况下，热带太平洋区域的季风洋流是从美洲走向亚洲，使太平洋表面保持温暖，给印尼周围带来热带降雨。但这种模式每2～7年被打乱一次，使风向和洋流发生逆转，太平洋表层的热流就转而向东走向美洲，随之便带走了热带降雨，出现所谓的“厄尔尼诺现象”。

2. 拉尼娜

拉尼娜是西班牙语“La Niña”的音译，是“小女孩”的意思。气象学家用以指赤道太平洋东部和中部海表温度大范围持续异常变冷的现象，也称为反厄尔尼诺。从近50年的结果来看，这种现象发生频率少于厄尔尼诺，强度也比厄尔尼诺弱，持续时间则大多数偏长。

三、人类活动影响类

（一）温室效应

温室效应(英文:Greenhouse Effect)，又称“花房效应”，是大气保温效应的俗称。大气能使太阳短波辐射到达地面，但地表向外放出的长波热辐射线却被大气吸收，这样就使地表与低层大气温度增高，因其作用类似于栽培农作物的温室，故名温室效应。自工业革命以来，人类向大气中排入的二氧化碳等吸热性强的温室气体逐年增加，大气的温室效应也随之增强，已引起全球气候变暖等一系列严重问题，引起了全世界各国的关注。

（二）城市热岛效应

城市热岛效应(The Urban Heat Island Effect)是指城市中的气温明显高于外围郊区的现象。在近地面温度图上，郊区气温变化很小，而城区则是一个高温区，就像突出海面的岛屿，由于这种“岛屿”代表高温的城市区域，所以就被形象地称为城市热岛。城市热岛效应使城市年平均气温比郊区高出1℃，甚至更多。夏季，城市局部地区的气温有时甚至比郊区高出6℃以上。此外，城市密集高大的建筑物阻碍气流通行，使城市风速减小。由于城市热岛效应，城市与郊区形成了一个昼夜相同的热力环流。

晴朗无风的夏日，海岛上的地面气温，高于周围海上气温，并因此形成海风环流以及海岛上空的积云对流，这是海洋热岛效应的表现。近年来，由于城市人口集中，工业发达，交通拥塞，大气污染严重，且城市中的建筑大多为石头和混凝土建成，它的热传导率和热容都很高，加上建筑物本身对风的阻挡或减弱作用，可使城市年平均气温比郊区可高2 ℃，甚至更多，在温度的空间分布上，城市犹如一个温暖的岛屿，从而形成城市热岛效应。热岛效应是由于人们改变城市地表而引起小气候变化的综合现象，在冬季最为明显，夜间也比白天明显，是城市气候最明显的特征之一。

附录二　主要天气气候概念及其统计标准

一、降水量等级

降水量等级，详见附录表 2.1。

附录表 2.1　降水量等级一览表

降水等级	12 小时标准（mm）	24 小时标准（mm）	降水等级	12 小时标准（mm）	24 小时标准（mm）
小雨	0.1～4.9	0.1～9.9	小到中雨	3.0～9.9	5.0～16.9
中雨	5.0～14.9	10.0～24.9	中到大雨	10.0～22.9	17.0～37.9
大雨	15.0～29.9	25.0～49.9	大到暴雨	23.0～49.9	38.0～74.9
暴雨	30.0～69.9	50.0～99.9	暴雨到大暴雨	50.0～104.9	75.0～174.9
大暴雨	70.0～139.9	100.0～249.9	大暴雨到特大暴雨	105.0～170.0	175.0～300.0
特大暴雨	≥140.0	≥250.0			
小雪	0.1～0.9	0.1～2.4	小到中雪	0.5～1.9	1.3～3.7
中雪	1.0～2.9	2.5～4.9	中到大雪	2.0～4.4	3.8～7.4
大雪	3.0～5.9	5.0～9.9	大到暴雪	4.5～7.5	7.5～15.0
暴雪	6.0～9.9	10.0～19.9			
大暴雪	10.0～14.9	20.0～29.9			
特大暴雪	≥15.0	≥30.0			

二、风力等级（蒲氏风级）

风力等级，又称蒲氏风级，详见附录表 2.2。

附录表 2.2　风力等级一览表

风级	名称	相当于空旷平地上标准高度（10 m）处的风速		
		m/s	n mile/h	km/h
0	静风	0～0.2	＜1	＜1
1	软风	0.3～1.5	1～3	1～5
2	轻风	1.6～3.3	4～6	6～11
3	微风	3.4～5.4	7～10	12～19
4	和风	5.5～7.9	11～16	20～28
5	清劲风	8.0～10.7	17～21	29～38
6	强风	10.8～13.8	22～27	39～49

续表

风级	名称	相当于空旷平地上标准高度(10 m)处的风速		
		m/s	n mile/h	km/h
7	疾风	13.9～17.1	28～33	50～61
8	大风	17.2～20.7	34～40	62～74
9	烈风	20.8～24.4	41～47	75～88
10	狂风	24.5～28.4	48～55	89～102
11	暴风	28.5～32.6	56～63	103～117
12	飓风	32.7～36.9	64～71	118～133
13		37.0～41.4	72～80	134～149
14		41.5～46.1	81～89	150～166
15		46.2～50.9	90～99	167～183
16		51.0～56.0	100～108	184～201
17		56.1～61.2	109～118	202～220
18		≥61.3	≥119	≥221

最大风速：指某个时段内最大10分钟的平均风速值。

极大风速（即阵风）：指某个时段内出现的最大瞬时风速值。

瞬时风速：指3秒钟的平均风速。

三、雾的等级

雾：悬浮在近地层大气中的大量微细乳白色水滴或冰晶的可见集合体。根据能见度雾分为五个等级：

轻雾：水平能见度≥1000 m，但＜10000 m。

大雾：能见度≥500 m，＜1000 m。

浓雾：能见度≥200 m，＜500 m。

强浓雾：能见度≥50 m，＜200 m。

特强浓雾：能见度＜50 m。

四、四季的气候学划分

地球上不仅各地区的气候差异很大，即便是同一地区的不同季节，气候也是不同的。我国古代主要是从天文因素为依据进行四季划分的，即根据太阳在黄道上的位置来确定的，这就是太阳在黄道上每运行90度作为一个季节，时间上正好3个月，也就是将太阳公转轨道分成4等分，分别定为春夏秋冬4个季节。这与农历24个节气中的“立春”“立夏”“立秋”“立冬”刚好一一对应。其中“立春”则视为春天的开始，“立夏”则视为春天的结束及夏天的开始。我国以前又以阴历1—3月作为春季，4—6月为夏季，7—9月为秋季，10—12月为冬季。

四季的气候划分是以公历3—5月为春季，6—8月为夏季，9—11月为秋季，12—次年2月为冬季，并且常常把1、4、7、10月作为冬、春、夏、秋季的代表月份。

这种规定既考虑到天文因素，也考虑到气候因素，并且四季等长，便于相互比较，因此在国民经济的许多部门及气象领域被广泛使用，用于资料整理和进行数字统计。

五、气候意义的四季标准

（一）入春

5 日滑动平均气温稳定≥10 ℃，则为入春，其首日为春季首日。

注：根据世界气象组织（WMO）规定，常年（平均）值采用近 30 年的资料计算得出，每隔 10 年重新计算。

（二）入夏

5 日滑动平均气温稳定≥22 ℃，则为入夏，其首日为夏季首日。

（三）入秋

5 日滑动平均气温稳定<22 ℃，则为入秋，其首日为秋季首日。

（四）入冬

5 日滑动平均气温稳定<10 ℃，则为入冬，其首日为冬季首日。

六、暖冬、冷冬、凉夏与酷暑

（一）暖冬

若冬季（12 月—次年 2 月）平均气温距平 $\Delta T \geqslant 0.5$ ℃，则该年冬季划为“暖冬”；平均气温距平 $\Delta T \geqslant 1.29$ ℃为单站强暖冬；平均气温距平在 0.43 ℃$\leqslant \Delta T < 1.29$ ℃为单站弱暖冬。

（二）冷冬

若冬季（12 月—次年 2 月）平均气温距平 $\Delta T \leqslant 0.5$ ℃，则该年冬季划为“冷冬”；其中，冬季平均气温距平-1.0 ℃$< \Delta T \leqslant -0.5$ ℃为弱冷冬；单站冬季平均气温距平 $\Delta T \leqslant -1.0$ ℃为强冷冬（寒冬）。

（三）凉夏

若 7、8 月平均气温距平 $\Delta T \leqslant -0.8$ ℃，且 7、8 两月≥35 ℃高温日数≤4 天，则该年为凉夏。

（四）酷暑

若 7、8 月平均气温距平 $\Delta T \geqslant 0.8$ ℃，且 7、8 两月≥37 ℃酷暑日数≥5 天，则该年为酷暑年。

七、梅雨标准

（一）梅雨定义

“梅雨”是指初夏时节从中国江淮流域到韩国、日本一带雨期较长的连阴雨天气，期间暴雨、大暴雨天气过程频繁出现，降水连绵不断，多雨闷热易生霉，谓之“霉雨”；因此时正是江南梅子成熟的季节，所以又称为“梅雨”。

（二）梅雨气候分区与监测

按照中国气象局最新梅雨标准，我国梅雨分为江南型、长江中游型、长江下游型、江淮型这四个气候分区，湖北梅雨属于长江中游型。全国共设梅雨监测站 288 个，其中湖北 50 个。详见附录表 2.3。

附录表 2.3　湖北省梅雨监测气象站点一览表

站号	站名	站号	站名	站号	站名	站号	站名	站号	站名
57368	远安	57399	麻城	57481	应城	57496	鄂州	57590	咸宁
57377	荆门	57460	当阳	57482	孝感	57498	黄冈	57595	通山
57378	钟祥	57461	宜昌	57483	天门	57499	大冶	58401	罗田
57381	随州	57464	长阳	57485	仙桃	57571	石首	58402	英山
57385	广水	57465	宜都	57486	汉川	57573	监利	58404	浠水
57387	京山	57466	枝江	57489	蔡甸	57581	洪湖	58407	黄石
57388	安陆	57469	松滋	57491	黄陂	57582	赤壁	58408	蕲春
57389	云梦	57475	潜江	57492	新洲	57583	嘉鱼	58409	黄梅
57395	大悟	57476	荆州	57493	江夏	57586	崇阳	58500	阳新
57398	红安	57477	公安	57494	武汉	57589	通城	58501	武穴

（三）入（出）梅标准

1. 入（出）梅降水条件

（1）雨日的确定：某日区域中有 1/3 以上监测站出现≥0.1 mm 的降水，且区域内日平均降水量≥2.0 mm，该日为一个雨日。

（2）雨期开端日的确定：从第 1 个雨日算起，往后 2、3……10 日中雨日数占相应时段内总日数的比例≥50％，则第一个雨日为雨期开端日。

（3）雨期结束日的确定：从雨期的最后 1 个雨日算起，往前 2、3……10 日的雨日数占相应时段内总日数的比例≥50％，则最后一个雨日为雨期结束日。

对雨期异常长的情况，在雨期进入 8 月后第一个非雨日的前一天为雨期结束日；若此不能满足雨期结束日条件，则需要往前推算确定雨期结束日。

（4）雨期的确定：一个雨期需满足以下条件：任何连续 10 日的雨日比例≥40％、雨日数≥6 天且没有连续 5 天（含 5 天）以上的非雨日、站平均降水强度≥5 mm/天。一个雨期长度为该雨期的开端日到结束日所经历的日数。

（5）入梅时间确定：第一个雨期的开端日即为入梅日。

（6）出梅时间确定：最后一个雨期结束日的次日即为出梅日。

（7）梅雨期的确定：梅雨期内可以出现有一个以上的雨期，梅雨期长度为入梅日到出梅日前一天的日数。

2. 梅雨期的其他条件

（1）梅雨发生在南海夏季风爆发之后，7 月中旬之后不再有新的雨期开端日，梅雨期结束日出现在立秋之前。

（2）西北太平洋副热带高压脊线条件：

梅雨期内，西北太平洋副热带高压脊线 5 天滑动的位置一般要求满足南界≥19°N，北界＜26°N。西北太平洋副热带高压脊线 5 天滑动的位置有 1 候超过北界位置 2 个纬度，且没有继续出现雨日，监测区域出现高温干热天气，该区域梅雨期则结束。

(3)区域梅雨在入梅条件中需要考虑梅雨发生在高温高湿的环境中，日平均温度≥22 ℃。

(四)特殊梅雨

1. 枯梅

梅雨期短，梅雨特征不明显，梅雨量不足气候平均值的 50%，一般称为枯梅，典型枯梅年的梅雨量只占年降水量的 5%～10%。

2. 空梅

在通常意义的梅雨期时段内，某区域无法确定入梅与出梅时间，无典型梅雨期，一般降水异常偏少，有干旱现象发生，称之为空梅。

3. 梅雨期间断

由于大气环流系统的变化，梅雨期内出现一段晴好天气(时间不超过 3 候，无雨日天数≥70%)，称为梅雨期间断。

4. 二度梅

进入梅雨期后，第一个雨期确认结束，出现梅雨期中断，随后又出现持续性降水，进入第二个满足条件的雨期，称之为“二度梅”。二度梅参照前述的梅雨指标进行监测。

附录三　主要气象站点气象要素统计值

一、气温

附录表 3.1　湖北省各气象站月(年)平均气温　资料年代:1981—2010 年 30 年统计　(单位:℃)

站名	1月	2月	3月	4月	5月	6月	7月	8月	9月	10月	11月	12月	年平均
竹溪	2.2	4.5	8.7	14.7	19.4	23.3	25.5	25.0	20.1	14.8	8.9	3.6	14.2
郧西	2.6	5.1	9.7	16.1	21.0	25.0	27.0	26.0	21.3	15.7	9.6	4.2	15.3
郧县	3.5	5.8	10.0	16.7	21.7	25.4	27.3	26.0	21.9	16.7	10.9	5.6	16.0
十堰	3.1	5.3	9.8	16.3	21.2	24.9	27.0	26.0	21.4	16.0	10.1	4.9	15.5
竹山	3.4	5.9	10.0	16.3	20.7	24.4	27.0	26.0	21.6	16.1	10.1	4.8	15.6
房县	2.2	4.6	9.0	15.2	19.8	23.6	25.8	25.0	20.5	15.1	9.1	3.8	14.5
丹江口	3.4	5.8	10.0	16.8	21.9	25.8	27.7	27.0	22.5	17.2	11.1	5.6	16.2
老河口	2.9	5.4	9.9	16.4	21.6	25.5	27.4	27.0	22.3	16.9	10.6	4.9	15.9
谷城	2.9	5.4	9.9	16.4	21.7	25.6	27.5	27.0	22.2	16.9	10.6	5.0	15.9
襄阳	3.1	5.6	10.0	16.6	21.7	25.4	27.4	27.0	22.5	17.1	10.9	5.2	16.0
枣阳	2.7	5.2	9.9	16.5	21.7	25.7	27.6	27.0	22.4	17.0	10.7	4.8	15.9
巴东	6.1	8.1	12.0	17.7	21.9	25.1	27.5	27.0	23.4	17.9	12.8	7.9	17.3
秭归	5.9	7.9	12.0	17.7	22.1	25.3	27.5	27.0	23.5	18.3	13.1	8.0	17.4
兴山	5.5	7.7	12.0	17.3	21.5	24.8	27.3	27.0	23.0	17.5	12.2	7.2	16.9
保康	3.0	5.3	9.7	16.0	20.4	24.1	26.5	25.0	21.0	15.8	10.0	4.8	15.2
神农架	0.9	2.9	7.0	13.0	17.1	20.5	22.8	22.0	17.7	12.7	7.6	2.8	12.3
南漳	2.6	5.1	9.7	16.3	21.4	25.2	27.3	27.0	22.2	16.6	10.2	4.6	15.6
远安	4.0	6.3	11.0	16.8	21.6	25.2	27.5	27.0	22.9	17.2	11.4	6.0	16.4
宜城	3.0	5.5	9.9	16.3	21.6	25.4	27.3	27.0	22.4	17.1	10.9	5.2	15.9
荆门	3.7	6.1	10.0	16.8	21.9	25.3	27.5	27.0	22.8	17.4	11.5	5.9	16.4
钟祥	3.7	6.1	10.0	16.8	22.0	25.6	27.8	27.0	23.0	17.6	11.6	5.8	16.5
随州	2.7	5.3	9.8	16.3	21.5	25.3	27.6	27.0	22.7	17.0	10.6	4.8	15.9
广水	2.9	5.5	10.0	16.6	21.8	25.5	27.9	27.0	23.0	17.2	10.8	4.9	16.1
京山	3.8	6.3	11.0	17.1	22.2	25.8	28.2	28.0	23.6	17.9	11.6	5.9	16.7
安陆	3.2	5.7	10.0	16.7	21.9	25.6	28.0	27.0	23.2	17.5	11.1	5.3	16.3
云梦	3.4	5.9	10.0	16.7	22.0	25.5	28.2	27.0	23.1	17.5	11.3	5.5	16.4
大悟	2.6	5.1	9.7	16.3	21.5	25.2	27.7	27.0	22.5	16.9	10.3	4.6	15.8
红安	2.9	5.5	9.8	16.4	21.6	25.2	27.9	27.0	23.0	17.2	10.7	5.0	16.0

续表

站名	1月	2月	3月	4月	5月	6月	7月	8月	9月	10月	11月	12月	年平均
麻城	3.7	6.3	11.0	17.0	22.2	25.9	28.7	28.0	23.7	17.9	11.4	5.6	16.7
利川	2.2	3.8	7.6	13.0	17.3	20.4	23.0	22.0	18.7	13.6	8.8	3.9	12.9
建始	4.4	6.3	10.0	15.5	19.8	23.1	25.6	26.0	21.6	16.1	11.1	6.0	15.4
恩施	5.2	7.1	11.0	16.4	20.7	23.9	26.5	27.0	22.6	17.0	11.9	6.7	16.3
五峰	2.8	4.6	8.6	14.3	18.4	21.7	24.2	24.0	19.9	14.6	9.7	4.8	13.9
当阳	4.2	6.5	11.0	16.9	21.9	25.4	27.8	27.0	23.3	17.7	11.8	6.3	16.6
宜昌	5.0	7.2	11.0	17.4	22.1	25.5	27.7	27.0	23.5	18.1	12.6	7.3	17.1
长阳	4.8	6.8	11.0	16.8	21.3	24.8	27.2	27.0	22.7	17.4	12.1	6.9	16.5
宜都	4.7	6.9	11.0	17.2	22.2	25.5	28.0	28.0	23.6	18.0	12.4	6.9	17.0
枝江	4.6	6.9	11.0	17.2	22.2	25.7	28.0	28.0	23.7	18.2	12.4	6.8	17.0
松滋	4.7	6.9	11.0	17.2	22.2	25.6	28.1	28.0	23.6	18.3	12.5	7.0	17.1
潜江	4.0	6.4	11.0	16.9	22.0	25.6	28.2	28.0	23.4	17.7	11.7	6.2	16.7
荆州	4.3	6.6	11.0	17.0	22.0	25.6	28.1	28.0	23.4	17.9	12.0	6.5	16.8
公安	4.6	6.8	11.0	17.1	22.1	25.6	28.2	28.0	23.4	18.0	12.4	6.9	17.0
应城	3.2	5.7	10.0	16.6	21.9	25.6	28.2	28.0	23.1	17.2	10.9	5.2	16.3
孝感	3.4	6.0	10.0	16.8	22.0	25.5	28.3	28.0	23.2	17.3	11.1	5.5	16.4
天门	4.1	6.6	11.0	17.2	22.4	25.9	28.5	28.0	23.7	18.1	12.0	6.3	17.0
仙桃	4.1	6.6	11.0	17.2	22.3	25.9	28.6	28.0	23.8	18.2	12.1	6.4	17.0
汉川	3.6	6.1	10.0	16.9	22.1	25.6	28.5	28.0	23.4	17.6	11.3	5.7	16.6
蔡甸	4.0	6.5	11.0	17.2	22.3	25.8	28.7	28.0	23.8	18.1	12.0	6.3	17.0
黄陂	3.6	6.1	10.0	16.8	22.0	25.5	28.3	28.0	23.4	17.6	11.4	5.7	16.5
新洲	3.8	6.4	11.0	17.0	22.3	25.8	28.7	28.0	23.8	17.9	11.6	5.8	16.8
江夏	4.2	6.7	11.0	17.2	22.4	25.8	29.0	28.0	24.1	18.4	12.2	6.5	17.1
武汉	4.0	6.6	11.0	17.4	22.6	26.2	29.1	28.0	24.1	18.2	11.9	6.2	17.1
鄂州	4.6	7.0	11.0	17.5	22.6	26.0	29.3	29.0	24.5	18.8	12.6	6.9	17.5
黄冈	4.4	6.9	11.0	17.3	22.6	26.0	29.2	29.0	24.4	18.7	12.4	6.7	17.3
大冶	4.7	7.1	11.0	17.5	22.7	26.0	29.4	29.0	24.5	18.9	12.7	7.1	17.5
咸丰	3.1	4.8	8.5	14.1	18.6	21.7	24.3	24.0	20.0	14.8	9.9	4.9	14.0
宣恩	4.7	6.5	10.0	15.8	20.1	23.3	25.9	26.0	21.8	16.4	11.5	6.3	15.7
鹤峰	4.8	6.5	10.0	15.7	19.9	23.0	25.4	25.0	21.6	16.4	11.5	6.6	15.6
来凤	4.7	6.6	10.0	16.1	20.7	23.9	26.3	26.0	22.3	16.9	11.8	6.6	16.0
石首	4.4	6.7	11.0	17.0	22.1	25.6	28.3	28.0	23.5	18.1	12.3	6.7	16.9
监利	4.3	6.6	11.0	17.2	22.3	25.8	28.6	28.0	23.5	18.0	12.1	6.6	17.0
洪湖	4.5	7.0	11.0	17.4	22.5	26.0	29.1	28.0	24.0	18.5	12.5	6.9	17.3
赤壁	4.6	7.0	11.0	17.5	22.6	26.0	29.4	28.0	24.0	18.4	12.4	6.9	17.4
嘉鱼	4.7	7.1	11.0	17.6	22.7	26.2	29.4	29.0	24.4	18.7	12.8	7.1	17.5

续表

站名	1月	2月	3月	4月	5月	6月	7月	8月	9月	10月	11月	12月	年平均
崇阳	4.8	7.2	11.0	17.4	22.4	25.8	29.0	28.0	24.1	18.5	12.5	6.9	17.3
通城	4.6	6.9	11.0	17.3	22.3	25.6	28.8	28.0	23.8	18.1	12.1	6.7	17.1
咸宁	4.5	6.9	11.0	17.4	22.5	25.9	29.1	28.0	23.9	18.2	12.2	6.7	17.2
通山	4.5	6.9	11.0	17.2	22.1	25.6	28.9	28.0	23.8	18.1	12.1	6.5	17.0
罗田	4.0	6.5	11.0	16.8	21.9	25.3	28.3	28.0	23.6	17.7	11.3	5.8	16.6
英山	3.9	6.4	11.0	16.7	21.8	25.2	28.1	28.0	23.6	17.8	11.3	5.8	16.6
浠水	4.6	7.1	11.0	17.6	22.7	26.0	29.3	29.0	24.6	18.8	12.4	6.7	17.5
黄石	4.6	7.1	11.0	17.5	22.6	26.1	29.3	29.0	24.5	18.7	12.5	6.8	17.5
蕲春	4.3	6.8	11.0	17.3	22.5	25.8	29.2	29.0	24.3	18.5	12.1	6.4	17.2
黄梅	4.6	6.9	11.0	17.2	22.5	25.7	29.0	29.0	24.5	19.0	12.7	6.9	17.4
阳新	4.7	7.0	11.0	17.3	22.6	25.9	29.5	29.0	24.5	19.0	12.7	7.0	17.5
武穴	4.5	6.8	11.0	16.9	22.3	25.7	29.0	28.0	24.2	18.7	12.4	6.7	17.2

附录表 3.2　湖北省各气象站多年月(年)极端最高气温　资料年代:建站至 2013 年　(单位:℃)

站名	1月	2月	3月	4月	5月	6月	7月	8月	9月	10月	11月	12月	年
竹溪	18.5	24.0	31.6	37.2	36.7	38.3	40.0	39.2	38.6	32.7	26.3	19.4	40.0
郧西	21.6	24.5	34.9	38.2	38.8	42.2	41.9	40.5	39.8	35.5	28.9	22.1	42.2
郧县	21.3	25.0	34.0	36.7	40.2	42.0	42.7	41.9	39.5	35.1	28.7	21.6	42.7
十堰	22.5	25.0	34.3	37.8	39.0	42.4	41.5	41.2	40.5	34.7	29.2	21.6	42.4
竹山	20.8	25.3	34.2	39.5	39.8	41.6	43.4	41.5	40.1	35.3	28.6	20.3	43.4
房县	20.6	25.6	33.7	38.1	37.9	39.8	41.4	39.3	40.3	33.2	28.9	21.1	41.4
丹江口	21.4	24.5	32.4	36.4	38.7	40.8	41.5	41.2	39.5	34.8	29.1	21.9	41.5
老河口	21.7	23.6	30.6	36.7	39.5	40.7	41.0	40.9	38.5	34.5	29.4	22.8	41.0
谷城	22.3	25.5	30.6	36.3	38.0	40.2	41.4	40.3	38.7	34.8	29.6	23.5	41.4
襄阳	21.8	23.6	29.7	34.7	37.4	38.8	41.1	40.7	39.3	33.6	27.9	21.7	41.1
枣阳	20.3	25.1	30.8	36.5	38.2	39.0	40.7	40.8	39.3	35.2	29.1	21.0	40.8
巴东	19.2	27.4	34.0	37.1	38.5	40.8	41.4	41.6	40.9	33.7	28.6	21.5	41.6
秭归	20.4	25.8	33.8	37.5	40.8	41.4	42.0	41.8	40.8	34.2	29.7	23.4	42.0
兴山	21.0	27.9	35.5	37.5	40.3	41.2	42.5	43.1	43.1	35.8	29.3	23.6	43.1
保康	21.6	26.4	36.0	38.7	40.0	41.9	41.2	42.0	41.6	35.0	30.0	23.2	42.0
神农架	19.8	25.3	30.7	34.2	35.3	35.6	37.1	35.4	36.9	31.0	25.8	21.1	37.1
南漳	21.2	24.8	31.0	36.2	37.1	39.6	40.2	39.6	39.0	33.3	28.6	23.3	40.2
远安	23.0	26.7	32.6	36.3	38.3	39.1	40.1	40.3	39.6	35.6	29.5	24.8	40.3
宜城	20.1	24.1	30.7	34.4	37.1	38.0	39.5	40.0	37.9	34.8	28.5	22.0	40.0
荆门	20.9	25.7	30.0	33.9	36.0	39.8	39.2	40.0	38.5	34.7	29.5	23.1	40.0
钟祥	21.1	25.3	30.1	33.7	36.3	39.7	39.4	39.4	38.0	33.9	28.9	21.6	39.7

续表

站名	1月	2月	3月	4月	5月	6月	7月	8月	9月	10月	11月	12月	年
随州	21.5	26.0	31.4	34.9	36.6	38.8	40.4	41.1	39.5	35.2	28.9	20.8	41.1
广水	21.7	26.2	30.8	34.5	35.8	37.4	38.9	41.6	38.1	34.1	29.1	21.6	41.6
京山	22.1	26.6	30.8	34.1	36.0	39.7	39.5	40.3	37.9	35.1	28.6	22.9	40.3
安陆	22.2	26.5	31.1	35.0	36.6	37.7	39.0	40.5	38.2	34.4	28.7	22.1	40.5
云梦	22.5	27.0	31.5	33.8	36.2	36.8	38.4	39.1	37.0	34.4	28.8	21.7	39.1
大悟	22.2	27.2	30.7	34.5	37.3	38.0	39.8	43.1	37.7	34.1	29.5	22.6	43.1
红安	22.1	27.4	30.5	34.4	36.5	37.9	39.7	41.5	38.1	34.4	30.1	22.8	41.5
麻城	22.9	27.7	31.9	34.5	36.9	37.7	39.8	41.5	38.0	35.6	30.5	24.9	41.5
利川	17.5	21.9	29.7	32.0	33.1	33.7	34.8	35.4	33.2	29.3	23.9	19.7	35.4
建始	20.8	24.2	31.1	35.8	36.4	37.8	39.4	39.9	38.1	32.8	26.4	20.2	39.9
恩施	21.2	24.7	31.8	37.0	37.2	40.2	40.4	41.2	39.1	33.6	27.2	20.4	41.2
五峰	22.4	26.7	34.8	36.9	37.2	38.8	39.7	40.2	39.2	33.9	28.2	21.3	40.2
当阳	21.8	26.4	31.3	35.8	37.9	39.1	40.1	40.9	38.7	35.7	30.1	22.4	40.9
宜昌	22.5	27.6	33.0	36.7	38.7	39.9	40.7	41.4	39.2	35.7	29.8	24.6	41.4
长阳	23.1	29.0	33.5	37.9	40.4	40.5	41.2	42.1	39.9	35.6	29.9	25.1	42.1
宜都	21.7	29.1	34.8	36.3	39.0	39.7	40.8	40.9	39.1	35.3	30.7	24.0	40.9
枝江	21.2	27.1	31.5	35.0	37.9	38.7	39.3	38.7	37.7	34.7	29.7	22.4	39.3
松滋	21.6	28.4	31.4	35.2	37.8	38.5	39.7	39.5	38.0	34.2	30.3	22.8	39.7
潜江	22.5	26.6	30.8	33.8	36.4	37.2	38.6	39.2	36.6	34.1	29.5	22.0	39.2
荆州	21.9	27.0	29.9	33.3	37.3	38.6	38.7	38.7	36.8	33.3	29.7	22.8	38.7
公安	21.5	27.3	31.0	33.6	36.7	37.5	38.3	38.5	37.2	33.0	29.7	22.1	38.5
应城	22.7	27.0	31.3	34.1	36.7	37.8	37.9	38.8	37.2	33.8	29.6	21.7	38.8
孝感	22.9	27.5	31.4	33.8	35.5	37.5	39.4	38.5	37.0	34.0	29.4	21.9	39.4
天门	22.4	27.2	31.5	33.9	36.1	37.6	38.8	39.7	37.2	34.3	29.4	23.0	39.7
仙桃	23.2	27.3	31.6	33.5	35.5	37.3	38.8	39.3	37.0	33.8	30.2	23.0	39.3
汉川	23.0	28.2	31.7	33.3	35.8	38.0	38.5	38.9	37.3	34.0	29.8	22.7	38.9
蔡甸	23.7	29.2	32.2	35.6	36.2	38.0	38.8	40.0	37.6	34.3	30.7	23.0	40.0
黄陂	23.5	28.3	30.9	35.2	36.1	37.6	39.3	40.1	38.5	34.4	29.8	22.2	40.1
新洲	22.5	27.5	31.2	35.1	36.7	38.1	39.7	40.8	37.4	35.2	30.0	23.1	40.8
江夏	24.7	29.7	32.5	35.0	36.9	38.7	40.3	40.4	38.6	34.9	31.1	23.8	40.4
武汉	24.2	29.1	32.4	35.1	36.1	37.8	39.3	39.6	37.6	34.4	30.4	23.3	39.6
鄂州	22.6	29.7	32.5	35.3	37.8	38.7	40.7	41.0	38.5	35.6	29.8	23.5	41.0
黄冈	22.0	28.7	30.0	35.0	36.3	37.9	40.3	40.0	39.3	34.9	30.2	22.5	40.3
大冶	20.5	29.9	32.7	36.2	37.7	38.9	40.5	40.7	38.9	34.3	29.8	22.8	40.7
咸丰	18.7	23.7	29.3	32.7	34.7	35.3	37.2	37.6	35.0	30.3	26.7	20.3	37.6
宣恩	20.4	25.4	32.0	35.5	37.0	37.5	39.6	40.8	37.6	32.7	28.5	21.6	40.8

续表

站名	1月	2月	3月	4月	5月	6月	7月	8月	9月	10月	11月	12月	年
鹤峰	21.3	25.5	33.3	36.0	37.0	37.6	40.0	40.7	36.8	33.2	29.0	24.8	40.7
来凤	21.1	26.5	31.0	35.4	36.4	36.9	38.9	39.1	37.4	34.2	28.0	22.5	39.1
石首	22.1	27.3	30.6	33.9	36.6	37.4	38.6	38.0	37.1	33.6	29.4	22.4	38.6
监利	22.6	27.6	31.8	34.2	36.0	37.5	38.9	39.2	37.1	34.6	31.4	23.0	39.2
洪湖	23.5	27.9	31.9	34.6	35.5	36.9	39.6	39.2	37.6	34.0	30.4	23.8	39.6
赤壁	25.0	29.5	34.4	36.0	37.7	38.6	41.2	41.5	39.2	36.2	32.7	25.9	41.5
嘉鱼	24.7	29.7	34.2	36.3	37.5	38.2	39.7	40.2	38.7	35.2	35.8	25.6	40.2
崇阳	24.8	29.4	33.6	35.7	36.8	38.4	40.4	41.5	39.2	36.0	32.1	26.2	41.5
通城	24.6	29.3	32.7	34.8	36.2	38.1	40.1	40.7	38.2	35.9	31.5	24.8	40.7
咸宁	25.0	30.3	34.7	35.9	37.4	38.6	41.5	41.7	40.1	36.4	32.2	25.8	41.7
通山	25.1	30.0	35.2	35.9	38.4	39.0	40.9	41.5	40.7	36.1	32.9	25.4	41.5
罗田	22.4	27.9	32.0	34.1	36.5	37.9	40.3	41.6	38.8	35.9	30.5	24.8	41.6
英山	23.8	28.0	32.4	34.1	36.8	38.6	40.0	42.0	39.5	35.8	30.6	24.2	42.0
浠水	22.4	27.1	31.6	34.9	36.8	38.1	40.6	41.2	38.8	35.5	30.6	23.9	41.2
黄石	21.4	28.8	31.8	35.8	37.2	38.5	40.4	40.7	38.7	34.6	30.2	23.1	40.7
蕲春	22.1	27.3	32.4	35.4	37.6	38.3	40.6	41.2	38.9	35.7	30.8	24.1	41.2
黄梅	21.3	27.0	31.1	33.8	36.1	37.9	39.7	39.6	37.5	33.6	29.8	24.5	39.7
阳新	23.9	29.0	34.0	35.7	38.6	38.8	41.3	42.2	39.3	35.9	30.9	25.7	42.2
武穴	21.8	28.0	31.2	34.7	37.3	38.6	39.8	40.3	37.4	34.1	30.5	24.5	40.3

附录表 3.3　湖北省各气象站多年月(年)极端最低气温　资料年代:建站至 2013 年　(单位:℃)

站名	1月	2月	3月	4月	5月	6月	7月	8月	9月	10月	11月	12月	年
竹溪	−12.9	−10.1	−4.9	−1.7	5.3	10.8	12.6	12.4	7.3	−0.3	−4.4	−18.7	−18.7
郧西	−11.9	−9.2	−4.7	−1.3	5.3	12.2	15.0	14.0	7.3	−1.6	−5.2	−15.6	−15.6
郧县	−13.5	−7.2	−3.4	−0.4	7.2	14.0	17.1	14.9	9.6	1.7	−3.0	−10.3	−13.5
十堰	−14.9	−7.1	−3.4	−0.6	7.6	12.4	16.0	14.8	9.2	0.7	−4.2	−10.5	−14.9
竹山	−9.9	−7.1	−3.4	−0.6	6.7	12.0	16.0	15.3	8.9	0.9	−3.4	−10.4	−10.4
房县	−17.6	−10.2	−5.5	−1.7	2.9	10.6	13.7	13.0	6.6	−1.3	−5.6	−15.6	−17.6
丹江口	−12.4	−10.5	−3.5	0.0	8.0	14.4	17.7	15.5	10.1	1.4	−3.4	−9.2	−12.4
老河口	−17.2	−13.1	−9.6	0.1	6.3	12.0	17.4	15.3	8.1	−0.1	−5.2	−13.0	−17.2
谷城	−19.7	−13.0	−5.5	−0.3	5.7	13.8	17.2	15.2	9.4	0.3	−3.9	−13.7	−19.7
襄阳	−14.8	−11.6	−6.1	−0.1	6.3	9.3	17.2	14.9	9.0	0.0	−3.8	−9.7	−14.8
枣阳	−15.1	−10.8	−9.2	−1.0	5.4	12.9	17.3	14.6	7.7	−0.6	−5.4	−11.6	−15.1
巴东	−9.4	−3.9	−1.4	1.0	8.6	14.7	17.1	16.8	10.8	6.0	−0.5	−5.9	−9.4
秭归	−8.9	−3.0	−1.1	0.9	9.3	15.9	17.9	16.4	10.8	5.9	0.4	−3.4	−8.9
兴山	−9.3	−4.3	−1.5	0.5	8.2	12.7	16.6	15.7	10.2	3.0	−1.3	−6.9	−9.3

续表

站名	1月	2月	3月	4月	5月	6月	7月	8月	9月	10月	11月	12月	年
保康	−16.5	−8.1	−3.4	−0.9	5.6	11.0	15.6	13.9	8.9	−0.5	−3.5	−11.7	−16.5
神农架	−17.7	−10.5	−6.3	−2.3	3.1	7.7	10.6	10.0	4.1	−4.5	−6.5	−13.5	−17.7
南漳	−18.8	−14.4	−5.0	0.1	4.4	11.4	17.3	14.5	8.9	−0.8	−4.7	−12.6	−18.8
远安	−19.0	−8.8	−3.7	−1.7	7.5	13.2	17.5	15.9	10.0	0.9	−3.8	−8.6	−19.0
宜城	−16.7	−10.2	−5.7	0.0	7.0	13.8	18.2	15.1	9.4	0.8	−3.3	−11.0	−16.7
荆门	−14.0	−8.7	−2.3	−0.3	6.8	12.8	17.6	14.2	9.6	2.3	−3.4	−11.0	−14.0
钟祥	−15.3	−8.2	−4.8	0.0	7.5	12.7	17.9	15.4	10.3	2.6	−3.1	−9.0	−15.3
随州	−16.3	−12.3	−4.8	0.0	5.9	13.1	17.8	14.3	8.2	0.0	−4.5	−12.3	−16.3
广水	−16.0	−11.9	−5.5	−0.6	5.9	12.0	17.6	15.3	9.4	−0.3	−6.5	−13.5	−16.0
京山	−17.3	−11.0	−4.2	−0.8	6.8	13.2	17.7	15.8	10.4	−1.3	−4.9	−9.4	−17.3
安陆	−15.3	−11.3	−4.6	−0.1	6.9	13.2	18.0	15.5	9.5	0.7	−4.8	−12.3	−15.3
云梦	−14.0	−11.5	−3.5	0.0	7.4	12.3	18.2	15.6	10.3	0.6	−3.6	−13.0	−14.0
大悟	−16.5	−11.9	−5.4	−1.4	5.6	11.3	17.4	14.6	9.1	−0.4	−6.5	−14.2	−16.5
红安	−14.5	−12.2	−4.4	−0.9	5.4	11.6	17.6	15.5	10.0	0.1	−5.5	−16.2	−16.2
麻城	−15.3	−11.9	−4.3	−1.3	5.0	11.9	17.3	15.5	9.3	0.3	−5.9	−14.8	−15.3
利川	−13.8	−15.4	−5.1	−1.5	5.1	8.6	11.4	12.2	7.0	−0.6	−4.4	−8.6	−15.4
建始	−15.2	−6.8	−2.5	−0.5	7.4	12.0	14.5	13.8	9.0	0.6	−1.1	−6.2	−15.2
恩施	−12.3	−6.5	−1.1	1.1	8.3	12.5	15.7	16.1	11.2	5.2	−0.4	−4.7	−12.3
五峰	−15.0	−12.0	−5.8	−3.1	3.5	7.1	11.6	9.7	6.1	0.5	−4.5	−10.5	−15.0
当阳	−15.6	−7.0	−1.8	0.1	7.4	14.2	18.4	16.0	10.7	1.6	−2.5	−8.4	−15.6
宜昌	−9.8	−4.4	−1.3	0.4	8.8	14.7	18.4	17.2	11.4	3.7	−0.9	−5.4	−9.8
长阳	−12.0	−6.5	−1.3	0.3	8.7	12.7	17.0	15.8	10.6	3.4	−1.2	−5.3	−12.0
宜都	−13.8	−7.6	−2.3	0.4	5.7	13.7	17.2	16.4	11.3	2.9	−3.1	−6.1	−13.8
枝江	−14.8	−7.3	−1.1	0.3	9.9	14.9	18.7	16.2	11.6	4.1	−1.6	−7.2	−14.8
松滋	−10.9	−7.2	−5.4	0.0	7.7	14.9	18.7	16.4	11.3	3.8	−1.0	−6.2	−10.9
潜江	−16.5	−10.0	−2.3	0.2	6.5	12.1	18.0	16.0	9.2	0.5	−4.3	−9.5	−16.5
荆州	−14.9	−9.2	−3.6	−0.5	7.5	13.0	18.0	15.8	9.7	1.7	−3.0	−7.8	−14.9
公安	−14.7	−8.7	−6.6	0.2	8.3	13.7	17.9	16.5	11.2	3.1	−4.0	−6.2	−14.7
应城	−15.5	−12.1	−4.1	−0.2	6.5	11.5	18.2	15.8	9.4	0.0	−4.6	−14.4	−15.5
孝感	−13.7	−11.2	−4.6	0.8	7.1	12.9	18.3	15.9	10.7	1.1	−5.2	−14.9	−14.9
天门	−17.2	−9.2	−4.6	−0.1	7.7	12.9	18.3	16.2	10.0	1.2	−5.0	−10.6	−17.2
仙桃	−14.2	−10.9	−5.2	0.8	7.0	12.8	19.0	16.0	10.6	2.1	−3.6	−9.3	−14.2
汉川	−14.3	−12.8	−3.5	−0.2	6.5	12.4	18.2	15.9	8.6	0.4	−4.8	−12.4	−14.3
蔡甸	−14.1	−11.7	−2.2	0.6	8.0	12.8	18.4	15.4	10.5	2.6	−3.1	−9.2	−14.1
黄陂	−12.9	−10.7	−3.4	0.8	7.4	12.7	18.0	16.0	10.8	1.4	−4.3	−13.7	−13.7
新洲	−14.3	−12.9	−3.6	−0.5	6.8	12.6	18.2	16.8	10.1	1.1	−3.9	−11.5	−14.3

续表

站名	1月	2月	3月	4月	5月	6月	7月	8月	9月	10月	11月	12月	年
江夏	−12.4	−11.4	−1.8	0.3	8.2	13.0	19.3	16.1	11.4	2.6	−4.5	−9.2	−12.4
武汉	−18.1	−14.8	−5.0	−0.3	7.2	13.0	17.3	16.4	10.1	1.3	−7.1	−10.1	−18.1
鄂州	−12.4	−11.5	−1.6	0.6	9.1	13.8	19.3	17.5	11.1	3.1	−2.5	−6.7	−12.4
黄冈	−12.2	−10.5	−2.0	0.7	7.2	13.3	19.0	17.0	11.7	2.9	−2.8	−8.0	−12.2
大冶	−10.0	−7.1	−0.9	3.5	10.1	13.6	18.7	17.6	11.6	3.4	−1.8	−7.5	−10.0
咸丰	−13.0	−6.5	−3.4	−1.0	6.5	11.0	13.9	13.2	8.2	0.2	−3.5	−7.1	−13.0
宣恩	−12.7	−7.2	−2.0	0.5	7.5	11.8	15.4	15.6	10.5	5.0	−0.5	−5.2	−12.7
鹤峰	−10.1	−4.4	−2.2	0.3	7.6	12.0	15.6	14.9	10.1	3.5	−0.7	−5.3	−10.1
来凤	−8.3	−4.6	−2.0	−0.2	8.3	14.0	16.1	15.0	10.5	3.3	−1.4	−4.6	−8.3
石首	−14.9	−10.7	−2.5	0.3	7.9	12.7	18.1	16.5	10.3	2.1	−4.0	−7.3	−14.9
监利	−15.1	−12.8	−6.4	0.3	7.6	12.7	18.4	16.7	8.2	1.4	−4.9	−10.0	−15.1
洪湖	−13.2	−12.8	−3.0	0.5	8.2	13.2	19.6	16.7	9.8	2.1	−3.0	−7.9	−13.2
赤壁	−14.6	−11.9	−3.0	0.3	8.7	12.6	18.8	16.8	9.8	2.0	−4.2	−10.0	−14.6
嘉鱼	−12.0	−11.6	−3.0	0.7	8.4	14.1	18.9	16.8	11.8	4.2	−3.2	−8.1	−12.0
崇阳	−14.9	−13.2	−2.9	0.3	8.4	13.3	18.9	16.4	10.1	0.1	−6.6	−10.1	−14.9
通城	−15.2	−15.2	−2.6	0.1	8.5	12.3	18.4	16.7	9.1	0.7	−4.0	−9.9	−15.2
咸宁	−15.4	−13.7	−2.9	0.0	8.8	12.6	18.2	16.4	9.5	2.3	−4.3	−10.7	−15.4
通山	−12.6	−13.3	−3.7	0.2	6.9	13.1	18.2	15.5	8.8	0.2	−5.4	−10.8	−13.3
罗田	−14.6	−11.3	−5.1	−0.8	5.5	11.8	16.7	15.5	7.6	−0.2	−6.0	−11.6	−14.6
英山	−13.5	−10.6	−5.2	−0.5	5.8	11.4	17.0	16.5	8.9	0.2	−5.7	−12.0	−13.5
浠水	−12.5	−10.7	−3.1	−0.2	7.2	12.9	18.4	17.3	11.3	1.9	−4.8	−8.6	−12.5
黄石	−11.0	−10.5	−1.9	0.4	8.2	13.4	18.7	17.1	12.0	2.8	−3.3	−8.1	−11.0
蕲春	−14.9	−15.6	−3.0	0.8	8.4	12.7	18.3	17.7	10.4	1.1	−4.8	−9.4	−15.6
黄梅	−9.3	−12.6	−2.5	1.3	8.4	14.1	17.8	18.1	11.3	2.4	−4.3	−10.2	−12.6
阳新	−12.9	−14.9	−1.8	0.5	8.8	13.8	18.6	17.5	11.2	3.1	−4.9	−9.5	−14.9
武穴	−11.5	−13.8	−2.7	0.6	8.6	14.3	18.5	17.9	11.8	2.2	−3.0	−9.4	−13.8

二、降水

附录表 3.4　湖北省各气象站月(年)平均降水量及日最大降水量

(平均降水量为 1981—2010 年 30 年平均,日最大降水量为建站至 2013 年)　(单位:mm)

站名	1月	2月	3月	4月	5月	6月	7月	8月	9月	10月	11月	12月	年	最大日降水量
竹溪	10.3	19.8	40.0	70.7	100.9	120.6	169.2	148.9	109.7	82.9	34.7	13.3	921.0	164.9
郧西	11.5	15.4	38.9	54.7	79.2	100.0	161.1	127.9	100.4	69.1	28.2	11.3	797.7	340.9
郧县	15.6	20.6	43.3	61.4	84.7	93.2	150.1	119.4	104.7	68.8	33.6	14.6	810.0	179.1

续表

站名	1月	2月	3月	4月	5月	6月	7月	8月	9月	10月	11月	12月	年	最大日降水量
十堰	14.4	22.6	44.7	67.0	93.3	97.6	150.3	135.3	99.1	75.0	34.2	15.1	848.6	235.4
竹山	10.4	18.3	37.9	67.9	102.0	108.8	140.7	119.0	93.6	74.4	33.3	13.2	819.5	112.0
房县	10.2	17.5	35.9	63.8	103.3	112.7	148.0	134.0	91.6	67.1	29.1	11.7	824.9	139.6
丹江口	19.5	22.8	45.2	57.3	84.8	84.0	130.0	143.0	84.7	64.9	35.9	16.5	788.6	179.6
老河口	21.5	28.1	51.0	60.8	97.9	95.2	127.0	141.6	81.0	64.8	41.3	19.4	829.6	242.9
谷城	25.1	33.2	60.1	70.8	110.0	106.3	128.6	153.7	95.6	73.5	45.7	21.1	923.7	147.2
襄阳	19.3	28.4	46.5	59.8	94.9	100.3	143.9	136.2	77.1	66.0	38.4	17.0	827.8	293.9
枣阳	16.9	26.8	45.1	57.4	91.8	117.3	179.5	122.3	66.8	59.1	33.4	15.1	831.5	260.9
巴东	15.6	32.9	47.8	96.7	136.9	151.3	178.8	149.4	110.0	94.0	44.7	16.8	1074.9	193.3
秭归	21.1	37.7	51.7	94.8	128.6	151.9	205.8	173.3	109.3	91.9	47.0	18.7	1131.8	192.3
兴山	14.3	28.5	41.0	78.4	116.7	143.6	164.6	153.2	96.8	84.6	38.4	16.6	976.7	160.8
保康	13.9	23.5	42.4	63.8	106.8	112.2	166.3	186.9	92.4	69.0	37.0	14.1	928.3	158.0
神农架	15.1	21.4	43.1	74.3	109.7	125.5	165.9	172.1	102.2	74.2	34.4	13.1	951.0	101.5
南漳	17.0	27.7	44.6	62.6	104.8	104.4	175.3	163.3	91.3	69.8	34.8	16.2	911.8	175.3
远安	20.2	32.8	48.8	77.0	120.8	136.0	235.0	194.8	77.5	77.4	38.8	15.9	1075.0	392.0
宜城	20.0	30.5	47.0	67.7	108.7	103.7	158.0	149.7	77.9	73.5	38.2	18.0	892.9	251.5
荆门	21.0	33.2	51.0	72.7	118.6	121.7	182.9	145.2	74.1	70.5	42.5	17.8	951.2	236.2
钟祥	24.9	37.3	52.8	79.3	117.8	132.9	186.5	153.0	67.8	70.5	44.4	20.4	987.6	251.2
随州	26.5	38.5	59.3	71.3	119.6	131.2	191.7	139.1	66.5	74.0	39.8	19.5	977.0	228.3
广水	21.8	36.8	58.2	74.5	124.8	137.8	229.4	138.1	58.7	65.9	41.5	17.0	1004.5	263.8
京山	27.8	42.8	58.0	92.7	137.1	167.5	201.4	146.4	62.7	71.8	47.0	21.2	1076.4	296.4
安陆	28.6	43.5	62.3	93.5	139.3	168.6	213.3	144.3	66.9	71.1	48.5	21.2	1101.1	242.9
云梦	34.9	48.6	66.8	105.0	147.4	168.1	198.4	132.0	63.8	75.2	50.4	22.8	1113.4	265.2
大悟	27.5	43.1	62.4	86.2	138.8	152.3	262.0	139.5	66.5	69.5	45.8	19.0	1112.6	284.1
红安	33.7	51.1	77.9	101.6	147.3	194.1	252.2	144.3	72.0	68.3	48.8	22.8	1214.1	237.1
麻城	37.2	57.3	83.9	109.0	147.2	206.7	259.0	138.6	78.6	76.6	51.1	23.9	1269.1	270.4
利川	24.0	32.7	53.9	123.6	179.5	195.6	216.5	165.0	119.1	108.6	58.5	24.4	1301.4	166.9
建始	23.2	41.4	55.3	116.4	171.5	201.9	290.7	193.4	139.1	112.5	56.2	23.5	1425.1	214.0
恩施	30.5	42.1	61.4	132.1	186.7	208.9	260.7	161.4	131.9	113.3	66.7	29.0	1424.7	227.5
五峰	26.5	42.0	65.7	125.5	182.7	187.6	263.0	175.1	106.8	100.0	57.6	21.8	1354.3	262.0
当阳	22.7	33.4	54.2	83.4	127.2	124.6	187.1	150.0	74.0	78.3	42.6	15.7	993.2	158.0
宜昌	24.8	39.4	56.1	88.9	125.0	143.0	226.1	194.3	115.6	82.0	47.3	18.6	1161.1	229.1
长阳	33.1	47.6	67.7	115.3	155.4	174.0	267.6	202.9	104.0	95.4	57.7	22.3	1343.0	211.2
宜都	33.0	49.0	67.5	112.3	157.7	155.4	226.8	171.9	98.2	89.7	57.7	23.3	1242.5	183.9
枝江	28.3	42.5	60.8	106.1	130.0	144.6	200.1	127.3	67.6	75.3	50.8	20.9	1054.3	295.9

续表

站名	1月	2月	3月	4月	5月	6月	7月	8月	9月	10月	11月	12月	年	最大日降水量
松滋	34.8	55.3	73.9	129.9	147.4	174.2	204.6	145.2	73.1	77.8	61.3	26.6	1204.1	259.2
潜江	42.1	59.6	76.7	122.4	146.4	179.0	190.0	134.1	70.3	80.3	60.1	28.0	1189.0	268.1
荆州	33.9	51.2	69.4	115.3	130.2	153.6	177.0	117.9	66.9	79.2	57.5	25.0	1077.1	174.3
公安	36.9	57.9	76.6	136.1	152.1	184.2	197.8	117.2	71.0	78.3	58.8	26.0	1192.9	282.0
应城	35.2	50.6	69.8	110.6	144.8	172.1	197.5	128.1	66.2	81.0	49.6	24.5	1130.0	260.1
孝感	38.7	54.3	77.4	115.8	154.0	183.4	192.5	119.2	65.9	76.2	51.2	23.6	1152.2	229.1
天门	37.9	53.5	73.0	117.8	149.9	169.7	180.1	117.1	72.0	79.7	53.8	26.5	1131.0	259.3
仙桃	48.1	65.5	88.0	139.1	160.9	195.7	191.5	111.6	69.5	79.2	60.6	28.9	1238.6	193.8
汉川	47.0	62.4	84.7	132.3	161.4	199.6	205.6	114.9	77.5	83.0	59.4	27.6	1255.4	312.2
蔡甸	50.6	69.2	91.4	131.4	172.9	219.0	223.7	118.2	74.6	83.2	62.2	31.0	1327.4	261.5
黄陂	41.2	56.5	83.1	119.5	155.1	202.2	221.6	113.7	69.5	77.9	54.3	24.9	1219.5	285.2
新洲	44.8	61.3	90.1	133.4	160.0	224.4	216.9	120.0	74.9	78.2	55.7	28.1	1287.8	241.7
江夏	55.9	75.6	105.6	157.5	167.3	237.3	222.1	116.7	69.9	86.1	63.0	35.8	1392.8	248.3
武汉	49.0	67.6	89.5	136.4	166.9	219.9	224.7	117.4	74.3	81.3	59.1	29.7	1315.8	317.4
鄂州	57.1	78.0	105.5	144.1	169.8	230.3	232.2	134.0	72.2	83.0	59.7	36.1	1402.0	286.2
黄冈	54.1	74.4	105.2	146.0	166.2	224.2	215.3	141.7	68.2	83.1	60.1	35.1	1373.6	293.2
大冶	65.2	81.9	119.3	163.8	177.0	240.1	225.4	141.2	91.2	83.2	66.9	40.1	1495.3	250.5
咸丰	29.2	44.9	66.4	136.1	186.2	225.6	246.5	197.7	128.2	116.2	69.9	26.3	1473.2	304.8
宣恩	34.3	49.3	64.7	137.1	183.9	208.3	237.7	160.9	119.6	117.9	72.8	31.2	1417.7	214.3
鹤峰	34.0	52.6	72.8	141.5	212.6	258.2	333.4	209.8	135.6	118.3	67.1	27.0	1662.9	294.1
来凤	29.8	43.4	59.1	124.1	185.5	207.7	244.7	147.7	105.3	102.2	58.4	23.1	1331.0	218.0
石首	51.5	72.8	95.5	147.9	163.8	187.5	165.2	115.7	63.0	78.1	69.7	33.4	1244.1	241.5
监利	54.8	74.9	98.3	155.7	177.6	205.1	180.4	112.1	65.8	84.2	70.2	34.9	1314.0	260.7
洪湖	60.4	79.1	111.1	173.0	183.2	217.1	207.0	123.5	70.9	91.5	71.3	36.7	1424.8	247.2
赤壁	70.2	90.5	128.7	190.9	200.5	235.5	222.7	154.4	86.5	98.2	78.5	44.0	1600.6	289.9
嘉鱼	63.8	82.7	115.9	166.2	176.4	226.6	198.1	128.2	71.6	91.9	71.6	38.4	1431.4	212.5
崇阳	68.6	88.0	130.7	190.8	213.2	265.1	230.7	146.8	70.1	82.4	75.7	42.2	1604.3	203.5
通城	73.2	91.8	141.1	205.6	216.8	253.0	207.2	133.6	84.2	77.0	77.1	43.6	1604.2	270.3
咸宁	71.8	88.2	130.4	180.2	199.3	230.8	237.3	155.5	88.0	93.6	78.0	46.2	1599.3	206.6
通山	70.4	86.1	134.1	187.0	198.5	232.9	213.7	141.7	91.3	80.9	73.0	42.8	1552.4	225.9
罗田	48.9	64.6	96.3	137.7	156.9	235.8	247.6	138.6	80.9	76.5	52.6	30.2	1366.6	281.9
英山	48.8	68.3	96.9	141.7	162.3	247.3	246.2	159.5	84.7	78.7	54.3	31.4	1420.1	286.0
浠水	58.9	75.0	106.5	140.5	168.3	231.3	209.9	154.1	76.0	78.0	59.7	36.0	1394.2	267.1
黄石	62.7	79.3	115.9	158.4	172.0	245.1	224.0	139.2	77.5	79.2	64.8	37.9	1456.0	360.4
蕲春	63.4	81.1	118.3	158.8	167.9	227.9	206.9	132.9	82.1	73.8	66.7	38.3	1418.1	245.1
黄梅	60.6	81.2	122.0	159.7	183.3	223.0	178.2	139.4	75.7	73.0	68.7	38.1	1402.9	301.1
阳新	66.6	83.7	126.0	160.7	180.7	224.7	196.9	132.1	93.7	81.0	68.9	39.3	1454.3	538.7
武穴	66.8	83.9	129.1	166.0	182.2	221.2	187.6	135.6	92.0	81.0	69.8	41.1	1456.3	272.3

三、日照

附录表 3.5　湖北省各气象站月(年)平均日照时数　资料:1981—2010 年 30 年统计

(单位:小时)

站名	1月	2月	3月	4月	5月	6月	7月	8月	9月	10月	11月	12月	年累计
竹溪	102.5	95.0	128.2	157.8	175.3	177.7	191.7	181.4	124.4	108.9	110.4	104.0	1657.3
郧西	130.3	113.8	148.3	179.0	202.2	199.5	206.5	197.4	149.1	148.2	141.7	138.5	1954.5
郧县	137.1	124.4	160.1	186.3	205.4	207.7	205.0	200.1	156.0	152.5	149.7	144.6	2028.9
十堰	138.5	122.8	159.8	189.3	204.8	207.3	209.0	196.5	156.8	151.5	150.2	143.5	2030.0
竹山	98.9	99.4	133.4	156.8	173.8	172.2	195.8	185.0	131.0	110.8	105.0	94.4	1656.5
房县	112.9	103.1	137.2	159.5	178.9	177.0	185.5	174.2	130.9	119.4	118.3	115.0	1711.9
丹江口	125.9	116.3	148.3	179.9	197.6	193.2	185.9	180.2	148.4	150.0	144.0	134.1	1903.8
老河口	99.2	100.9	130.7	158.6	174.3	167.2	162.6	161.6	132.5	132.6	125.0	111.5	1656.7
谷城	101.2	104.0	133.1	154.4	177.8	165.2	163.3	163.3	136.3	135.4	123.0	112.5	1669.5
襄阳	112.9	112.2	141.5	170.3	188.5	182.5	182.8	184.5	153.7	144.7	137.0	121.4	1832.0
枣阳	110.0	111.5	139.6	166.0	182.8	176.7	185.2	187.5	157.5	143.5	135.7	120.9	1816.9
巴东	70.5	68.2	99.3	131.1	145.6	148.0	176.9	196.0	136.4	103.7	90.8	77.0	1443.5
秭归	87.3	80.8	111.0	139.9	156.9	157.3	180.7	201.2	146.0	119.4	116.5	98.0	1595.0
兴山	83.6	77.6	105.3	137.0	148.6	150.8	173.9	189.3	136.1	114.6	108.6	95.1	1520.5
保康	110.7	98.7	125.8	152.7	167.7	164.0	166.0	159.2	127.3	116.4	117.0	117.4	1622.9
神农架	115.7	102.5	130.1	154.0	172.9	172.5	184.4	185.9	147.5	134.8	131.5	122.5	1754.3
南漳	117.2	111.7	138.2	166.5	187.6	183.2	181.5	185.7	154.7	148.3	142.2	124.8	1841.6
远安	108.8	100.1	128.4	155.3	176.1	174.0	192.1	206.4	160.8	145.0	138.4	119.8	1805.2
宜城	105.9	102.7	132.4	156.2	171.9	166.2	177.1	184.2	147.9	132.6	126.3	111.4	1714.8
荆门	96.4	93.2	119.4	144.9	163.3	153.1	180.8	195.0	154.2	135.1	129.3	112.1	1676.8
钟祥	101.0	98.5	124.6	153.5	173.4	162.1	192.5	201.1	159.8	142.0	134.9	113.6	1757.0
随州	116.0	111.9	140.7	162.8	181.8	176.6	187.5	194.7	159.2	149.8	144.0	127.7	1852.7
广水	119.9	115.8	140.0	167.5	186.8	175.9	197.4	213	172.2	158.1	152.0	132.5	1931.1
京山	119.2	109.7	131.9	157.9	185.1	177.1	209.8	215.9	171.1	153.4	147.4	134.3	1912.8
安陆	111.1	106.4	133.8	163.0	184.6	177.8	208.1	223.9	178.7	157.4	147.2	129.2	1921.2
云梦	106.8	99.6	123.1	147.1	172.6	165.2	204.8	216.5	167.1	146.9	135.2	121.8	1806.7
大悟	114.8	109.6	141.3	166.5	186.6	179.0	198.3	212.3	173.9	155.8	149.5	130.8	1918.4
红安	103.7	101.5	124.7	152.0	174.9	162.2	190.2	206	169.2	147.9	138.6	125.8	1796.7
麻城	122.7	115.2	136.4	166.3	193.5	184.6	215.3	231.5	192.2	171.6	158.9	147.4	2035.6
利川	52.3	43.4	69.5	98.8	120.9	114.3	147.7	168.7	115.9	83.4	76.2	63.8	1154.9
建始	51.1	50.6	78.7	110.4	133.0	131.3	164.6	196.9	130.0	91.6	77.8	56.3	1272.3
恩施	42.5	46.0	75.9	108.1	130.9	129.9	167.8	198.7	129.6	89.6	69.9	45.3	1234.2
五峰	75.9	61.3	86.8	114.8	131.9	129.6	157.2	171.6	128.2	100.6	97.8	92.7	1348.4

续表

站名	1月	2月	3月	4月	5月	6月	7月	8月	9月	10月	11月	12月	年累计
当阳	91.3	84.5	113.8	140.3	159.1	154.7	181.8	196.4	153.7	132.7	122.9	105.2	1636.4
宜昌	69.3	71.4	100.6	127.8	143.3	136.4	159.2	174.4	130.7	116.5	105.2	86.6	1421.4
长阳	73.7	70.0	98.7	129.8	146.5	144.0	169.5	173.9	131.7	115.4	102.3	90.3	1445.8
宜都	82.5	79.1	109.4	135.1	161.7	158.4	189.5	200.2	150.7	125.7	114.7	96.8	1603.8
枝江	83.2	79.1	110.2	135.2	155.2	152.7	189.8	200.4	155.3	127.1	117.8	102.3	1608.3
松滋	88.0	79.9	109.6	140.0	161.8	158.1	202.7	212.6	162.6	128.7	117.5	101.8	1663.3
潜江	96.9	89.5	112.7	140.7	167.6	163.7	211.7	210.9	161.4	131.9	129.1	115.5	1731.6
荆州	87.4	82.5	111.7	137.8	153.6	151.8	196.3	200.6	154.4	128.4	120.1	104.8	1629.4
公安	88.1	82.1	110.2	136.4	160.4	156.3	208.1	210.4	161.2	131.5	121.2	104.9	1670.8
应城	105.8	99.8	120.4	145.4	169.7	156.3	198.6	207.0	163.8	143.9	139.0	124.9	1774.6
孝感	109.8	103.2	125.6	153.9	175.8	168.2	207.1	220.0	175.3	152.0	145.0	133.6	1869.5
天门	90.9	82.6	107.1	135.1	161.1	149.6	195.0	201.0	157.4	132.9	127.3	111.1	1651.1
仙桃	103.9	95.4	120.3	150.5	176.9	177.2	229.7	232.0	175.4	149.5	140.0	128.7	1879.5
汉川	98.9	93.3	119.8	147.5	170.1	160.2	209.5	214.5	168.6	144.2	136.2	123.3	1786.1
蔡甸	106.6	98.7	123.8	151.9	180.4	173.1	218.1	225.5	177.9	154.0	140.5	128.8	1879.3
黄陂	111.8	104.4	128.1	155.3	180.4	170.5	208.4	223.4	181.2	157.8	146.3	135.4	1903.0
新洲	114.6	105.8	131.8	164.9	191.1	181.6	221.8	236.6	190.0	166.5	151.0	141.1	1996.8
江夏	93.4	86.4	108.8	133.8	163.3	157.1	201.9	208.0	165.6	141.1	129.5	123.2	1712.1
武汉	101.5	97.2	122.9	152.7	181.0	170.9	220.2	226.7	175.8	152.0	139.5	126.5	1866.9
鄂州	106.0	100.6	123.0	159.1	190.7	183.0	232.5	237.9	189.8	161.4	145.8	139.5	1969.3
黄冈	109.8	102.4	120.7	155.0	186.6	175.0	224.8	239.7	192.8	165.0	148.5	138.8	1959.1
大冶	90.8	87.6	108.5	138.0	166.3	153.1	202.3	200.8	163.2	143.1	129.8	123.9	1707.4
咸丰	43.6	36.5	59.1	90.8	114.4	104.3	137.7	165.8	110.6	72.8	66.7	54.9	1057.2
宣恩	38.6	38.5	62.3	92.6	116.1	110.3	150.1	177.4	116.6	76.7	63.4	44.0	1086.6
鹤峰	53.8	43.7	67.3	96.0	115.1	112.8	137.0	164.7	114.1	84.3	76.3	66.3	1131.4
来凤	40.3	39.3	62.4	94.0	118.6	108.5	154.4	181.9	123.2	81.1	68.6	54.6	1126.9
石首	87.7	78.2	103.7	128.5	156.2	158.0	212.6	208.9	157.3	130.6	125.8	108.6	1656.1
监利	92.1	80.7	107.1	136.9	161.9	160.3	220.0	218.7	167.4	140.2	132.1	118.2	1735.6
洪湖	98.1	86.2	112.6	141.0	176.9	172.4	234.5	231.5	175.0	151.8	139.2	126.0	1845.2
赤壁	88.8	80.4	101.4	128.2	154.7	150.7	208.2	199.9	150.6	133.5	125.9	119.3	1641.6
嘉鱼	98.9	89.4	110.5	136.1	168.5	166.0	217.2	218.7	167.8	142.2	135.3	129.5	1780.1
崇阳	81.4	76.4	95.9	120.1	146.7	143.3	205.1	197.8	154.6	136.2	116.2	114.8	1588.5
通城	86.0	77.3	96.6	124.2	157.6	153.8	221.4	216.2	169.8	145.2	131.6	126.3	1706.0
咸宁	90.5	82.6	97.5	125.7	151.9	143.3	198.3	189.7	147.9	133.6	124.9	125.0	1610.9
通山	86.5	84.0	102.1	127.0	160.0	154.0	216.1	204.1	159.1	146.2	126.2	121.9	1687.2
罗田	104.4	96.1	119.1	147.7	171.3	157.0	195.5	206.0	169.1	153.3	141.5	133.7	1794.7

续表

站名	1月	2月	3月	4月	5月	6月	7月	8月	9月	10月	11月	12月	年累计
英山	108.4	100.7	120.3	150.5	178.2	163.0	201.4	211.5	178.1	159.0	142.3	138.3	1851.7
浠水	100.7	95.9	117.6	148.3	179.5	170.3	215.5	221.3	177.3	156.8	139.6	133.8	1856.6
黄石	88.4	85.0	107.2	137.6	164.9	151.6	203.1	207.3	164.7	144.5	125.4	121.6	1701.3
蕲春	103.8	99.0	119.6	150.6	190.3	177.4	234.3	233.9	188.2	165.3	147.8	141.3	1951.5
黄梅	100.2	95.5	109.4	137.1	168.8	149.4	213.3	220.4	180.9	160.0	142.5	137.4	1814.9
阳新	91.3	84.7	103.2	127.1	159.1	147.5	209.9	202.1	162.4	144.0	127.3	125.4	1684.0
武穴	100.1	95.1	110.9	137.7	172.9	162.1	225.3	218.3	174.1	158.1	140.3	134.3	1829.2

附录四　气象服务国家标准、行业标准与地方标准目录

附录表 4.1　气象服务类标准目录

序号	标准编号	标准名称	标准级别	发布日期	实施日期
1	GB/T 20481—2006	气象干旱等级	国家标准	2006-08-28	2006-11-01
2	GB/T 20484—2006	冷空气等级	国家标准	2006-08-28	2006-11-01
3	GB/T 20486—2006	江河流域面雨量等级	国家标准	2006-08-28	2006-11-01
4	GB/T 20487—2006	城市火险气象等级	国家标准	2006-08-28	2006-11-01
5	GB/T 21983—2008	暖冬等级	国家标准	2008-06-03	2008-11-01
6	GB/T 21985—2008	主要农作物高温危害温度指标	国家标准	2008-06-03	2008-11-01
7	GB/T 21987—2008	寒潮等级	国家标准	2008-06-03	2008-11-01
8	GB/T 22164—2008	公共气象服务图形符号	国家标准	2008-07-02	2008-11-01
9	GB/T 27957—2011	冰雹等级	国家标准	2011-12-30	2012-03-01
10	GB/T 27961—2011	气象服务分类术语	国家标准	2011-12-30	2012-03-01
11	GB/T 27964—2011	雾的预报等级	国家标准	2011-12-30	2012-03-01
12	GB/T 27965—2011	应急气象服务工作流程	国家标准	2011-12-30	2012-03-01
13	QX/T 76—2007	高速公路能见度监测及浓雾的预警预报	行业标准	2007-06-22	2007-10-01
14	QX/T 77—2007	森林火险气象等级	行业标准	2007-06-22	2007-10-01
15	QX/T 81—2007	小麦干旱灾害等级	行业标准	2007-06-22	2007-10-01
16	QX/T 82—2007	小麦干热风灾害等级	行业标准	2007-06-22	2007-10-01
17	QX/T 88—2008	作物霜冻害等级	行业标准	2008-03-22	2008-08-01
18	QX/T 94—2008	寒露风等级	行业标准	2008-03-22	2008-08-01
19	QX/T 97—2008	用电需求气象条件等级	行业标准	2008-03-22	2008-08-01
20	QX/T 98—2008	早稻播种育秧期低温阴雨等级	行业标准	2008-03-22	2008-08-01
21	QX/T 101—2009	水稻、玉米冷害等级	行业标准	2009-06-07	2009-11-01
22	QX/T 111—2010	高速公路交通气象条件等级	行业标准	2010-01-20	2010-06-01
23	QX/T 112—2010	决策气象服务质量评估方法	行业标准	2010-01-20	2010-06-01
24	QX/T 114—2010	能见度等级和预报	行业标准	2010-01-20	2010-06-01
25	QX/T 116—2010	重大气象灾害应急响应启动等级	行业标准	2010-01-20	2010-06-01
26	QX/T 147—2011	基于手机客户端的气象灾害预警信息播发规范	行业标准	2011-12-21	2012-01-01
27	QX/T 151—2012	人工影响天气作业术语	行业标准	2012-08-31	2012-11-01

续表

序号	标准编号	标准名称	标准级别	发布日期	实施日期
28	QX/T 152—2012	气候季节划分	行业标准	2012-08-31	2012-11-01
29	QX/T 165—2012	人工影响天气作业 37MM 高炮安全操作规范	行业标准	2012-11-29	2013-03-01
30	QX/T 178—2013	城市雪灾气象等级	行业标准	2013-01-4	2013-05-01
31	QX/T 180—2013	气象服务图形产品色域	行业标准	2013-01-4	2013-05-01
32	QX/T 181—2013	行业气象服务效益专家评估法	行业标准	2013-01-4	2013-05-01
33	QX/T 190—2013	高速公路设施防雷设计规范	行业标准	2013-07-11	2013-10-01
34	QX/T 191—2013	雷电灾情统计规范	行业标准	2013-07-11	2013-10-01
35	QX/T 192—2013	气象服务电视产品图形	行业标准	2013-07-11	2013-10-01
36	DB42/T 510—2008	建筑物防雷装置跟踪检测技术规范	地方标准	2008-11-20	2008-12-20
37	DB42/T 511—2008	高速公路防雷装置检测技术规范	地方标准	2008-11-20	2008-12-20
38	DB42/T 512—2008	易燃易爆场所防雷装置及防静电接地装置技术规范	地方标准	2008-11-20	2008-12-20
39	DB42/T 513—2008	电子信息系统防雷装置检测技术规范	地方标准	2008-11-20	2008-12-20
40	DB42/T 601—2010	雷击风险评估技术规范	地方标准	2010-02-25	2010-04-01
41	DB42/T 602—2010	防雷装置设计技术评价规范	地方标准	2010-02-25	2010-04-01
42	DB42/T 639—2010	移动通信基站防雷装置检测技术规范	地方标准	2010-08-16	2010-10-01
43	DB42/T 640—2010	防雷装置检测原始记录表及报告书填写技术规范	地方标准	2010-08-16	2010-10-01
44	DB42/T 679—2011	农村住宅防雷设计技术规范	地方标准	2011-01-05	2011-02-18
45	DB42/T 680—2011	公路桥梁防雷装置检测技术规范	地方标准	2011-01-05	2011-02-18
46	DB42/T 805—2012	冷冬等级	地方标准	2012-03-01	2012-05-01
47	DB42/T 806—2012	人工影响天气火箭作业技术规范	地方标准	2012-03-01	2012-05-01
48	DB42/T 819—2012	风电场防雷设计规范	地方标准	2012-03-12	2012-05-01
49	DB42/T 820—2012	高温中暑气象等级	地方标准	2012-03-12	2012-07-01
50	DB42/T 879—2013	湖北高速公路气象服务产品规范	地方标准	2013-01-4	2013-05-01
51	DB42/T 880—2013	太阳能光伏发电功率预报规程	地方标准	2013-01-4	2013-05-01
52	DB42/T 881—2013	电力气象灾害等级	地方标准	2013-01-4	2013-05-01
53	DB42/T 882—2013	防雷工程专业设计方案编制导则	地方标准	2013-01-4	2013-05-01